法治建设与法学理论研究部级科研项目（22SFB5059）的研究成果

九州文库

海洋环境影响评价制度研究

侯芳 著

九州出版社
JIUZHOUPRESS

图书在版编目（CIP）数据

海洋环境影响评价制度研究／侯芳著 . -- 北京：
九州出版社，2024.4
ISBN 978 - 7 - 5225 - 2833 - 5

Ⅰ.①海… Ⅱ.①侯… Ⅲ.①海洋环境-环境影响-
评价-研究 Ⅳ.①X145

中国国家版本馆 CIP 数据核字（2024）第 080983 号

海洋环境影响评价制度研究

作　者	侯 芳 著
责任编辑	蒋运华
出版发行	九州出版社
地　址	北京市西城区阜外大街甲 35 号（100037）
发行电话	（010）68992190/3/5/6
网　址	www. jiuzhoupress. com
印　刷	唐山才智印刷有限公司
开　本	710 毫米×1000 毫米　16 开
印　张	15.5
字　数	245 千字
版　次	2024 年 4 月第 1 版
印　次	2024 年 4 月第 1 次印刷
书　号	ISBN 978 - 7 - 5225 - 2833 - 5
定　价	95.00 元

目　录
CONTENTS

绪　论

人类活动对海洋环境的影响已经得到科学的证实，保护和保全海洋环境是关乎海洋和人类可持续发展的重要课题。海洋环境的保护和保全需要以整个海洋生态系统为视角，采取风险预防的方法，避免对海洋环境造成损害，而不是等待损害之后的救济。事后救济在损害发生之后，是被动的、无奈的和必需的，这一方法成本高昂、效果欠佳且需要耗费几年甚至几十年的时间。且有些损害一旦发生，例如生物的灭绝，无论采用何种救济手段，都无法将环境恢复到损害之前的状况。因此，在海洋保护和保全中需要寻求风险预防的方法。而环境影响评价就是风险预防的有效方法。

海洋环境影响评价作为海洋环境的保护和保全的工具，因海洋被人为地分割成不同的区域，而存在区域化的特点。全球、区域和国内三层环境影响评价制度共存，但是各层次各区域海洋环境影响评价制度的进程并不统一，影响了海洋环境保护和保全的效果。这一私有化的后果就是"海洋公地悲剧"。海洋环境已经不堪重负，分区域保护的方法已经不能满足现今海洋环境的保护和保全的需要。

从长远来看，海洋环境影响评价制度最终将会实现体系化，建立全球性的国际条约和国际机构是协调各级和各区域海洋环境影响评价制度的根本之法。目前对海洋环境影响评价的研究多是局限于海洋的某个区域或者某个条约，缺少以整个海洋生态系统为视角的环境影响评价制度的研究。为此，本书以整个海洋生态系统为视角，对海洋环境影响评价的区域化特点和碎片化问题进行剖析，并从规则适用、基本要素和实施机制三方面进行系统研究，最后就全球海洋环境影响评价制度未来的发展进行展望和预判。

一、国内外研究现状综述

（一）国内研究现状综述

海洋环境影响评价制度主要是跨界环境影响评价制度在海洋领域的适用。因此研究海洋环境影响评价制度，需要先研究跨界环境影响评价制度。

国内关于跨界环境影响评价的研究大量出现是在 21 世纪以后。早期的研究多以介绍跨界环境影响评价制度为主①。其中以中国海洋大学宋欣的研究最为深入，其研究着眼于跨界环境影响评价制度的理论基础，分析了有关跨界环境影响评价的国际法原则，就跨界环境影响评价进行了分类研究，还分析了具有代表性的极地环境影响评价制度。

新近一些学者基于国家实践和国际司法案例对跨界环境影响评价进行了国际法地位、性质等的深入剖析，例如，邓华和边永民对跨界环境影响评价一般国际法地位的论述。这些论述多是从跨界环境影响评价的发展和国际司法案例中寻找证据，还缺少对习惯国际法构成要件的证成②。郑晨骏对跨界环境影响评价的程序研究，认为环境影响评价是一种程序责任③。胡德胜、邓华和蹇潇等学者就国际司法案例进行了一定的研究。这些研究局限于某一案例，没有对相关

---

① 参见王超锋.跨界环境影响评价制度的实施问题研究 [J].淮海工学院学报（人文社会科学版），2004（4）：13-15；田琳.国际环境法中环境影响评价手段的实施问题研究 [J].世界环境，2005（5）：57-60；刘必钰.国际环境法之环境影响评价机制探析 [D].北京：中国政法大学，2009；张顺周.论跨界环境影响评价制度 [D].南昌：南昌大学，2011；宋欣.跨界环境影响评价制度研究 [D].青岛：中国海洋大学，2011.

② 参见邓华.环境影响评估制度在国际法中的演进和实施 [J].中山大学法律评论，2015，13（3）：129-148；邓华.国际法院对环境影响评价规则的新发展：基于尼加拉瓜和哥斯达黎加两案的判决 [J].中山大学法律评论，2018，16（1）：3-14；边永民.跨界环境影响评价的国际习惯法的建立和发展 [J].中国政法大学学报，2019（2）：32-47，206.

③ 郑晨骏.浅析国际环境法中环境影响评价制度之程序责任 [J].法制博览，2016（13）：1-3.

的司法案例做出全面的梳理①。

除了基于跨界环境影响评价的理论研究之外，关于国际水道的跨界环境影响评价的研究也是国内学者着墨较多的领域，已经相对比较成熟。例如，孔令杰就跨界水资源开发中的环境影响评价进行了国际法研究；秦天宝、蒋小翼就跨界水道环境影响评价的法律与实践进行了研究；边永民和陈刚以中国的利益为考量，分析中国在国际河流利用中的跨界环境影响评价义务②。

最近几年才出现了海洋领域的跨界环境影响评价研究。这些研究集中于北极地区、国家管辖范围以外的区域等，也多以《北极环境影响评价指导纲要》《联合国海洋法公约》《埃斯波公约》《区域勘探规章》等国际文件的文本分析为主。例如，宋欣认为《北极环境影响评价指导纲要》执行不力是因为缺乏强制力和配套的监督机构和救济措施③。马德强、方清华等讨论了国家管辖范围外的环境影响的法律制度并提供了一些解决途径④。蒋小翼以《联合国海洋法公约》第204—206条的分析为基础，结合了国际司法实践，得出目前实施海洋环

---

① 胡德胜. 国际法庭在跨界水资源争端解决中的作用：以盖巴斯科夫–拉基玛洛项目案为例 [J]. 重庆大学学报（社会科学版），2011，17（2）：1-7；邓华. 国际法院对环境影响评价规则的新发展：基于尼加拉瓜和哥斯达黎加两案的判决 [J]. 中山大学法律评论，2018，16（1）：3-14；蹇潇. 哥斯达黎加境内圣胡安河沿岸的道路修建案法律评论 [J]. 湖南行政学院学报，2017（3）：88-92.

② 参见杨振发. 建立澜沧江—湄公河流域跨界环境影响评价制度若干问题的研究 [D]. 昆明：昆明理工大学，2005；孔令杰. 跨界水资源开发中环境影响评价的国际法研究 [J]. 重庆大学学报（社会科学版），2011，17（2）：23-28；柯坚，高琪. 从程序性视角看澜沧江—湄公河跨界环境影响评价机制的法律建构 [J]. 重庆大学学报（社会科学版），2011，17（2）：14-22；MCINTYRE O，秦天宝，蒋小翼. 跨界水道环境影响评价的法律与实践 [J]. 江西社会科学，2012，32（2）：251-256；边永民，陈刚. 跨界环境影响评价：中国在国际河流利用中的义务 [J]. 外交评论（外交学院学报），2014，31（3）：17-29.

③ 参见宋欣. 浅议北极地区跨界环境影响评价制度 [J]. 中国海洋大学学报（社会科学版），2011（3）：7-11；宋欣. 埃斯波公约：跨界环评法律制度的先锋公约 [J]. 中国律师，2011（5）：82-83.

④ MA D，FANG Q，GUAN S. Current Legal Regime for Environmental Impact Assessment in Areas Beyond National Jurisdiction and Its Future Approaches [J]. Environmental Impact Assesment Review，2016，56（1）：23-30.

境影响评价义务在很大程度上依然依赖于起源国的能力及其国内法规①。这些研究是与国际热点事件直接相关的，随着人们对深远海开发以及北极冰川融化等的事件的关注而逐渐出现。

总之，关于跨界环境影响评价的研究逐渐从介绍到理论分析再到纵深研究，国内的研究已经取得了初步的成果，但是直接关系海洋环境影响评价制度的研究还处于初始阶段，呈现出追踪热点事件的应急研究的特点。目前仍缺少以海洋作为整体进行的系统全面的环境影响评价制度的相关研究。

（二）国外研究现状综述

跨界环境影响评价制度起源于美国，发展于加拿大和欧盟。关于跨界环境影响评价制度的研究，国外相较于国内更为成熟。

早期对跨界环境影响评价制度的研究多是基于国内法进行的。例如，约翰·H. 诺克斯（John H. Knox）就认为跨界环境影响评价来源于国内法的不歧视原则，而不是国际法中的预防损害原则。那种认为国际法中存在跨界环境影响评价的习惯国际法的观点是错误的②。围绕跨界环境影响评价是不是习惯国际法，甚至发展出了国内法和国际法两个派别之争。诺克斯的观点代表了早期学者的观点，与现今大部分学者都主张跨界环境影响评价源于预防损害原则的观点不同③。后期随着国际环境文书的增多，马特·杰文（Marte Jervan）认为国际法中已经确立了评估和监测风险的一般义务，并且从国际法院的案例分析中直接得出"进行环境影响评价已经演变为国际环境法下的义务了"这一结论④。诺克斯和马特·杰文很好地代表了国内法和国际法两派的观点。无论两派如何相争，早期的研究都是针对国家管辖范围以内区域产生的跨界影响，没有涉及

---

① 蒋小翼.《联合国海洋法公约》中环境影响评价义务的解释与适用［J］. 北方法学，2018，12（4）：116-126.

② KNOX J H. The Myth and Reality of Transboundary Environmental Impact Assessment ［J］. The American Journal of International Law，2002，96（2）：291-319.

③ KNOX J H. Assessing the Candidates for a Global Treaty on Transboundary Environmental Impact Assessment ［J］. New York University Environmental Law Journal（2003—2005），2003，12：153-168.

④ JERVAN M I. The Prohibition of Transboundary Environmental Harm：An Analysis of the Contribution of the International Court of Justice to the Development of the No-harm Rule ［D］. Olso：University of Olso，2014.

国家管辖范围以外区域的环境影响问题。这可能是因为人类活动的主要领域在近海，对深远海的开发和利用能力有限。

随着时间的推移和人类海洋活动的增多，两派逐渐开始融合。例如，尼尔·克雷克（Neil Craik）的《环境影响评价的国际法：过程、实质和一体化》一书就是兼具了国内法和国际法的双视角①。作者从国内层面解释环境影响评价的特点，并且论述了环境影响评价国内、国际两个层面的关系。作者认为环境影响评价跨越了国内和国际两个层面，国家将国际环境法律文书中的义务在国内层面进行了落实，但环境影响评价并没有摆脱政治权利、经济等因素，详细的规则并没有形成。该书的研究同样没有涉及国家管辖范围以外区域的环境影响问题。

和早期学者基于国家之间的跨界环境影响评价规则进行研究不同，基斯·巴斯梅杰尔（Kees Bastmeijr）和蒂莫·科维罗瓦（Timo Koivurova）《跨界环境影响评价的理论与实践》一书则着眼于国际和共享区域的环境影响评价，同时还对具有典型意义的区域环境影响评价制度进行了分析，包括南亚孟加拉湾次区域的环境影响评价、北极环境影响评价执行纲要的内容、南极环境影响评价、海底区域的环境影响评价和外空环境影响评价。作者通过区域实践的分析，前瞻性地得出跨界环境影响评价正在全球化的结论。总的来说，该书分析比较全面并且具有一定的前瞻性，唯一的缺点是以陆地上各国间的跨界环境影响为主要研究对象，海洋环境影响的内容较少涉及②。

随着国家管辖范围以外区域的生物多样性（BBNJ）协定谈判的深入，出现了许多围绕国家管辖范围外区域（ABNJ）环境影响评价制度的研究。BBNJ 协定的谈判，促使海洋环境影响评价的研究呈现出多维和爆炸式增长。例如，伊丽莎白·德鲁尔（Elisabeth Druel）认为通过一项有国际法约束力的文件将是重要的进步，但完善国家管辖范围外环境影响评价程序的实施机制是弥补该区域

---

① CRAIK N. The International Law of Environmental Impact Assessment：Process，Substance and Integration ［M］. New York：Cambridge University Press，2008.

② BASTMEIJR K，KOIVUROVA T. Theory and Practice of Transboudary Environmental Impact Assessment ［M］. Leiden：Koninklijke Bill NV，2008.

规则和治理空白的关键①。埃尔费林克（Elferink）则认为制定一项有法律约束力的国际协定是不成熟的，最有可能形成的是一个无法律约束力的国际准则②。艾米·博伊斯（Amy Boyes）认为制定一个执行协定是必要的，并对新的执行协定应该具备的内容进行了分析③。还有一些学者进行了区域研究。罗宾·M. 华纳（Robin M. Warner）介绍了极地海洋区域环境影响评价的法律框架，但对相关的规则未做详细的评述④。波义耳（Boyle）和康奈利（Connelly）等就《埃斯波公约》和环境影响评价的程序进行了研究⑤。

　　整体来说，外国学者关于跨界环境影响评价的研究是逐步从国内法视野过渡到国际法视野，从陆地规则过渡到海洋相关规则的。这些研究是和人类对海洋的认知和开发利用能力密不可分的。

　　国内外学者的大量研究为本研究提供了有益的参考。基于目前还缺少以海洋和国际法为视角的海洋环境影响评价制度的系统研究，本书试图在此处发力，窥探海洋环境影响评价制度的现状与问题、外延与内涵、程序与实施以及未来发展。

---

① DRUEL E. Environmental Impact Assessments in Areas Beyond National Jurisdiction: Identification of Gaps and Possible Ways Forward [M]. Paris: IDDRI, 2013.

② ELFERINK A G O. Environmental Impact Assessment in Areas Beyond National Jurisdiction [J]. The International Journal of Marine and Costal Law, 2012, 27: 449-480.

③ BOYES A. Environmental Impact Assessment in Areas beyond National Jurisdiction [R]. Florida: Mote Marine Laboratory, 2014.

④ WARNER R. Environmental Assessments in the Marine Areas of the Polar Regions [M] // MOLENAAR E, OUDE ELFERINK A G, ROTHWELL D, et al. Law of the Sea and Polar Regions: Interactions Between Global and Regional Regimes. Leiden: Martinus Nijhoff Publishers, 2013: 139-162.

⑤ BOYLE A. Developments in the International Law of Environmental Impact Assessments and their Relation to the Espoo Convention [J]. Review of European Community and International Environmental Law (RECIEL), 2011, 20 (3): 227 – 231; CONNELLY R. The UN Convention on EIA in a Transboundary Context: a Historical Perspective [J]. Environmental Impact Assessment Review, 1999, 19 (1): 37-46.

二、研究内容和研究方法

（一）研究内容

研究内容主要涉及三方面：

第一，从规范的角度对海洋环境影响评价制度的概念、外延和内涵进行了研究。海洋环境影响评价制度虽是跨界环境影响评价规则在海洋领域的适用，但也有一些新的发展。为此需要对海洋环境影响评价制度的概念进行界定；对外延，即法的渊源进行梳理和评析；对内涵，即环境影响评价制度的评估的范围、损害的标准、评估的内容和利益相关者的参与等要素进行详细研究。

第二，从发展的角度对海洋环境影响评价制度进行了纵向研究。本书不仅分析了跨界环境影响评价制度的发展历程、司法实践和区域实践，还对海洋环境影响评价制度进行了展望。

第三，从实践的角度对海洋环境影响评价的实施过程进行了研究。"徒法不足以自行"，只有法通过实施从应然状态过渡到实然状态，才能发挥法的规范、惩处和指引作用。为此，本书研究了国际层面海洋环境影响评价的实施方式、实施路径和实施途径，以及国内层面国家对海洋环境影响评价相关国际法的接受和转化的原因和方式。

（二）研究方法

1. 比较分析法。对涉及海洋环境影响评价的国际文书和国际司法实践、区域实践进行比较。

2. 系统分析法。从整个海洋生态系统的角度来分析海洋环境保护与保全中的环境影响评价。在收集有关海洋环境影响评价的国际文书和司法案例的基础上，定性分析海洋环境影响评价的习惯国际法地位，而后又依据要素对环境影响评价进行定量分析。本书不仅系统分析全球、区域和专门性的法律制度，而且还从规则适用、基本要素和实施机制三方面进行了体系化研究。

三、研究内容概述

本书共分为六部分：

第一章介绍海洋环境保护的现状。人类活动严重影响海洋环境，该部分介绍不同的人类活动对海洋环境造成的影响、海洋环境保护的现状，并认为海洋环境保护必须秉持海洋命运共同体理念。

第二章介绍海洋环境影响评价制度的碎片化。该部分主要从海洋环境影响评价的概念界定、海洋环境影响评价的问题、原因和影响四方面展开论述。海洋环境影响评价是跨界环境影响评价在海洋领域的适用和发展，包括国家间的环境影响评价（Transboundary Environmental Impact Assessment，简称 TEIA）以及国际公域的环境影响评价（Global Area Environmental Impact Assessment，简称 GAEIA）。海洋环境影响评价已经成为一般国际法下的义务，拥有较为丰富的司法实践和区域实践。这些实践表明海洋环境影响评价存在立法碎片化、司法个案化和实施区域化的问题。跨界环境影响评价的多元立法、规则的滞后性和海洋环境和治理的区域化共同导致海洋环境影响评价制度的碎片化问题。这种碎片化现象是海洋环境影响评价的常态，会导致海洋环境治理的空白和冲突、司法适用的困难，减弱海洋环境影响评价制度的实施效果。

第三章对海洋环境影响评价的规则的适用进行了研究。在目前仍缺乏海洋环境影响评价统一规则的背景下，着重分析现存的有关海洋环境影响评价的典型的国际条约、习惯国际法、一般法律原则和"软法"文件的内容，探索这些渊源之间的关系、各自在海洋环境影响评价制度中发挥的作用及优缺点。

第四章对海洋环境影响评价制度的基本要素进行审视。目前多数涉海洋的国际文书都含有环境影响评价的条款，跨界环境影响评价也已经成为习惯国际法。然而海洋环境影响评价的基本要素还不够明确，仍缺乏量性规定。通过对国际条约和"软法"文件的比较研究，该部分从评估范围、损害标准、评估内容和利益相关者参与四个要素阐述海洋环境影响评价的具体内容。

第五章探索海洋环境影响评价的实施机制。区域海洋项目的实践表明，海洋环境影响评价的实施情况参差不齐。海洋环境影响评价目前还缺少强制性的实施机制，主要采用以程序为导向的实施方式，以国内程序为主和以国际程序为主两种实施路径并存。海洋环境影响评价的国际实施路径既有以权利和集体协助为导向的执法程序，也有以争端解决为目的的政治和法律解决方法，还有以利益诱导为导向的能力建设。国家基于自身利益或人类整体利益的考虑，通常会接受对其有利的国际法规则而拒绝对其有害的国际法规则。另外，规则的取舍还和国际社会的集体协助机制、法律约束力、道德的约束力和是否存在超级大国等因素有关。

第六章展望全球海洋环境影响评价制度。经过对海洋环境影响评价制度的碎片化问题的表现、原因、影响、规则、基本要素和实施机制的分析，可以发现环境影响评价呈现全球化的发展趋势。虽然区域海洋环境影响评价制度发挥了重要的作用，但是海洋环境影响评价制度正在向有法律约束力的全球条约的方向发展。《埃斯波公约》有望成为国家间跨界环境影响评价制度的统一规范。虽然《埃斯波公约》自身拥有较为合理的机构设置，但面临着大量国家加入之后的资金和机构调整的挑战。涵盖海洋环境影响评价在内的国家管辖范围以外区域的生物多样性（BBNJ）保护和利用的国际文书的案文已于 2023 年 3 月 4 日达成，加强了对公海上人类活动的评估和管理。因此国家管辖范围以外区域（ABNJ）的国际机构的选择除了采取依托新的国际文书设立条约机构的全球模式以外，还可以选择采用统一的政策引导的方式加强既有的区域和部门国际机构职能的区域和部门模式。此外，还可以对两种模式进行综合，采用更广泛的全球监督和审查机制，例如，加强国内实施机制和完善国家责任制度。总而言之，海洋环境影响评价制度正在向着全球化的方向发展。

四、研究的创新点

本书的创新之处主要有以下四点：

首先，对海洋环境影响评价制度的碎片化问题进行了系统研究。主要表现在三方面：第一，将海洋作为整体进行研究，打破了分区域研究海洋环境影响评价制度的现状。目前对海洋环境影响评价制度的研究多是局限于海洋的某个区域或者某个条约，缺少以整个海洋生态系统为视角的海洋环境影响评价制度的研究。第二，系统梳理了有关海洋环境影响评价的国际法文书，包括有法律约束力的国际协定、习惯国际法、一般法律原则和无法律约束力的"软法"文件。书中不仅罗列了重要的国际法文书，而且还对它们进行了评析。第三，对海洋环境影响评价制度的基本要素进行了深入研究。以往的研究多是对某个国际法原则与海洋环境影响评价制度的关系的研究，或者是对某个程序义务的研究，缺少就该制度基本要素的深入研究。本书从评估范围、损害标准、评估内容、利益相关者参与四个要素展开细致的论述。这些尝试可能会为学界进一步研究海洋环境影响评价制度提供可行的范式。

其次，从习惯国际法的两个要件出发论述了海洋环境影响评价的习惯国际法地位。虽然国际法院、国际海洋法法庭的个案判决多次论及跨界环境影响评价的国际法地位，但国际法院和国际海洋法法庭的论断不是国际法，只是反映了最新的国际法的发展，并且是针对具体的跨界损害案件而展开的，不能武断地直接得出跨界环境影响评价已经具有习惯国际法地位的结论，也不能当然得出跨界环境影响评价的习惯国际法能够直接适用于海洋。依据习惯国际法的两个要件进行判定跨界环境影响评价的习惯国际法，并且分类讨论这一习惯国际法能否适用于海洋领域是更为严谨的方法。

再次，研究海洋环境影响评价制度的碎片化问题能为避免海洋环境影响评价有关的争端提供路径参考。随着海洋活动的日益增多和海洋保护意识的逐步提高，未来涉及海洋环境影响评价的争端或可增加，研究海洋环境影响评价制度的碎片化问题，特别是它的实施的方式、路径和途径等内容，将会为避免涉及海洋环境影响评价的争端提供路径参考。

最后，对未来海洋环境影响评价制度的体系化发展提出了一些可供参考的建议。不仅指出海洋环境影响评价制度的全球化方向，并且提出了可行的方案。在国家管辖范围以内的区域，《埃斯波公约》将会成为最佳备选项。在国家管辖范围以外的区域，最关键的国际机构的设置可以采取全球模式、区域和部门模式以及混合模式。这些预判指出了未来海洋环境影响评价制度发展和完善的着力点。

第一章

海洋环境保护的现状

第一节　人类对海洋的影响和海洋环境影响评价

一、人类活动严重影响海洋环境

海洋占地球表面的 71%，拥有地球上最大的生态系统。人类起源于海洋，今天海洋依然是地球 80% 的生命的家园，为地球提供了 1/2 的氧气，为地球上成千上万的人提供食物①。海洋对人类弥足珍贵。海洋为人类提供了丰富的渔业资源、矿产资源、航运资源以及生态资源。

历史上海洋被视为"取之不尽用之不竭"的，人类可以自由地在海洋航行，捕鱼，采矿，倾倒生产、生活和战争废品②。随着人类的活动在海洋的纵深

---

① 近 30 亿人的主要蛋白质来自海洋中的鱼类。See FAO. The State of World Fisheries and Aquaculture 2016：Contributing to food secrity and nutrition for all ［R］. Rome：Food And Agriculture Organization of the United Nations，2016.

② 在十五六世纪地理大发现之前的很长时间内，海洋被视为"大家共有之物"。到了 17 世纪之后，领海之外即公海的二分法基本确立下来。直到 1958 年日内瓦四公约才进一步确立了领海、毗连区、大陆架和公海制度，到 1982 年《联合国海洋法公约》时确立了目前的领海、毗连区、大陆架、专属经济区、公海、海底区域、群岛水域和海峡这一纵横立体划分法。

发展，人类对海洋的利用和开发活动对海洋环境造成了前所未有的影响。海洋污染、海洋渔业、深海勘探与开发、旅游业、船舶航行带来的物种入侵等行为正在以惊人的速度破坏着宝贵的自然栖息地，同时也在不断减少海洋物种的数量。温度升高，海洋酸化（海洋从大气中吸收二氧化碳从而产生酸化的影响），使得这些已然严峻的环境退化进一步加剧。"1985 年以来，世界上一半的珊瑚礁已经消失。"① "仅 2016 年，长达 400 英里的大堡礁由于珊瑚白化而遭到严重破坏。"② "在国际研究机构监测的 600 个鱼类种群或亚种群中，31%的鱼群正遭受不同程度的非法、私自以及不受管制的捕捞，58%的鱼群处于被完全捕捞的状态。"③ "从 1970 年至 2012 年，鱼类种群的数量下降了 49%。"④ 总体来说，目前我们对海洋的资源的索取、开发和利用速度已经远远超过了海洋生态系统的自我恢复速度，是一种不可持续的海洋开发利用模式。

（一）航行

海运一直以来就是最重要的国际运输方式，超过 90%的世界贸易都是通过国际海洋运输完成的。自 1956 年开启集装箱革命至今，国际海洋运输的承载能力有了巨大的提升。1956 年一艘改装的油轮可以携带 58 个 33 英尺长的集装箱，而今最大的集装箱船已经可以装载超过 20000 个 20 英尺当量单位（TEU）集装箱了。从年运载量来看，仅 2016 年的货物吞吐量就达到了 103 亿载重吨。而这还未完全满足全球货物贸易的需求量。即使是在新冠疫情影响之下的 2020—2021 年间，全球的商业航运船的供应也跟不上全球货物贸易的需求。2020 年，全球商业航运船队增长了 3%，100 总吨及以上船舶达到 99800 艘（见表 1-1)⑤。

---

① HOEGH‐GULDBERG O. Reviving the Oceans Economy：the Case for Action, 2015 [R]. Geneva：WWF International，2015.

② Coralcoe. Life and Death After Great Barrier Reef Bleaching [EB/OL]. Coralcoe, 2020‐03‐29.

③ FAO. The State of World Fisheries and Aquaculture 2016：Contributing to food secrity and nutrition for all [R]. Rome：Food And Agriculture Organization of the United Nations, 2016.

④ WWF. Living Blue Planet Report 2015：Species, habitats and human well‐being [R]. Geneva：WWF International, 2015.

⑤ 联合国贸易和发展会议 . 2021 海运评述 [R]. 纽约：联合国，2021.

表 1-1　2020—2021 年按主要船型分列的世界船队情况

（千载重吨和百分比）

主要类型	2020 年	2021 年	2021 年相对 2020 年的百分比变化
散货船	879 725 42.47%	913 032 42.77%	3.79%
邮轮	601 342 29.03%	619 148 29.00%	2.96%
集装箱	274 973 13.27%	281 784 13.20%	2.48%
其他船型	238 705 11.52%	243 922 11.43%	2.19%
近海船舶	84 049 4.06%	84 094 3.94%	0.05%
天然气船	73 685 3.56%	77 455 3.63%	5.12%
化学品液货船	47 480 2.29%	48 858 2.29%	2.90%
其他/不详	25 500 1.23%	25 407 1.19%	-0.36%
渡船和客船	7 992 0.39%	8 109 0.38%	1.46%
杂货船	76 893 3.71%	76 754 3.60%	-0.18%
全世界合计	2 071 638	2 134 640	3.04%

资料来源：联合国贸易和发展会议秘书处根据克拉克森研究公司的数据计算。

注：100 吨及以上的动力型远洋商船；年初数据。

　　航运在促进各国经济、文化联通的同时，会对海洋造成一系列的影响，包括空气和噪声污染，碳排放、污水和其他废水的排放，以及随船带来外来物种等问题。海运是目前为止最具碳效率的货物运输方式，每吨公里的二氧化碳排放量仅为卡车、火车或飞机的一小部分。然而，全球贸易的规模意味着该行业占全球二氧化碳排放量的 2.1%。其中，班轮运输约占 0.5%，而海运价值约占

52%。除了二氧化碳，远洋船舶还会产生硫氧化物（SO_x）、氮氧化物（NO_x）和颗粒物（PM）的排放。入侵物种是指在非本地的新环境中造成生态或经济危害的生物。由于船舶将货物从一个大陆运送到另一个大陆，入侵物种可能会通过压载水或船体进行转移。而且入侵物种附着于船体上，还会造成船体污染，产生阻力，增加燃料消耗，从而增加排放和承运人的成本。由于所有这些原因，大型商业承运人需要在船体定期涂上防止物种附着的油漆，密切监控船只的状况，尽可能防止物种附着在船体造成的物种入侵。

（二）捕鱼

由于发达国家工业化渔业的扩张，全球渔业捕获量在 20 世纪六七十年代大幅增加。从 20 世纪 80 年代末开始渔获量下降，20 世纪 90 年代末停滞在每年约 9000 万吨。据估计，2020 年全球水生动物产量为 1.78 亿吨，较 2018 年创纪录的 1.79 亿吨略有下降。其中捕捞渔业产量 9000 万吨（51%），水产养殖产量 8800 万吨（49%）。海洋捕捞的渔获量仍是全球渔业产量的主要来源（见表 1-2 和图 1-1）[1]。

表 1-2　世界渔业和水产养殖产量

单位：百万吨

产量 （百万吨鲜重）		1990 年代	2000 年代	2010 年代	2018	2019	2020
		年均					
捕捞	内陆	7.1	9.3	11.3	12.0	12.1	11.5
	海洋	81.9	81.6	79.8	84.5	80.1	78.8
捕捞总计		88.9	90.9	91.0	96.5	92.2	90.3
水产养殖	内陆	12.6	25.6	44.7	51.6	53.3	54.4
	海洋	9.2	17.9	26.8	30.9	31.9	33.1
水产养殖总计		21.8	43.4	71.5	82.5	85.2	87.5
世界渔业和 水产养殖总计		110.7	134.3	162.6	178.9	177.4	177.8

---

[1]　联合国粮食及农业组织.2022 年世界渔业和水产养殖状况：可持续发展在行动［R］.罗马：联合国粮食及农业组织，2022.

资料来源：粮农组织。

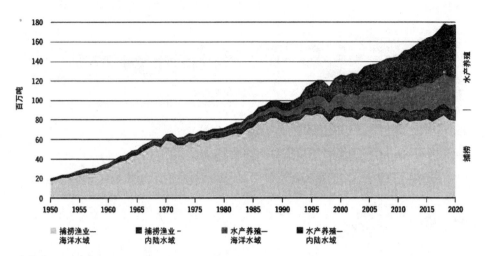

资料来源：粮农组织。

注：不含水生哺乳动物、鳄鱼、短吻鳄和凯门鳄和藻类。数据按鲜重当量表示。

图1-1　世界捕捞渔业和水产养殖产量

2018年，全球捕捞渔业产量创下9650万吨的记录，2020年的捕捞量虽然有所下降，但仍保持在9000万吨以上。2018年以前，海洋捕捞量持续攀升。

2020年，全球捕捞渔业产量（不含藻类）为9030万吨，估计价值1410亿美元，其中7880万吨来自海洋水域，1150万吨来自内陆水域，与前三年平均值相比下降4.0%。有鳍鱼类约占海洋捕捞总量的85%。海洋渔获量增加的主要原因是秘鲁和智利的秘鲁鳀（Engraulis ringens）渔获量增加。2018年，内陆渔业渔获量达到有史以来最高的1200万吨。全球捕捞渔业前七大生产国几乎占了捕捞总量的50%，其中中国占15%，其次是印度尼西亚（7%）、秘鲁（7%）、印度（6%）、俄罗斯联邦（5%）、美国（5%）和越南（3%）。最大的20个生产国约占捕捞渔业总产量的74%。

2020年全球内陆渔获量估计为1150万吨，尽管相比2019年下降了5.1%，但仍处于较高历史水平。亚洲占内陆渔业总量的近2/3，其次是非洲，内陆渔获对这两个区域的粮食安全都很重要。2020年中国首次不再是最大的内陆渔业生产国，尽管中国自20世纪80年代中期以来一直都是最大内陆渔业生产国。印度以 180 万吨的产量取而代之①。

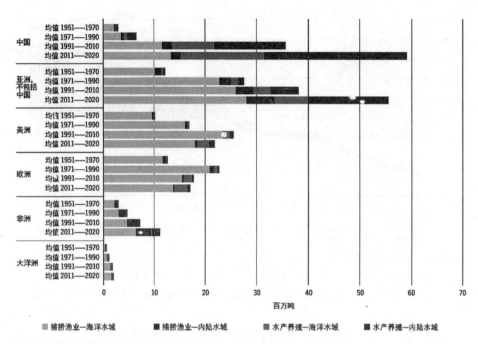

资料来源：粮农组织。

注：不含水生哺乳动物、鳄鱼、短吻鳄和凯门鳄和藻类。

图 1-2　各区域对世界渔业和水产养殖产量的贡献

根据粮农组织对所评估海洋鱼类种群的长期监测，海洋渔业资源状况持续恶化。处于生物可持续水平的鱼类种群占比从 1974 年的 90% 下降至 2019 年的 64.6%（较 2017 年下降 1.2%），其中 57.3% 为在最大产量上可持续捕捞的种群，另外 7.2% 为未充分捕捞的种群。从 1974 年到 1989 年，在最大产量上可持续捕捞的种群占比不断下降，后于 2017 年回升至 59.6%，部分反映出管理措施得到了更好的实施。尽管数量上有恶化的趋势，但 2019 年生物可持续种群占水产品上岸量的比重为 82.5%，比 2017 年提高了 3.8%。例如，2019 年上岸量最大的 10 个种类中，有 66.7% 在 2019 年的捕捞处于生物可持续水平范围内，这

---

① 联合国粮食及农业组织. 2022 年世界渔业和水产养殖状况：可持续发展在行动［R］. 罗马：联合国粮食及农业组织，2022.

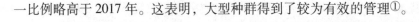

一比例略高于 2017 年。这表明，大型种群得到了较为有效的管理①。

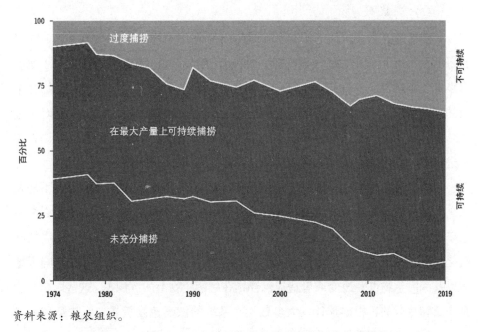

资料来源：粮农组织。

图 1-3 1974—2019 年世界海洋鱼类种群状况的全球趋势

2017 年，在粮农组织主要捕捞区域中，地中海和黑海在不可持续水平捕捞的种群占比最高（62.5%），其次为东南太平洋（54.5%）和西南大西洋（53.3%）。相比之下，中东太平洋、西南太平洋、东北太平洋和中西太平洋在生物不可持续水平捕捞的种群占比最低（13%～22%）。2017 年其他区域的占比在 21%～44%②。

截至 2015 年，"在国际研究机构监测的 600 个鱼类种群或亚种群中，31%的鱼群正遭受不同程度的非法、私自以及不受管制的捕捞，58%的鱼群处于被完

---

① 联合国粮食及农业组织.2022 年世界渔业和水产养殖状况：可持续发展在行动［R］. 罗马：联合国粮食及农业组织，2022.

② FAO. The State of World Fisheries and Aquaculture 2016 ：Contributing to food secrity and nutrition for all ［R］. Rome：Food And Agriculture Organization of the United Nations，2016.

全捕捞的状态"①。"从 1970 年至 2012 年，鱼类种群的数量下降了 49%。"②

（三）海底采矿

目前已知有潜在价值的矿物和金属资源存在于海洋的深海平原、热液喷口和海山上。19 世纪末，海洋研究船"挑战者号"（HMS Challenger）发现了海底有丰富的矿产资源，直到 20 世纪 60 年代，海底采矿似乎才可行。对矿物和金属的需求增加，加上陆地资源的枯竭，使人们对开采这些资源，特别是对多金属结核、海底块状硫化物和富钴结壳的兴趣日益增加。区域的矿产资源勘查正在进行中。承包商与国际海底管理局之间已签订了 29 份勘探合同。

与陆地采矿相比，海底采矿可能具有一些经济和环境优势，因为它不需要永久性的采矿或运输基础设施，而且对当地社区的直接影响较小③。但是，海底采矿可能对海洋生态系统产生广泛的影响，包括：去除多金属结核、海底块状硫化物和富钴结壳等，影响原址上的底栖生物群落；水流的改变可能影响近地表以及深海生物群；改变或者造成悬浮物在底栖生物上的沉积④。这些影响可能是广泛和持久的，根据预计，大多数生态系统的恢复速度极慢，无法适应采矿而造成的海洋生态系统的改变⑤。

（四）海洋科学研究

海洋科学研究被认为是对海洋环境影响最小的一种人类活动，但是任何对自然系统的观察都有干扰该系统的风险，特别是当海洋科学研究需要对海洋环境造成改变的情况下，对生态系统是有一定的影响的。诸如疏浚、取样、拖网

---

① FAO. The State of World Fisheries and Aquaculture 2016：Contributing to food secrity and nutrition for all ［R］. Rome：Food And Agriculture Organization of the United Nations，2016.

② WWF. Living Blue Planet Report 2015：Species，habitats and human well - being ［R］. Geneva：WWF International，2015.

③ HOAGLAND P，BEAULIEU S，TIVEY M A，et al. Deep - sea mining of seafloor massive sulfides ［J］. Marine Policy，2010，34（3）：728-732.

④ MILLER K A，THOMPSON K F，JOHNSTON P，et al. An Overview of Seabed Mining Including the Current State of Development，Environmental Impacts，and Knowledge Gaps ［J］. Frontiers in Marine Science，2018，4：418.

⑤ LEVIN L A，MENGERINK K，GJERDE K M，et al. Defining "serious harm" to the marine environment in the context of deep - seabed mining ［J］. Marine Policy，2016，74：245 - 259.

捕鱼、使用远程操作的海底作业器械或高强度照明等都会海洋生态系统造成一定的影响。

适当的限制或者提前做出可以减少或消除环境影响的方案，可以减少或者消除对海洋环境的影响。国际船舶运营商论坛（The International Ship Operators Forum）制定的海洋科学研究船舶行为准则（The Code of Conduct for Marine Scientific Research Vessels），要求船舶的运营者遵循对环境负责的做法并且采取风险预防原则（a precautionary approach）。国际大洋中脊协会①（InterRidge）制定了《对深海热液喷口负责任的研究实践的承诺声明》，呼吁研究人员避免那些可能会导致热液喷口的环境发生重大或持久改变的活动。

（五）生物勘探

生物勘探主要是指对生物基因的寻找并对生物基因进行商业开发。该活动主要集中于国家管辖范围以外的海洋区域。国家管辖范围以外的海洋区域有一些极端环境，如深海海沟、冷渗泉、海底山脉以及热液喷口等，能演化出一些独特的生物。这些生物体是新基因的来源，可能具有重大的科学和商业价值。近些年随着海底勘探技术的发展，对这些新的基因的寻找和商业产品的开发有所增加②。

和海洋科学研究一样，生物勘探也会对脆弱和敏感的海洋环境造成一定的人为干扰和影响，比如，人为引入光源和产生的噪声和污染等。但和海底采矿相比，影响是很小的。

（六）海洋污染和垃圾

海洋污染的来源包括陆源污染（如化学品、塑料颗粒、工业污染、农业和生活垃圾）、船只污染、自然资源的勘探和开发、大气污染和倾倒。80%的海洋

---

① 国际大洋中脊协会是一个非营利组织，致力于通过国际合作促进海底研究，包括研究、使用核保护的各个方面。20世纪90年代初成立，是一个科学家的国际论坛，2012年获得国际海底管理局的观察员地位。目前，山脊间已经得到4个主要成员国（中国、法国、韩国和挪威）以及6个常规成员国（加南大、德国、日本、印度、波兰和英国）的支持。具体参见：https：//www.interridge.org/about-ir/。
② 第一项与海洋物种有关的专利于1988年注册。截至2017年10月，共有来自862种海洋物种的12998个基因序列获得了专利。其中，73%来自微生物物种，16%来自鱼类。

污染的主要污染物来源于陆地①。这些污染物会导致海洋的富营养化，使藻类大量繁殖。污染物中的微量有毒化学品会通过食物链的作用，聚集到足以危害生物包括人类生存的剂量②。

航运和其他活动可能产生潜在有害的水下噪声污染，而丢弃的渔具则可能对海洋物种和生态系统造成相当大的损害。目前几乎没有采取适当的措施来监测和减少此类事件。

廉价耐用塑料的出现导致塑料污染显著增加。大多数塑料不会进入废物回收系统，留下大量塑料最终沉入海洋生态系统。生物体通过直接摄入塑料或者接触塑料中的化学物质而受到影响。随着对微塑料（即人眼通常看不见的塑料碎片）的了解，人们发现微塑料更容易被海洋生物和人体吸收，也更易于在组织中积累。此外，海洋垃圾被认为是破坏和导致海洋物种栖息地退化的凶手，同时也是外来物种迁移的可能媒介。

（七）海底电缆

海洋位于全球电缆系统的中心，拥有约 100 万公里的光纤电缆，承载着超过98%的国际互联网、数据、视频和电话流量。深海电缆通常直径为 17 毫米～22 毫米，铺在海底，而那些深度超过 1500 米的电缆则通常被埋在海底③。

虽然海底电缆的安装会干扰底栖环境，但这是一个一次性的过程，干扰是有限的。海洋哺乳动物可能被电缆缠住，鲨鱼和其他物种可能有咬电缆的风险，但由于电缆设计和铺设技术的改进，近年来这种事情的发生率已显著减少甚至根除。海底电缆行业通过使用海底测绘和导航系统来识别需要避免的敏感区域，努力减少或避免对脆弱的深水生态系统的影响。总的来说，研究表明，电缆对环境的影响可以忽略不计。

（八）温室气体排放

现在有一个被广泛接受的科学和政治共识，即人为的温室气体排放，主要

---

① United Nations. Oceans and the Law of the Sea：Report of the Secretary-General［R］. New York：United Nations，2011.

② Global Partnership on Nutrient Management. Building the Foundations for Sustainable Nutrient Management［R］. Nairobi：The UN Environment Programme，2010.

③ 这一规定是为了防止渔业拖网作业或者船舶定锚可能造成的电缆损坏，而浅水区域的电缆则可以直接放在海底。

是燃烧化石燃料产生的排放正在导致全球变暖。这些排放导致海洋出现海洋变暖、海平面上升和海洋酸化等显著的变化，直接影响人类的活动和健康。为了加深人们对温室气体排放和人类活动的关系的认识，政府间气候变化委员会（IPCC）先后出台六次关于气候变化的评估报告。2019年IPCC《关于气候变化中海洋和冰冻圈的特别报告》旨在评估气候变化如何影响海洋和海洋生物，以及水以固态存在的地区，例如极地或高山地区。该报告还评估了气候变化对世界各地社区的影响，以及为实现更可持续的未来而适应气候变化的选择。IPCC的第6次评估报告显示，自1850—1900年以来，全球地表平均温度已上升约1℃，并指出未来20年，全球温升预计将达到或超过1.5℃。具压倒性的证据表明，这正在给生态系统和人类带来深远后果。海洋温度已更高、酸性更强，而生产能力已降低。冰川和冰盖的融化正在导致海平面上升，而沿海的极端事件正日益严重。IPCC的第6次评估报告预估，在未来几十年里，所有地区的气候变化都将加剧。全球温升1.5℃时，热浪将增加，暖季将延长，而冷季将缩短；全球温升2℃时，极端高温将更频繁地达到农业生产和人体健康的临界耐受阈值。

在2016年的巴黎气候大会上，世界各国领导人同意加强全球对气候变化的应对，包括保持全球平均气温升高不超过工业前2℃，并努力将温度升高限制在工业前水平以上1.5℃。而目前的数据表明，要想实现巴黎气候大会上的目标，除非立即、迅速和大规模地减少减少温室气体排放，否则将升温限制在接近1.5°C或甚至是2°C将是无法实现的。

许多国家已经将海洋纳入其对气候缓解的"国家自主贡献"的一部分。目前还开展了利用海洋来减轻温室气体排放影响的研究，如碳捕获和储存以及海洋施肥等地球工程技术。

二、保护和保全海洋环境就是保护人类赖以生存的家园

从根本上说，保护和保全海洋环境就是保护人类赖以生存的家园。人类起源于海洋，发展于海洋。海洋对人类弥足珍贵。海洋一直都是国际贸易和交流的重要通道，也是众多文明的起源地。现今海洋除了提供渔业资源之外，还可能为人类提供清洁能源。然而，捕鱼、排污、资源开发等传统的海洋活动正在

破坏许多海洋生物的栖息地。而气候变化和海洋酸化进一步加剧了这一趋势。海洋环境的保护和保全直接决定着人类的生死存亡。

海洋环境的保护和保全需要采用海洋生态共同体的理念，统一考量。海洋生态共同体拥有整体性、流动性的特点。虽然《联合国海洋法公约》采取分区域保护海洋的方法，但海洋环境问题无法限于特定区域。海洋污染、海洋酸化、生物多样性丧失、外来物种入侵以及海平面上升等问题都是全球性的，其造成的生态环境损害是难以弥补和难以恢复的。

保护和保全海洋环境，就是要可持续地管理海洋。正如 1982 年《联合国海洋法公约》所要建立的基本目标："为海洋建立一种法律秩序，以便利国际交通和促进海洋的和平用途，海洋资源的公平而有效的利用，海洋生物资源的养护以及研究、保护和保全海洋环境。"① 这一目标不是将开发利用和环境保护相对立，而是借由海洋环境的保护和保全实现海洋资源的可持续开发利用。因此，在海洋资源的开发和利用过程中，采用对环境友好的方法，保护和保全海洋环境，是实现这一目标的必然之举。

三、环境影响评价是海洋环境保护和保全的工具

风险预防原则被广泛应用于海洋环境的保护和保全。人类所有的污染最终都汇于海洋。海洋环境的损害具有累积效应，人类既是海洋环境的破坏者也是海洋环境的受害者，由于人类活动与海洋环境破坏之间的因果关系缺乏科学确定性，风险预防方法被广泛应用于海洋环境的保护和保全。一旦发生严重的海洋环境损害，事后救济往往力不从心（其影响范围通常是巨大的，事后的生态恢复不仅耗资巨大而且需要较长的周期）。事前的风险预防往往能起到事半功倍的效果。事先的环境风险规避在海洋环境保护和保全中具有首选地位。

环境影响评价作为海洋环境保护和保全的重要工具，采用风险预防原则，对避免或减少人类活动对海洋的影响有重要的意义。《里约环境与发展宣言》《生物多样性公约》《联合国海洋法公约》等文件都认识到环境影响评价对海洋环境保护和保全的重要性。为了保护环境，各国应根据各自的能力广泛采

---

① 1982 年《联合国海洋法公约》序言。

取预防性措施。

《里约环境与发展宣言》原则 15 确立了风险预防原则："为了保护环境，各国应根据它们的能力广泛采取预防性措施。凡有可能造成严重的或不可挽回的损害的地方，不能把缺乏充分的科学肯定性作为推迟采取防止环境退化的费用低廉的措施的理由。"原则 17 明确要求，将环境影响评估作为国家手段，用以评估可能会对环境造成重大不利影响的活动和由国家机构作决定的活动。

《生物多样性公约》第 14 条要求："每一缔约国应尽可能并酌情采取适当程序，要求就其可能对生物多样性产生严重不利影响的拟议项目进行环境影响评估，以期避免或尽量减轻这种（对生物多样性不利的）影响。"

《联合国海洋法公约》确认各国都有保护和保全海洋环境的义务。各国如有合理根据认为在其管辖或控制下的计划中的活动可能对海洋环境造成重大污染或重大和有害的变化，应在实际可行范围内就这种活动对海洋环境的可能影响做出评价。

环境影响评价制度发展迅速，已经在各国和国际社会得到了普遍的适用。环境影响评价不仅是各国和各区域的制定环境政策的工具选择，而且已经成为世界上除了少数几个国家之外的普遍的习惯做法，正在形成习惯国际法[①]。如果从美国《国家环境政策法》算起，短短几十年的时间，环境影响评价评价规则已经成为国内法和国际法的标配。国外学者娜塔莎（Natasha）将这一快速的传播过程称作"传染性的环境立法"[②]。在海洋领域，以联合国环境规划署（UNEP）牵头的区域海洋项目涵盖了世界 143 个国家，基本都涉及海洋环境影响评价的内容。最近深海矿产资源开发规章和国家管辖范围以外区域的生物多样性的保护和可持续利用的国际文书也都将环境影响评价作为重要的内容。因此，研究海洋环境保护和保全中的环境影响评价具有重要的现实和理论意义。

---

① See KOLHOFF A. Environmental Assessment ［M］// SLOOTWEG R. Biodiversity in Environmental Assessment：Enhancing Ecosystem Services for Human Well‐Being. New York：Cambridge University Press，2011：125-127.

② See AFFOLDER N. Contagious Environmental Lawmaking ［J］. Journal of Environmental Law，2019，31（2）：187-212.

第二节　海洋环境保护的现状

1982 年《联合国海洋法公约》对海洋的利用和保护主要采取分区域的方式。公约主要依据海洋距离陆地的距离，依次将海洋划分为内水、领海、毗连区、专属经济区、大陆架和公海。沿海国家对海洋的权利依次减弱，而其他国家对海洋的权益依次增强。也就是说，近海的环境保护主要由沿海国家负责或主导，而深远海（主要是公海）的环境保护则由所有国家通过国际组织来进行。这种分区域保护的方式是和海洋权益捆绑在一起的①。

一、分割的海洋和权利

（一）分割的海洋

帕沙特・波尼和埃伦・波义尔认为法律人面临着一个悖论："海洋在生物学上是一种生态系统，或是一系列互相联系的生态系统，但在法律上我们必须将海洋分割为不同的管辖区域，这样做的唯一目的是能在地图上更容易地把它们区分出来。"② 1982 年《联合国海洋法公约》将海洋分为内水、领海、毗连区、专属经济区、大陆架和公海，并分别确定不同的海洋渔业资源养护和管理制度。沿海国和非沿海国在不同的水域享有的权利依海洋距离陆地的距离远近而不同，即沿海国的权利随着距离的增加而逐渐减弱，非沿海国的权利则逐渐增强。沿海国对渔业资源的权利从主权到专属管辖权再到人类共同财产权，控制力呈逐渐减弱的趋势。

之所以将海洋划分为如此之多的区域，主要是因为国家权利的扩张和对海洋控制力的增强。在大航海时代到来之前，人们对海洋的认知非常有限，受限

---

① 侯芳. 分割的海洋：海洋渔业资源保护的悲剧 [J]. 资源开发与市场，2019，35（2）：209-215.

② 波尼，波义尔. 国际法与环境 [M]. 2版. 那力，王彦志，王小钢，译. 北京：高等教育出版社，2007：617.

于知识、造船和航行技术，人类活动多停留在近海，且以捕捞活动为主，浩瀚的远洋则是人们无法抵达的彼岸。海洋资源被认为是取之不尽、用之不竭的，各国对海洋的利用也是各取所需的。然而，随着十五六世纪新技术的出现使远洋航行成为可能，世界进入"大航海时代"。新航路的开辟、北美新大陆的发现、东西方文化和贸易的增加，促进了西班牙、葡萄牙、英国等海洋霸权国家的繁荣。既得利益的海洋国家在占有和利用海洋的过程中不断获利，为了保障和扩大海洋利益，主张对海洋进行分割和占有。哥伦布发现美洲回到西班牙之后，西班牙政府就要求教皇承认西班牙对新发现的土地拥有主权。教皇于1493 年以子午线为分界线，将世界一分为二，该线以西的一切土地/区域划归西班牙，以东区域划归葡萄牙。作为新兴的海洋国家也有海洋航行的需求。荷兰自1581 年独立以来，就积极开展与西班牙、葡萄牙两国争夺海上霸权的活动。1608 年荷兰学者格劳秀斯发表《论海洋自由》，认为："根据自然法和万民法，荷兰人有权参与东印度的贸易，并拥有航海权。"英国学者约翰·赛尔顿发表《闭海论》，直接反对《论海洋自由》一文，竭力捍卫英国的海洋主张。这两派的争论，随着国际实践的发展逐渐形成"公海"和"领海"制度①。

随着国家对海洋控制力的不断加强，在领海的宽度问题上开始出现不同的主张，从3 海里到200 海里不等。海洋大国（如美国）试图尽量扩大公海区域，缩小领海宽度，沿海国却努力扩大领海的宽度。特别是20 世纪60 年代以后这种扩大领海的主张直接导致国家之间的冲突，白令海海豹仲裁案就是其中之一。进入20 世纪，逐渐出现了大陆架、专属渔区、毗连区等更多的新主张。国际法规则特别是3 次海洋法会议形成的文件充分体现了国家对海洋占有的要求。第1 次海洋法会议共有4 个文件：《领海与毗连区公约》《大陆架公约》《公海公约》《公海渔业资源与渔业公约》。第3 次海洋法会议历时9 年制定的《联合国海洋法公约》更是对海洋进行了全面的纵向划分和横向划分，从空中到底土，从内水到公海。可以说，分割的海洋是人类进步的标志，是人类对海洋逐渐控制的过程，也是国家追求更多海洋权益的必然结果。

---

① 参见格劳秀斯. 论海洋自由或荷兰参与东印度贸易的权利 ［M］. 马忠法，译. 上海：上海人民出版社，2005.

（二）分割的权利

无论如何，在国家对海洋权利的索取过程中，海洋环境保护从来都不是国家考虑的重点，即便是有相应的海洋渔业资源的捕捞规则和海洋环境保护与保全的规定，也是为了满足渔业资源的可持续捕捞而定的。如1982年《联合国海洋法公约》全文并未采用"海洋生物多样性"的表述，也未采用综合的"生态"或"生境"保护的方法，而是在不同的水域将渔业资源养护的权利和义务分配给了沿海国、捕鱼国或船旗国。"渔业条约在第三次联合国海洋法会议之前一段时间内，更关注的是设立捕鱼的国家配额，而不是海洋环境的保护。"①

在领海水域，沿海国可制定有关养护海洋渔业资源或保全沿海国的环境，并防止、减少和控制该环境受到污染的法律和规章。在专属经济区，沿海国对海洋环境的保护和保全享有管辖权，但权利的行使应适当顾及其他国家的权利和义务。也即是说在领海和专属经济区，沿海国应该个别或联合地采取一切符合《联合国海洋法公约》的必要措施，防止、减少和控制任何来源的海洋环境污染，并为此目的，尽力协调各国的政策。沿海国还应采取一切必要措施，确保在其管辖或控制下的活动的进行不致使其他国家及其环境遭受污染的损害，并确保在其管辖或控制范围内的事件或活动所造成的污染不致扩大到其按照《联合国海洋法公约》行使主权权利的区域之外。在公海，所有国家享有捕鱼和科学研究的自由，所有国家的公民都拥有捕鱼的权利。同时，所有的国家都有保护和保全海洋环境的义务，并且各国在为保护和保全海洋环境而拟订和制定符合《联合国海洋法公约》的国际规则、标准和建议的办法及程序时，应在全球性或在区域性的基础上，直接或通过主管国际组织进行合作，同时考虑到区域的特点。

二、海洋环境保护的悲剧

因海洋环境的保护依附于海洋权益的划分，沿海国对内水、领海、专属经济等具有专属管辖权的水域具有首要的海洋环境保护的责任。这些水域的合作

---

① 波尼，波义尔. 国际法与环境［M］. 2版. 那力，王彦志，王小钢，译. 北京：高等教育出版社，2007：622.

主要是通过区域国家之间的海洋环境保护或渔业协定实现的，具有较高的区域属性，体现出较强的区域特色。

而公海、国际海底区域（以下简称区域）等属于人类共同继承的海洋则存在蓝色海洋圈地运动。先制定规则的国家将享有较高的话语权。以南极海洋保护区为例，既有的海洋保护区中罗斯海海洋保护区①是全球最大的海洋保护区，最早是由新西兰和美国提议，这一海域的范围和新西兰和美国在南极的主张的利益范围重合。虽然《南极条约》冻结了所有国家对南极的主张，但是海洋保护区制度可以对区域实施"软控制"。故而，各国积极参与国际公域的海洋保护，制定规则，重塑自己海洋"势力范围"，且这种做法还站在海洋环境保护或者为了人类共同利益的舆论和道义制高点上。

这一分区域保护的模式直接导致了现代海洋的"公地悲剧"。渔业资源的养护是海洋环境保护的重要指标之一，本书以渔业资源的养护为例，阐述为什么分区域保护的模式无法实现海洋的整体保护。

（一）表现

相比 1958 年的 4 个公约，可以说 1982 年的《联合国海洋法公约》重新划分了沿海国拥有管辖权的区域和公海的界限，虽然增加了沿海国在专属经济区的专属渔业管辖权，但并没有终结渔业资源被过度开发和破坏性捕捞的悲剧。海上捕鱼的竞争并没有因沿海国管辖权的扩大而消除，而是转移到了 200 海里以外。对鱼群的竞争在公海变得更为激烈，这是因为人为的海洋划界，并不能阻止海洋渔业资源的跨区域游动。全世界渔业资源超过 90% 的可捕捞量位于专属经济区，其中 5% 左右的渔业资源会在公海活动。即便位于专属经济区，也可能分布在不同的国家，再加上一些洄游鱼类在种群成长的不同时期会跨越内水、领海、专属经济区或公海。

---

① 罗斯海地区海洋保护区（Ross Sea region Marine Protected Area）是"南极海洋生物资源养护委员会"为了专门保护南极海洋生态系统而设立的保护区。1980 年提出建立南大洋海洋保护区的设想。2011 年提出了在罗斯海建立海洋保护区的提议。2016 年 10 月 28 日，由来自 24 个国家和地区以及欧盟的代表决定在南极罗斯海地区设立海洋保护区。罗斯海地区海洋保护区将是全球最大的海洋保护区，面积约 157 万平方公里，为英国、德国和法国的总和，比中国东北三省面积大一倍。在这一辽阔海域将禁止捕鱼 35 年，其中约 112 万平方公里将被设为禁渔区。

目前，海洋渔业仍是人类获取渔业资源的主要途径。虽然 2014 年通过水产养殖业获取的渔业资源量达到了 4710 万吨，在一定程度上改善了海洋渔业资源的过度捕捞现象，但海洋水域的渔业捕捞量仍高达 8150 万吨，占总捕捞量的 80%，是水产养殖渔获量的近 2 倍。海洋渔业资源保护尽管在一些地区取得了显著进展，但是世界海洋鱼类的总体状况并没有得到改善。根据世界粮农组织对商业鱼类的评估，鱼类的可持续利用水平从 1974 年的 90% 下降到 2013 年的 68.6%，因此估计有 31.4% 的鱼类资源在不可持续的水平上被过度捕捞①。此外，非法、未报告和不受管制（IUU）的捕鱼占每年总捕鱼量的 20%，年均造成的经济损失达到 100 亿美元~230 亿美元②。

（二）原因

《联合国海洋法公约》被誉为海洋法宪章，是"一揽子"协议，为了调和各国不同的主张，必然会对一些棘手问题避而不谈或一概而过，其中一个问题就是有关专属经济区和公海渔业资源养护的具体操作规则。如何对渔业资源进行更有效的保护，公约没有具体的规定，而是丢给了沿海国和船旗国。从经济学的角度来看该问题，会发现《联合国海洋法公约》背后的经济学逻辑便是"公地悲剧"理论和解决"公地悲剧"的私有化之路。这里的"私"并非指个人、企业等私人，而是相较于人类共同利益而言的，国家的权利更像是一国之私权。就整个海洋法的发展来看，主权国家是逐步占有海洋、索取海洋中的各种资源和权益，将浩瀚的海洋变成自己的囊中之物的。

当今，在《联合国海洋法公约》的规制之下，除了公海之外，广袤的海洋已不再是无"人"管辖的自由之海，也不再是传统的公地，但就渔业资源而言，这种私有化并没有彻底使海洋摆脱公地悲剧。这一悲剧源于海洋渔业资源的跨区域性和国家盲目追求渔业资源的经济利益而导致渔业资源的过度捕捞。海洋渔业资源在一国的内水、领海或专属经济区内才受一国的排他性管辖，但

---

① FAO. The State of World Fisheries and Aquaculture 2016：Contributing to Food Security and Nutrition for All ［R］. Rome：Food And Agriculture Organization of the United Nations，2016.

② FAO. Working for SDG 14：Healthy Oceans for Food Security，Nutrition and Resilient Communities ［R］. Rome：Food And Agriculture Organization of the United Nations，2017.

海洋生物经常在不同水域迁徙或洄游。1982年《联合国海洋法公约》第63—67条虽然要求国家对跨越区域的种群、高度洄游鱼种、海洋哺乳动物、溯河产卵种群、降河产卵鱼种进行国家间的或利用分区或区域组织进行渔业资源的养护，但并未提出在公海或专属经济区对这些物种进行养护的可具操作的规则和标准。

在实践中，各国倾向于将专属经济区内的资源视为国家财产，拒绝和邻国合作，反对国际规范的适用。例如，东北大西洋渔业委员会（NEAFC）和西北大西洋渔业组织（NAFO）有约束力的规范只适用于公海，不具有拘束力的规范才能适用于沿海国专属经济区。因此，即使沿海国在自己的领海或内水捕鱼，如果这种捕捞是不受节制的，必然也会影响到其他国家的利益，进而导致其他国家对跨区域渔业资源的竞争性过度捕捞。某种程度上说，特别是针对跨区域海洋渔业资源来说，它在所有水域都是一种公地悲剧，这种悲剧不限于公海。

"如何减少和减缓公地悲剧，现代经济学的思路主要有两条：一是如加勒特·哈丁所说的'将公地出售以转化为私有产权'。"① 公地悲剧的主要原因是公地，只要将公地的产权私有化，便不会存在公地悲剧。这一理论后来发展为科斯定理，认为公共产品的界定需要满足三个条件：第一，它有确定的范围或能有清晰界定的边界或固定的组成要素，能进行交易；第二，有权分配公共物品产权的个人或家庭是明确的；第三，有相应的产权交易市场②。1982年《联合国海洋法公约》可以说是海洋私有化的集中体现，在划分海洋资源所有权时将海洋自然资源的保护权也一并交由沿岸国和船旗国，寄希望于国家采取措施和标准来保护海洋渔业资源。但海洋渔业资源具有迁徙、洄游的特点，不能清晰地界定边界（除了定居种生物外），且无法将产品分配到每个家庭或个人。此外，公海渔业资源虽然可能受到一些养护渔业资源的区域协定的保护，但1958年《公海公约》是允许所有国家的公民自由获取公海渔业资源的，1982年《联合国海洋法公约》也是承认公海捕鱼自由，专属经济区沿海国是可以自主确定

---

① BAUMAN Y, KLEIN G. The Tragedy of the Commons [J]. Surgery, 1968, 151 (3)：490-491.

② 参见傅剑清. 论环境公益损害救济 [D]. 武汉：武汉大学，2010.

渔业可捕量的。在专属经济区虽然可能存在渔业资源可捕捞量转让的问题，但是否转让、转让的条件和转让给哪些国家完全取决于沿海国，并不存在一个透明的产权交易市场，因此将海洋产权私有化是不可行的。从这个角度来看，1982 年《海洋法公约》通过将海洋私有化，采取分区域保护海洋渔业资源的做法注定是要失败的。对不能私有的公地，现有的解决思路则主要有两条：其一，采取国家所有权；其二，由国家对公地的进入权进行限制。① 且不说国际社会没有一个超国家，不可能采取"国家所有权"，也没有任何一个国家或者国际机构可以统一限制对海洋"公地"的进入权。如果有一个类似国际海底管理局的全球性机构，对海洋进行统一管理或制定进入海洋的限制措施，也许能避免公地悲剧。但在以主权国家为主要行为体的国际法律秩序中，这一设想无法实现，1982 年的《联合国海洋法公约》也未采用这种设计。

三、海洋环境保护的出路："海洋命运共同体"

（一）"海洋命运共同体"的提出与内涵

2019 年 4 月 23 日，习近平主席在青岛会见应邀前来参加中国人民解放军海军成立 70 周年多国海军活动的外方代表团团长时，首次提出了"海洋命运共同体"的理念。习近平指出，海洋孕育了生命、联通了世界、促进了发展。我们人类居住的这个蓝色星球，不是被海洋分割成了各个孤岛，而是被海洋连结成了命运共同体，各国人民安危与共②。"海洋命运共同体"理念的提出，进一步丰富和发展了人类命运共同体的重要理念，也是人类命运共同体理念在海洋领域中的实践，是实现有效全球海洋治理的行动指南，奏响了推动全球海洋合作的最强音。

海洋命运共同体蕴含了中国智慧。海洋命运共同体是人类命运共同体的延续和发展。这一理念和中国"天人合一"思想相一致，是以整个海洋生态为视角，将人类视为海洋生态圈的一部分。海洋是人类的生命之源，全世界有 30 多

---

① LIBECAP G D. State Regulation of Open-Access, Common-pool Resources [M]. Berlin: Springer：545-572.

② 习近平. 习近平集体会见出席海军成立 70 周年多国海军活动外方代表团团长 [EB/OL]. 新华网，2019-04-23.

亿人以来自海洋和沿海的生物为生计。然而全球海洋环境保护形势严峻，过度捕捞、气候变化、海洋酸化、海平面上升、海洋垃圾等制约着人类和海洋的可持续发展。中国在海洋治理领域，一直有着人与自然共存、与人共存的先贤智慧。中国古人在战国时期就坚决反对竭泽而渔的短视做法，主张人与自然的和谐。在《吕氏春秋·卷十四·义赏》中提及："竭泽而渔，岂不获得，而明年无鱼；焚薮而田，岂不获得，而明年无兽。……非长术也。"在 20 世纪 80 年代，处理与周边国家的海洋争端中，邓小平创造性地提出了"搁置争议，共同开发"，得到了国际社会的普遍认同，保障了中国周边海域的和平稳定。近年来，中国积极推动海上丝绸之路，提供海洋安全保障服务，打击海盗，为沿线各国提供海上公共服务及产品，并积极推动《南海行为准则》。可以说，海洋命运共同体的提出是中国和平谦抑农耕文化的延续，蕴含着中国"天人合一"的中国智慧和中国方案。

海洋命运共同体蕴含着互联互通的新型海洋国际关系。海洋早已经不是隔绝各国人民交流的屏障，而是互联互通的重要通道。中国先祖开创的丝绸之路，繁荣了世界贸易，促进了各民族的文化交流。古老的东方文明曾经创造了古中国文化经济圈。而今，在疫情叠加经济危机的情况下，各国人民更不能人为隔离和封闭。各国人民已经被海洋连结成了命运共同体，安危与共。在这一互联互通理念的支撑下，包括在国际社会的共同努力下，通过平等协商的方式，对旧的海洋法律制度和政策进行修改和完善，在新的理念指引下将海洋事务的合作推向新的阶段。在海洋领域，无论是海洋环境保护、海洋资源开发还是海洋科学考察，都需要各国通力合作。

海洋命运共同体蕴含着人类共同的利益、共同的责任和共同的行动。海洋命运共同体是以整个海洋、整个人类为利益共同体的。在推进海洋事务合作的过程中，需要从生态整体性、全球性出发，在追求本国国家利益的同时，兼顾他国乃至全球性的海洋利益。这要求各国有人类共同体意识，凝聚共识。海洋命运共同体还包含了共同的责任。保护海洋环境是全人类共同的责任。不管是沿海国、船旗国，还是内陆国家，都从海洋中获得生态利益和渔获资源，对海洋环境问题的产生都有不可推卸的责任。但是各国的国家实力、海洋权益和海洋治理能力不同，也应该有所区分。在坚持共同但有差别的责任原则的基础上，还应秉持各自能力原则。有了共识和责任，在面对海洋环境保护这一人类命题的时候，国际社会还应该齐心协力、共同行动。共同行动是指根据各国不同的发展阶段、不同的实力、不同的科技发展水平和不同的规模，为海洋治理作出贡献。这一行动必须是在国际法和国际制度的基础上的集体行动，不能是单边的、小团体主义的。"海洋命运共同体的实现，需要国际社会在海洋命运共同体理念的指引下，基于多边主义进行国际合作，需要国际社会的集体行动。国际社会必须通过推进理念更新、加强制度建设和法律保障等，确保在应对海洋事务挑战中可以集体行动。"①

（二）"海洋命运共同体"理念的构建

传统经济学的公地悲剧理论是建立在理性经济人的假设之上的，认为每个人都是利己损他的，自己利益的获取意味着他人利益的减损，因此是一种"非我即他"的零和博弈。这种假设剥离了人的社会属性。人都是有亲社会性的，"亲社会性一般是指有助于促进合作行为的生理和心理的反应，它主要体现为羞愧、内疚、移情、对社会性制裁的敏感等"②。正是因为人类的亲社会性才会有人类的合作，人类早在国家出现之前就普遍存在合作和分工，而社会和经济的发展也表明人类不总是理性的和损人利己的，人们有时候更倾向于为己利他。追求个人的利益是人类的本性，而利他是为己的手段，"小我"只有放在"我们"的概念下才能实现自我价值。"社会的真实性不是特殊的'我'，而是'我们'，'我'与他人的交会发生在'我们'之中；'我们'是'我'的质的内涵，是'我'的社会的存在。"③ "人们的行为往往倾向于互惠，乐于奖励那些令他们感到友好的行为而惩罚那些令他们感到不友好的行为，从而保障合作的开展和降低'搭便车'现象。"④ 也许，公地悲剧转变为公共福祉还有一条路

---

① 孙凯. 海洋命运共同体理念内涵及其实现途径［EB/OL］. 中国社会科学网，2019-06-13.

② 朱富强. "公地悲剧"如何转化为"公共福祉"：基于现实的行为机理之思考［J］. 中山大学学报（社会科学版），2011，51（3）：182-189.

③ 别尔嘉耶夫. 人的奴役与自由：人格主义哲学的体认［M］. 2版. 徐黎明，译. 贵阳：贵州人民出版社，2007：23-26，85.

④ 朱富强. 社会共同治理观的逻辑基础［J］. 中山大学学报（社会科学版），2010，50（5）：167-175.

径可选择：将个人利益置于集体利益之下的国际合作模式。

只有将捕鱼的权利从对鱼类的所有权或捕捞利润中分离出来，才有可能实现对海洋渔业资源的保护。在经济的逻辑下，无法解决这一困境。各国应以生态保护为目的，转变传统简单的渔业发展模式，实现可持续发展的国际合作模式。国际合作的这种模式需要各国摒弃个人或国家利益至上的考量。"如果说联合国是代表了'我们人类'，那么联合国环境署的任务就是通过彻底改变我们对待地球的方式，改善人类的生存条件。从全球层面来说，我们有足够的资金来打赢这场战斗。在大多数情况下，我们不缺少解决问题的技术，虽然这会增加就业、带来经济增长，但我们仍缺乏政治意愿和公众的参与。"① 在国际海洋治理方面，美国的能力和兴趣在下降。我国虽然表现出较强的意愿和兴趣，但能力和经验不足，而且"全球治理体系是由全球共建共享的，不可能由哪一个国家独自掌握"②。此外，海洋环境治理还面临着重资源分配轻海洋环境保护的现状，造成这一现状的根本原因是国家以一国利益而非国际社会共同利益为本位。要想实现海洋环境治理的国际合作模式，必须转变功利主义思维，跳出"以一国观世界"的局限，以国际社会整体的利益为根本的出发点和终极的追求，"以人类共同利益观世界"。

"人类命运共同体"理念为海洋环境治理提供了新的理论。2015 年我国提出，"要构建以合作共赢为核心的新型国际关系，摒弃'零和游戏、你输我赢'的旧思维，树立双赢共赢的新理念，在追求自身利益时兼顾他方利益，在寻求自身发展时促进共同发展"③。与此同时，国际环境法已经经历了国家共存阶段和国家合作阶段，正处于向人类共同利益阶段的过渡中。"国际法的发展大致经历了共存国际法、合作国际法和共同利益国际法三个阶段。在共存国际法阶段是以主权国家的和平共存为目标，在合作国际法阶段国家利益逐渐从安全和平转变为经济发展，在共同利益国际法阶段着眼于人类共同利益。这三个阶段是

---

① UNEP. UN Environment 2016 Annual Report：Empowering People to Protect the Planet ［R/OL］. UNEP，2017-05-01.

② 胡波. 竞争、争议、治理与新疆域：全球海洋安全的大问题和新趋势 ［EB/OL］. 澎湃新闻网，2017-12-29.

③ 李赞. 建设人类命运共同体的国际法原理与路径 ［J］. 国际法研究，2016（6）：48-70.

理论上的划分，没有截然的界限。"① 人类共同利益正是当今国际环境治理的共同追求。"人类命运共同体"的理念以生态环境为物质基础，是我国古代"天人合一""和而不同"思想的回归，是协调各国行动的顶层设计。

本章小结

人类活动影响着海洋的环境。保护地球，就是保护人类自己。有必要通过环境影响评价评估拟议活动可能对海洋的影响，并通过替代措施等方法减少人类活动对海洋的影响，已经成为国际社会的共识。然而基于《联合国海洋法公约》的分区域保护的模式，把海洋人为的进行分割并赋予不同国家不同的权利的做法并没有避免"公地悲剧"。习近平总书记提出的"海洋命运共同体"理念为新时代海洋治理和海洋环境保护指明了新的正确的道路。当今人类已形成"你中有我，我中有你"的命运共同体，各国应摒弃零和思维，和衷共济，构建互利共赢的海洋命运共同体。海洋环境的保护理念亟须从以一国为考量转变为以"海洋生态共同体"为考量。

---

① 秦天宝. 国际法的新概念"人类共同关切事项"初探：以《生物多样性公约》为例的考察［J］. 法学评论，2006（5）：96-102.

第二章

海洋环境影响评价制度的碎片化

第一节 海洋环境影响评价制度的概述

一、环境影响评价的概念界定

（一）概念

1991 年《跨界环境影响评价公约》（Convention on Environment Impact Assessment in a Transboundary Context，Espoo Convention，以下简称《埃斯波公约》）将环境影响评价描述为"评估拟议活动对环境可能产生的影响的国家程序"。联合国环境规划署制定的《环境影响评价目标和原则》中这样描述环境影响评价："环境影响评价是一种民主、科学和公众参与的程序，评估拟议活动对环境的潜在影响，审查备选案文，提出预防、控制或减少相关影响的措施，并检测评估结果的执行情况。"1992 年《里约环境与发展宣言》原则 17 指出："对于拟议中可能对环境产生重大不利影响的活动，应进行环境影响评价，并作为一项国家手段，应由国家主管当局作出决定。"《关于涵盖生物多样性各个方面的影响评估的自愿性准则》（下文简称《生物多样性的环境影响评价准则》）中将环境影响评价描述为："评估拟议项目或发展可能造成的环境影响的过程，同时考虑到相互关联的社会经济、文化和人类健康的影响，这些影响应同时包括有益和有害的。"① 1992 年《21 世纪议程》要求各国确保"作出相关决定之前先进行环境影响评价，并充分考虑生态后果的代价"。

根据以上概念分析可见：第一，环境影响评价是一项环境政策工具。它能提高决策的质量，以使涉及敏感环境问题的决定可以考虑到减少影响，提高拟议活动质量，保护环境的措施。第二，环境影响评价是程序性规则。它通常包括评估环境影响，提出预防、控制或减少措施，公布评估结果。这些程序的核心是为了综合考虑拟议活动或者计划的潜在重大不利影响并提出控制或减少相关影响的措施。第三，环境影响评价是国家程序，由国家主管当局做出。

综合考虑，本书所提及的环境影响评价是对国家管辖或控制下的活动或计划的潜在重大不利影响进行评估的国家程序，其目的是为国家决策提供环境科学信息。

（二）分类

1. 国内环境影响评价和跨界环境影响评价

按照拟议活动是否有跨界性质，可以将环境影响评价分为国内环境影响评价和跨界环境影响评价。如果国家管辖或控制下的拟议活动可能的影响不具有跨界性质，那么就可以完全依照国内环境影响评价立法进行评估。如果国家管辖或控制下的活动具有跨界性质，那么对拟议活动的评估，不仅要遵循国内环境立法，还要满足国际法的要求。

2. 项目层面的环境影响评价和战略层面的环境影响评价

根据环境影响评价的对象不同，可以分为项目层面的环境影响评价和战略层面的环境影响评价。针对拟议活动展开的环境影响评价程序，称为项目层面的环境影响评价。针对拟议的战略、政策或计划等的制定和实施进行的环境影响评价，称为战略环境影响评价（Strategic Environmental Assessment，SEA）。

本书是以国际法为视角研究环境影响评价，因而提及的环境影响评价是指跨界环境影响评价。书中提及的跨界环境影响评价均是指项目层面的环境影响评价。由于战略环境影响评价还未在国际法上形成和普遍的适用，书中不作特别的分析，如果有需要会单独提及。

---

① 该准则是《生物多样性公约》缔约方第 8 届大会的附件（Annex to Decision VIII/28）。

二、跨界环境影响评价的概念界定

（一）概念

跨界环境影响评价是指当国家管辖或控制下的活动具有跨界性质时，展开的跨界环境影响评价程序。这一程序不仅要遵循国内环境立法，还要满足国际法的要求。

（二）标准

跨界环境影响评价以具有跨界性质为判断标准，包括活动的跨界和影响的跨界。

活动的跨界是指跨越国家管辖的界限或在国际公域进行的活动，比如，国际公路的修建、多国河流的航行和利用、公海的航行和捕捞活动。《关于共有自然资源的环境行为之原则》就是采用了活动的跨界标准，要求"各国在共有自然资源方面的任何活动，如果可能有危险，会大大影响到共有此种资源的其他国家的环境，则在从事此种活动之前必须进行环境影响评价"[1]。国际法院在具体案件中也主张在涉及共享资源的情况下需要进行环境影响评价，例如，国际法院在纸浆厂一案中认为"在拟议的工业活动可能造成严重的跨界不利影响（特别是共享资源）的情况下，需要开展环境影响评价已经被视为一般国际法下的要求"[2]。

影响的跨界是指国家管辖或控制下的活动对他国管辖范围或国际公域产生了影响，比如一国境内的废水、废气越过了国家边界对邻国或国际公域产生了影响。《联合国海洋法公约》第 206 条要求对"海洋环境的可能影响"进行评价，采用的是影响的跨界标准。《埃斯波公约》明确："跨界影响指全部或部分发生于一个缔约方辖区内的拟议活动在另一个缔约方辖区内造成的任何影响，不仅仅是全局性影响"[3]，可见《埃斯波公约》采取的也是影响的跨界标准。

---

[1] 《关于共有自然资源的环境行为之原则》守则 4。

[2] International Court Of Justice. Case Concerning Pulp Mills on the River Uruguay：Argentina v Uruguay [EB/OL]. icj-cij. org，2010-04-20.

[3] 《埃斯波公约》第 1 条。

本书中采用了综合的标准，认为涉及共享资源内的活动必须进行环境影响评价，而不涉及共享资源的活动，则依据拟议活动是否产生了跨界影响判定其是否需要进行跨界环境影响评价。

（三）特征

1. 国家程序

跨界环境影响评价制度是依托国内环境影响评价立法而进行的，主要通过为国家规定国际法义务的方式协调各国国内的环境影响评价立法。早期的国际文书特别强调跨界环境影响评价的国家程序这一基本定位。例如，1991 年《埃斯波公约》将其描述为"评估拟议活动对环境可能产生的影响的国家程序"。1992 年《里约环境与发展宣言》① 和《21 世纪议程》② 也将跨界环境影响评价界定为国家程序、国家手段和国家义务，并将进行跨界环境影响评价的具体程序交由"国家主管当局"决定。国际法并不是新设一个"国际环境影响评价"，只是要求国家基于风险预防原则、国际合作原则，履行预防跨界损害的一般国际法义务，将国内的环境影响评价适用于预防跨界环境影响的活动。因此，从广义层面来说，国际法层面的环境影响评价就是跨界环境影响评价，而非"国际环境影响评价"。进行跨界环境影响评价是国家基于条约或习惯国际法承担的国际义务。根据国际法和国内法的"二元联系说"③，国家有权决定怎样履行国际义务。通常情况下，如果国家不履行国际义务，需要承担国家责任④。国家可以选择是否履行国际义务以及以何种方式履行国际义务。国际法只要求国家履行跨界环境影响评价义务，但并未明确如何履行义务。国家履约具有一定的灵活性，可以根据各国的国情，在实际可行的范围内就跨界环境影响评价

---

① 《里约环境与发展宣言》原则 17："对于拟议中可能对环境产生重大不利影响的活动，应进行环境影响评价，并作为一项国家手段，应由国家主管当局作出决定。"

② 《21 世纪议程》要求各国确保"作出相关决定之前先进行环境影响评价，并充分考虑生态后果的代价"。

③ 梁西. 国际法［M］. 3 版. 武汉：武汉大学出版社，2011：12-19.

④ 然而，有关跨界损害责任和赔偿问题的国际法没有形成完整的体系。"特雷尔冶炼厂"确立损害责任原则，以及 1972 年《人类环境宣言》原则 22 "各国应进行合作，以进一步发展有关他们管辖或控制之内的活动对他们管辖以外的环境造成的污染和其他环境损害的受害者承担责任和赔偿问题的国际法"并未得到进一步的发展。

进行立法。

2. 国际法义务

跨界环境影响评价虽然依托国内环境影响评价立法，但却是国际法下的义务。首先，它是风险预防原则和禁止损害原则的延伸，受制于国际环境法中环境保护的一般义务的约束。在法国第二次地下核试验案中，新西兰称，法国不可能在没有进行环境影响评价的情况下，认为其正在履行采取适当措施防止污染的义务。新西兰的这一推理说明了跨界环境影响评价义务和勤勉义务（due diligence）之间的关系①。如果跨界损害发生了且事先没有进行环境影响评价，一个国家很难争辩说它在预防或控制可预见的损害方面尽职尽责。其次，跨界环境影响评价是合作、事先通知和协商中固有的一项义务。当一个国家不遵守跨界环境影响评价义务时，很难说它已经履行了合作、通知和协商的义务。"尽管如此，即使在没有作出具体规定的情况下，环境影响评价，也可能被视为隐含在其他程序义务中，特别是将可能造成跨界损害的拟议活动通知其他国家的义务。"② 在大多数存在环境损害风险的情况下，如果没有对所涉风险进行事先评估，就无法进行协商或者通知程序。

三、海洋环境影响评价的概念界定

（一）概念

海洋环境影响评价是跨界环境影响评价在海洋领域的具体适用，目前学界还没有对这一概念作出统一明确的定义。《联合国海洋法公约》第206条③被认为是环境影响评价在海洋领域的具体适用。虽然该条款没有直接采用"环境影

---

① See International Court of Justice. Nuclear Tests I Case：New Zealand v. France. ［EB/OL］. icj-cij. org，1974-12-20；International Court of Justice. The Nuclear Tests I Case：Australia v. France ［EB/OL］. icj-cij. org，1974-12-20.

② OKOWA P N. Procedural Obligations in International Environmental Agreements ［J］. British Yearbook of International Law，1997，67（1）：275-336.

③ 《联合国海洋法公约》第206条："各国如有合理根据认为在其管辖或控制下的计划中的活动可能对海洋环境造成实质性污染或显著且有害的变化，应在实际可行范围内就这种活动对海洋环境的可能影响作出评价，并应依照第205条规定的方式提送这些评价结果的报告。"

响评价"的表述，但该条款的早期草案采用了"环境影响声明"的表述，且并没有受到任何国家的严重反对①。

根据该条，海洋环境影响评价是指各国在实际可行的范围内，基于合理根据，就其管辖或控制下的活动可能造成的海洋环境的实质性污染或显著且有害变化进行的评估。这一概念确定了国家在海洋环境影响评价中的主导地位，国家对海洋环境影响评价的启动、损害的标准、评估的内容和具体的程序拥有较大的裁量空间。以《联合国海洋法公约》的内容为基础而形成的有关海洋环境影响评价的各种规则就是本书要研究的海洋环境影响评价制度。

（二）分类

可能受影响的水域范围既包括处于国家管辖范围内的水域，包括内水、领海、专属经济区、大陆架、群岛和海峡，也包括处于国家管辖范围外的水域，包括公海和海底区域（国际公域）。前者称为国家间的环境影响评价（TEIA），后者称为国际公域的环境影响评价（GAEIA）。从海洋环境影响评价的对象来看，海洋环境影响评价既包括项目层面的环境影响评价，也包括战略层面的环境影响评价。

（三）要素

《联合国海洋法公约》第 206 条虽然只是框架性的规定，没有对海洋环境影响评价制度作出更多的规范界定，但是其提供了海洋环境影响评价制度的几个基本要素：主体（各国）、对象（活动）、启动的标准（有合理根据，可能对海洋环境造成实质性污染或显著且有害的变化）、评估的内容（实际可行范围内）、评估的结果（环评报告）。这几个基本要素构成了海洋环境影响评价的基础，但是结合《埃斯波公约》、《在环境问题上获得信息、公众参与决策和诉诸法律的公约》（The UNECE Convention on Access to Information, Public Participation in Decision – making and Access to Justice in Environmental Matters, 即 Aarhus Convention, 以下简称《奥胡斯公约》）、《生物多样性公约》以及《生物多样

① "环境影响声明"的表述受到了 1969 年美国《国家环境政策法案》的影响。NORDQUIST M H, ROSENNE S, YANKOV A. A Commentary of United Nations Convention on the Law of the Sea 1982: Volume Ⅳ [M]. New York: Martinus Nijhoff Publishers, 1991: 109-124.

性的环境影响评价准则》等文件内容，笔者认为第 206 条评估的结果是利益相关者参与的三个层次（通知或告知、信息交换、磋商或谈判），故而将评估的结果替换为利益相关者的参与。另外，虽然环境影响评价不要求对项目产生实质性的影响，仅供决策者在决策过程中进行参考，但是海洋环境影响评价制度出现了一些新的变化，利益相关者的参与对决策权产生了实质性的影响，突破了以《埃斯波公约》为代表的陆上规则的内容。因此，本书在第 206 条的基础上，将海洋环境影响评价制度的基本要素确定为：启动的主体、启动的标准、活动的范围、评价的内容、利益相关者的参与以及对决策权的影响。尽管在"区域"出现了承包人或申请人提交含有环境影响评价报告的申请书的要求，但绝大多数的国际法律文书都是要求国家承担环境保护的义务，因此目前启动的主体仍是以国家为主。启动主体要素几乎没有太大的争议，因而本书没有就该要素展开过多的论述。经综合考量，第三部分仅选择从海洋环境影响评价的评估范围、损害标准、评估内容和利益相关者的参与四个要素对海洋环境影响评价进行详细的论述。

第二节　海洋环境影响评价制度的问题

现有的海洋环境影响评价的国际法具有碎片化的特点。半个世纪以来，有关环境影响评价的国际法快速发展，几乎所有国家的国内立法都含有环境影响评价的条款，几乎所有的国际协定都含有环境影响评价的内容。很难想象哪个国家进行重大的环境影响活动之前不进行环境影响评价和公众意见的征求，也很难想象哪些重大的环境影响活动不受国际法的调整。但是，有关环境影响评价的立法是各国基于特定的区域，依托区域国际机构进行的。这些国际立法是为了解决特定的环境问题，而不是为了实现专业的、全面的环境管理。这些区域机构的职能差异，使得海洋环境影响评价的相关国际法具有不同的功能。这就是海洋环境影响评价的碎片化。

海洋环境影响评价的碎片化与海洋环境的整体性以及国际规则的全球化不

符。这种碎片化现象削弱了一般国际法的效力，会导致国际规则的架空，而且因规则的地域性和差异性也会造成规则的冲突、当事国选择法院、区域实施方式的不同等诸多问题。因此，碎片化具体表现在立法的碎片化、司法的个案化和实施的区域化。

一、立法碎片化

海洋环境影响评价制度的碎片化问题首先表现在立法的碎片化。有关海洋环境影响评价的最重要的国际法文件是能普遍适用于海洋的《联合国海洋法公约》。其第 206 条被认为是海洋环境影响评价制度的基础条款，为缔约国设置了海洋环境影响评价的一般义务。然而该条款并没有明确这一义务的具体内容。这一方面是因为 20 世纪七八十年代有关海洋环境影响评价的实践还不够丰富，另一方面是因为各国对海洋资源开发利用的需求远远超过了对海洋环境保护的需求。

其他海洋环境影响评价的具体条约仅能适用于海洋的部分活动或部分区域。仅能适用于部分活动的主要有有关渔业活动和区域矿产资源勘探开发活动的。例如，《鱼类种群协定》和联合国大会 2006 年可持续渔业和为落实《鱼类种群协定》的决议（A/Res/61/105）规定了对渔业活动进行海洋环境影响评价的义务。而国际海底区域的 3 个探矿和勘探规章①以及正在制订中的《"区域"矿产资源开发规章草案》②依托国际海底管理局设置了一些有关区域矿产资源勘探和开发中的环境影响评价规则。此外，《船舶油污损害公约》含有海洋环境影响评价的内容。仅能适用于部分区域的主要有欧洲经济委员会国家之间的、南极区域的、北极区域的。例如，《埃斯波公约》主要适用于欧洲经济委员会的国家之间的跨界环境影响评价，在北极国家之间发挥了重要的作用，但不涉及国家管辖范围外的环境问题。《关于环境保护的南极条约议定书》对南极地区的环境

---

① 自 1994 年以来，国际海底管理局先后制定了 2000 年的《"区域"内多金属结核探矿和勘探规章》（2013 年修订）、2010 年的《"区域"内多金属硫化物探矿和勘探规章》和 2012 年的《"区域"内富钴铁锰结壳探矿和勘探规章》。

② 国际海底管理局后分别于 2016 年、2017 年和 2018 年制定开发规章草案。3 年来开发规章草案在内容方面不断丰富，结构方面趋向合理，在重要事项方面不断细化。

影响评价进行了详细的规定，是 ABNJ 海洋环境影响评价制度的典范。这些规定虽然能在海洋的部分领域为环境影响评价提供规则，但没有为海洋环境影响评价提供一般性的义务，不能适用于管辖事项、区域或缔约国之外的活动。

除了国际条约义务之外，跨界环境影响评价的习惯国际法义务也可以适用于海洋。各国不论是不是《联合国海洋法公约》或区域国际条约的缔约方，都有进行海洋环境影响评价的一般义务。

此外，不具有法律约束力的"软法"文件在海洋环境保护和保全中发挥了重要的作用。诚如国际法院在纸浆厂一案中指出的："联合国环境规划署的《跨界环境影响评价目标和原则》虽然对缔约方不具有约束力，但每一缔约方都必须在其国内立法和项目批准推进中予以考虑。"① 《里约环境与发展宣言》、《预防危险活动跨境损害的条款草案》（下文简称《预防损害条款草案》）、《关于共有自然资源的环境行为之原则》、《生物多样性的环境影响评价准则》对促进海洋环境影响评价习惯国际法的形成和具体实践产生了重要的影响。

表 2-1 海洋环境影响评价的渊源

条约	有法律约束力的文件
海洋	伦敦倾废公约；联合国海洋法公约；科威特保护海洋环境免受污染区域合作公约；保护和开发西非和中非区域海洋和沿海环境合作公约；保护东南太平洋海洋环境和沿海地区公约；养护红海和亚丁湾环境区域公约；保护和开发大加勒比区域海洋环境卡塔赫纳公约；保护、管理和开发东非区域海洋和沿海环境公约；保护南太平洋区域自然资源和环境公约
其他	丹麦、芬兰、挪威和瑞典之间的保护环境公约；东盟自然和自然资源保护协定；生物多样性公约；南极条约环境保护议定书；控制危险废物越境转移及其处置巴塞尔公约；欧共体第 85/337 号指令；欧共体第 2001/42 号指令；跨界环境影响评价公约
习惯国际法	禁止越境损害原则；跨界环境影响评价；国际合作；事先通知义务；勤勉义务
一般国际法原则	不歧视原则；禁止损害原则

① International Court of Justice. Case Concerning Pulp Mills on the River Uruguay：Argentina v Uruguay［EB/OL］. icj-cij. org，2010-04-20.

条约	有法律约束力的文件
联合国环境规划署	国家管辖范围内海洋采矿和钻探环境法律问题研究的结论；1987年环境规划署环境影响评价的目标和原则
经合组织	理事会关于分析重大公共和私人项目的环境后果的建议；发展援助项目和方案规划环境评估理事会的建议
联合国大会	斯德哥尔摩宣言原则 14 和 15；里约环境与发展宣言原则；环境领域的指导各国养护和协调利用两个或两个以上国家共享的自然资源行为原则
其他	世界自然宪章第 11 段；保护和使用跨界水道和国际湖泊公约；2001 年预防危险活动越境损害条款草案；联合国跨界含水层法条款草案

总之，目前海洋环境影响评价制度仍缺乏统一的全球公约。虽然有关海洋环境保护的国际文书中基本都有环境影响评价的条款，但是在海洋领域还没有统一适用的海洋环境影响评价的专门国际协定或议定书。涉及海洋环境影响评价的国际条约多是框架性的、不具有可操作性的。这些分区域或分部门的国际条约仅对缔约国有效，难以覆盖整个海洋，原则上也不能适用于非缔约国。在海洋环境保护和保全中，关于环境影响评价的一些"软法"文件，例如自愿性准则或纲领，仍然发挥着重要的作用。这些规则内容不尽一致，不利于国家、企业和个人在海洋活动中查明和遵守。因全球统一规则的缺失导致的各国或区域的实践存在的巨大差距，大大损害了运用环境影响评价实现海洋环境治理的国家积极性和实践效果。因此找寻有关海洋环境影响评价的国际文书并对文书进行评析是本书第二章的重点内容。在此基础上，最后一章展望制定全球公约的可能性。

二、司法个案化

（一）涉及环境影响评价的司法实践数量有限

涉及环境影响评价的司法实践至今只有 8 例。其中国际法院的共计 4 例，国际海洋法法庭的共计 2 例，常设仲裁法院的共计 2 例（如表 2-2 所示）。这些司法实践只有莫科斯（MOX）工厂案和海底争端分庭的咨询意见案是涉及海洋环境影响评价的，其他司法实践均是涉及国家管辖范围内进行的活动对其他国家产生显著损害的案件①。虽然国际司法实践中涉及海洋环境影响评价的比较少，但是国际海洋法法庭的这些新的尝试和发展对未来海洋环境影响评价制度的发展和适用有重要的意义。

表 2-2　涉及环境影响评价的司法实践

机构	司法实践
国际法院（ICJ）	1995 年法国地下核试验案（Nuclear test II Case）②
	1997 年盖巴斯科夫—拉基马诺大坝案（Gabčíkovo-Nagymaros Case）③
	2010 年纸浆厂案（Pulp Mills Case）④
	2015 年疏浚圣胡安河和修建公路案⑤

---

① 根据活动涉及的范围和影响的范围，可以将环境影响评价分为发生在国家管辖范围内没有造成跨界损害的活动、发生在国家管辖范围内造成跨界损害的活动、发生在国家管辖范围外造成跨界或公域损害的活动。本书所指的跨界环境影响评价包括后面两种。

② International Court of Justice. Nuclear Tests I Case：New Zealand v. France. ［EB/OL］. icj-cij. org，1974-12-20；International Court of Justice. The Nuclear Tests I Case：Australia v. France ［EB/OL］. icj-cij. org，1974-12-20.

③ International Court of Justice. Gabčíkovo-Nagymaros Project Case：Hungary v. Slovakia ［EB/OL］. icj-cij. org，1997-09-25.

④ International Court of Justice. Case Concerning Pulp Mills on the River Uruguay：Argentina v. Uruguay. Judgment on the merits ［EB/OL］. icj-cij. org，2010-04-20.

⑤ International Court of Justice. Certain Activities Carried Out by Nicaragua in the Border Area：Costa Rica v. Nicaragua and Construction of a Road in Costa Rica along the San Juan River：Nicaragua v. Costa Rica ［EB/OL］. icj-cij. org，2015-12-16.

续表

机构	司法实践
国际海洋法法庭（ITLOS）	2001 年莫科斯工厂案①
	2011 年海底争端分庭的咨询意见案②
常设仲裁法院（PCA）	2005 年钢铁莱茵河案③
	2013 年印度洋水域基申甘加水坝仲裁案（Indus Waters Kishenganga Arbitration）④

（二）习惯国际法地位的个案确认

国际法院和国际海洋法法庭的司法实践不仅适用了对缔约国均有约束力的国际条约，还援引了有关环境保护的一般国际法。通过国际法庭的个案确认，环境影响评价已从条约项下的义务演变为习惯国际法下的义务。

第二次地下核试验案中，法国、新西兰和持不同意见的法官已逐渐认识到进行跨界环境影响评价是一项习惯国际法义务。新西兰认为法国负有进行跨界环境影响评价，并在进行进一步的试验之前与该区域的各国分享其评估结果的义务，然而这项义务没有得到遵守。这一主张既以条约法为基础，也以国际习惯法为基础。新西兰关于进行跨界环境影响评价义务的主张部分得到了异议法官韦拉曼特里（Weeramantry）的支持。韦拉曼特里法官指出进行跨界环境影响评价的义务是独立于条约法的⑤。

在盖巴斯科夫—拉基马诺大坝案中，国际法院第一次要求各国在采取拟议

---

① ITLOS. The MOX Plant Case. : Ireland v. the UK ［EB/OL］. itlos. org, 2001-10-25.

② ITLOS. Responsibilities and obligations of states sponsoring persons and entities with respect to activities in the area: Advisory Opinion of ITLOS ［EB/OL］. itlos. org, 2011-02-01.

③ Permanent Court of Arbitration. Iron Rhine Arbitration: Belgium v. Netherlands ［EB/OL］. pcacases. com, 2005-05-24.

④ The Indus Waters Kishenganga Arbitration: Pakistan v. India. Partial Award of Permanent Court of Arbitration ［EB/OL］. pcacpa. org, 2013-02-18.

⑤ International Court of Justice. Nuclear Tests I Case: New Zealand v. France. ［EB/OL］. icj-cij. org, 1974-12-20; International Court of Justice. The Nuclear Tests I Case: Australia v. France ［EB/OL］. icj-cij. org, 1974-12-20.

活动前考虑环境保护和进行环境影响评价。韦拉曼特里法官认为,"这(环境影响评价)是根据有关盖巴斯科夫—拉基马诺水坝系统建设和运作的条约进行的",但是也清楚地表明这一义务是一般国际法的观点,认为它是"风险预防原则的更广泛的具体应用"①。韦拉曼特里法官将进行环境影响评价的义务与防止重大环境损害的义务紧密联系在一起。

在纸浆厂案中,国际法院将环境影响评价提高到国际法义务的高度,要求所有国家遵守。法庭的大多数最后明确承认,事先进行环境影响评价是一般国际法的要求,并且是不依赖于条约法的一项义务。国际法院在纸浆厂一案中关于环境影响评价义务的论断得到了海洋法法庭和常设仲裁法院的支持和援引②。

在最近的印度洋水域基申甘加水坝仲裁案(Indus Waters Kishenganga Arbitration)中,常设仲裁法院指出,毫无疑问,当代习惯国际法要求各国"在规划和运作可能对邻国造成损害的项目时考虑环境保护问题"③,并且再次确认环境影响评价是一般国际法下的要求。

(三)规则选择的个案确认

在论及各国是否有跨界环境影响评价义务的时候,这些案件中的法庭毫无例外地均援引了磋商、通知等程序性义务和环境保护义务、勤勉义务等国际环境法中的一般实质性义务。这些个案阐述将跨界环境影响评价与国际法义务联系起来,不仅促进了跨界环境影响评价习惯国际法地位的形成,而且还将跨界环境影响评价确认为国际法义务。这意味着国家履行环境影响评价不仅是其国内法的要求,也是国际法下的义务。不履行环境影响评价义务将会承担国际法上的责任。在跨界环境影响评价的国际法地位不清晰时,这种个案确认是重大的创新。

然而,在确认跨界环境影响评价义务的履行是否充分方面,国际法院采用

① International Court of Justice. Gabčíkovo-Nagymaros Project Case: Hungary v. Slovakia [EB/OL]. icj-cij. org, 1997-09-25.

② International Court of Justice. Case Concerning Pulp Mills on the River Uruguay: Argentina v. Uruguay. Judgment on the merits [EB/OL]. icj-cij. org, 2010-04-20.

③ The Indus Waters Kishenganga Arbitration: Pakistan v. India. Partial Award of Permanent Court of Arbitration [EB/OL]. pcacpa. org, 2013-02-18.

了较为谨慎的做法，回避了有关跨界环境影响评价具体内容的阐述，由各国通过协商谈判进行解决。不过，这些个案也在尝试确定规则选择的顺序，以促进国际法规则的形成。国际法院在选择适用有关环境影响评价规则时显示出这样一个逻辑：首先选择共同适用的国际条约。如果争议双方有共同适用的国际条约，以条约来判定双方的权利和义务。其次选择一般国际法。如果不存在共同适用的国际条约，那么应该考虑是否有一般国际法的规定。最后适用国内法。如果没有国际条约和一般国际法，才应该适用起源国的国内法①。

（四）评估内容的个案确认

国际司法裁判中多次确认环境影响评价是国家的行为义务，而非结果义务。无论是勤勉义务还是磋商、交换意见等程序义务都仅仅是行为义务，并非禁止一切损害。环境影响评价不损害国家自然资源永久主权原则。国家有权自主开发利用自己管辖下的自然资源。环境影响评价的重要性在于确保在决策中有意义地纳入环境影响和环境保护和保全的考虑，不决定决策的结果。国际司法实践表明，国家进行环境影响评价是为了证明已经履行了警惕和预防环境损害的义务，侧重于是否进行了环境影响评价，至于评价的标准、过程和结果不是国际司法考虑的重点；实践中这些内容多由国家国内法来规制。

国际司法实践不关心环境影响评价的具体范围、内容和标准。这些问题一般由争端双方通过谈判、信息交换等自行达成满意的方案。最终适用的规则可能是共同适用的国际法也可能是起源国的国内法。当双方没有共同适用的国际法时，一般都会适用起源国的国内法。这也是环境影响评价制度最为脆弱的地方。各国的法律不同会导致环境影响评价的标准、程序和内容的不同。"环境影响评价制度往往取决于国内立法和行政制度。在该范围内，国家法律实施中不同的能力——包括行政机构的效率、独立性、司法程序效能以及民间团体的支持水平——均能影响该制度的全过程。"②

---

① International Court of Justice. Case Concerning Pulp Mills on the River Uruguay：Argentina v. Uruguay. Judgment on the merits［EB/OL］. icj-cij. org，2010-04-20.

② BOTCHWAY F. The Context of Trans - Boundary Energy Resource Exploitation：The Environment，the State，and the Methods［J］. Colorado Journal of International Environmental Law and Policy，2013，14（2）：191-240.

然而，随着跨界环境影响评价国际立法的快速发展，在近期国际法院的疏浚运河和建造公路案中，国际法院一改纸浆厂案中拒绝就跨界环境影响评价的具体内容和范围进行详细论述的做法，详细阐释了事先跨界环境影响评价、扩大了活动的范围，重点考察了湿地、河流在环境影响评价中重要性①。

总之，国际法院和国际海洋法法庭的司法实践表明各国均认可跨界环境评价的国际法义务，但对具体内涵存在争议。虽然各国有依据这一习惯国际法进行跨界环境影响评价的一般义务，但如何履行以及应该遵循的具体程序，仍然停留在"国家程序"的层面，统一的国际规则并没有形成。跨界环境评价习惯国际法的具体内涵，如启动门槛、评估范围、评估内容和利益相关者的参与等都还没有形成公认的统一的国际法规则。各国仅遵照这一习惯国际法进行跨界环境影响评价是不够的，还应该参考既存的有关跨界环境影响评价的国际条约、一般国际法和国际司法实践来确定这一习惯国际法的具体内涵。

三、实施区域化

（一）海洋环境的保护和保全的区域化

海洋环境虽然整体上具有流通性和生态整体性，但是《联合国海洋法公约》对海洋环境的保护还是分区域而治的。在国际海洋环境保护方面，区域法律制度最为先进。联合国环境规划署区域海洋项目作为一项典型的、通过区域活动来实施的全球项目曾多次受到联合国环境规划署理事会的肯定。区域海洋项目于1974年启动，是联合国环境规划署（United Nations Environment Programme，UNEP）在过去40年中取得的最重要的成就之一②。区域海洋项目是一项面向行动的项

---

① International Court of Justice. Certain Activities Carried Out by Nicaragua in the Border Area：Costa Rica v. Nicaragua and Construction of a Road in Costa Rica along the San Juan River：Nicaragua v. Costa Rica ［EB/OL］. icj-cij. org，2015-12-16.

② 区域海洋项目和 UNEP 缘起于 1972 年在斯德哥尔摩召开的联合国人类环境大会（United Nations Conference on the Human Environment，UNCHE）。联合国大会为响应会议和《斯德哥尔摩宣言》的内容，于 1972 年 12 月 15 日通过了联合国大会第 2997（XXVII）号决议，建立了 UNEP 负责环境有关的事宜，同时邀请区域经济委员和其他相关的机构能就环境项目加强区域合作。UNEP 依据决议，将海洋作为国际和区域合作的一个领域，并于 1974 年开始实施区域战略。

目，它不仅关注环境退化的结果，同时也注重其原因，并且围绕一个综合途径通过对沿海区域和海洋区域的全面管理来解决环境问题。区域海洋方案自成立以来，已成为保护沿海和海洋环境的独特方法。

UNEP 的区域海洋项目最初集中于四个地理区域：地中海（1975）、西非和中非（1981）、科威特海域（1978）和加勒比（1983）。加勒比和地中海区域协定被认为是最成功的区域海洋项目，它们的相关管理文件是早期区域战略文件的范本。今天，超过 143 个国家加入了 18 个区域海洋公约和行动计划，以可持续管理和利用海洋和沿海环境。大部分项目以区域公约和具体的相关议定书为法律基础，并且由各国政府和区域公约机构根据区域的环境挑战量身定制，具有较强的执行力。

目前 UNEP 直接管理或与 UNEP 有关的区域海洋方案共有 13 个①。其中 UNEP 直接管理的有 6 个，分别是加勒比地区、东亚海域、东非地区、地中海区域、西北太平洋区域、西非区域和中非地区。有 7 个区域海洋项目是在 UNEP 的主持下开始的，但现在已经独立运作了，分别是黑海区域、东北太平洋区域、红海和亚丁湾、罗普—科威特海域、南亚海、东南太平洋区域和太平洋地区（包括南太平洋）。此外，还有 5 个独立的区域海洋项目：北极地区、南极地区、波罗的海、里海和东北大西洋（OSPAR）地区②。

（二）海洋行动方案的区域化

大部分的区域海洋项目要么有具有法律约束力的区域公约或议定书，要么

---

① UNEP 发起的 13 个区域海洋项目是为了解决海洋和沿海区域的持续退化问题，通过对海洋和沿海区域的可持续管理和利用促进相邻国家采取保护它们共同的海洋环境的全面和具体的行动。虽然 13 个区域海洋项目有更具体的目标，但是 UNEP 仍需要确保和协助所有的项目都能充分遵守 UNEP 理事会的各项决议：《21 世纪议程》、《可持续发展问题世界首脑会议执行计划》、千年发展目标、可持续发展目标等，并在区域层面协调实现这些全球目标。

② 1974 年，也就是 UNEP 开始实施区域战略的同一年，波罗的海国家几乎同时加入《保护波罗的海地区海洋环境公约》（简称《赫尔辛基公约》）。这一区域海洋公约是独立于 UNEP 或 UNCHE 的有效的制度。《赫尔辛基公约》为后来 UNEP 区域海洋项目提供了重要的参考。（See EBBESSON J. Protection of the Marine Environment of the Baltic Sea Area: The Impact of the Stockholm Declaration [M] // NORDQUIST M H, MOORE J. N, MAHMOUDI S. The Stockholm Declaration and Law of the Marine Environment. New York: Martinus Nijhoff Publishers, 2003: 155-164.）

有不具有法律约束力的行动计划。例如，波罗的海国家几乎同时加入《保护波罗的海地区海洋环境公约》，东北大西洋地区国家签订了《奥斯陆公约》，里海周边国家签订了《德黑兰公约》，东非区域国家签订了《内毕罗公约》，东北太平周边国家签订了《东北太平洋公约》。只有少数区域，例如北极区域，没有全面的国际文件。下文列举南北极、里海和国际海底区域（简称"区域"）的规则具体说明海洋环境影响评价的区域化。

南极拥有较为完整的《南极条约》体系。《关于环境保护的南极条约议定书》则包含了最为详细和最为严格的公海环境影响评价制度。

在北极，虽然各国有依据跨界环境影响评价的习惯国际法和《联合国海洋法公约》进行海洋环境影响评价的义务，但是北极区域并未形成具有法律约束力的国际协定或议定书，仅有一部《北极环境影响评价纲要》①。《北极环境影响评价纲要》只是对北极国家如何将其国内环境影响评价立法扩大适用于北极区域给出一些建议，并没在监督机制、信息交换和最终决策方面给出任何建议。此外，北极一些重要的区域处于国家管辖范围以外的公海，不受国家国内法的管辖，《北极环境影响评价纲要》没有就北极公海区域的环境影响评价给出任何建议。处于国家管辖范围以内的北极区域的环境影响评价也完全取决于国家的国内法。《北极环境影响评价纲要》并未对北极国家之间的跨界环境影响评价产生任何的影响。总体来说，北极国家之间是依托国内环境影响评价制度开展跨界环境影响评价的合作，缺少对国家管辖范围以外区域的关注，也无意建立类似于南极区域的国际协定或议定书。

里海环境项目（Caspian Environment Programme，CEP）作为区域伞状项目

---

① 北极有关环境影响评价的规定起源于《北极环境保护战略》（Arctic Environmental Protection Strategy，AEPS）。该战略是和1991年《罗凡尼米宣言》（Rovaniemi Declaration）一起通过的，而后北极地区展开了所谓的罗凡尼米进程进行广泛的合作。1997年各国制定了不具有法律约束力的《北极环境影响评价纲要》。See KOIVUROVA T. Implementing Guidelines for Environmental Impact Assessment in the Arctic [M] //BASTMEIJR K, KOIVUROVA T. Theory and Practice of Transboudary Environmental Impact Assessment. Leiden：Koninklijke Bill NV，2008：151-174.

于 1998 年启动①，其目的是制止里海环境的恶化，促进该地区的可持续发展②。在 CEP 伞状框架下，历时 8 年的谈判，最终于 2003 年里海五国签订了《里海海洋环境保护的框架公约》（The Framework Convention for the Protection of the Marine Environment in the Caspian Sea，即 The Tehran Convention，简称《德黑兰公约》）③。2004 年启动了制定关于跨界环境影响评价的议定书的工作。这项工作是在早期的《里海区域内跨界环境影响评价指南》（The Guidelines on EIA in a Transboundary Context in the Caspian Sea Region）的基础上进行的，目前仍然处于初始阶段④。直到 2008 年正式通过里海区域《跨界环境影响评价议定书》⑤。该议定书基本采用《埃斯波公约》的框架，并以附件的形式列举了需要进行跨界环境影响评价的活动、确定显著跨界损害的标准、环境影响评价报告的最低限

---

① 里海是地球上最大的内陆海，共有五个沿岸国家：阿塞拜疆共和国、伊朗伊斯兰共和国、哈萨克斯坦、俄罗斯联邦和土库曼斯坦。里海的独特的地理和气候特点孕育了独特的生态系统。随着近些年里海油气资源的探明和开发，里海脆弱的生态环境正在遭受破坏。长 1200 公里的里海是地球上最大的封闭水体。它是古代海洋的遗迹，大约在 5000 万年前连接大西洋和太平洋，但今天它与这些海洋没有联系，其水域只是略带盐碱。大约有 130 条大小河流流入里海，最大的是伏尔加河。里海的悠久历史和孤立给里海留下了令人印象深刻的生物多样性和 300 多种特有物种。里海海豹是世界上仅有的两种淡水海豹之一。广阔的沿海湿地为大量鸟类和狂热的生态游客提供了迁徙过程中的一个受欢迎的停留场所，他们聚集一堂观看。里海已经承受了石油开采和精炼、海上油田、核电站放射性废物以及主要由伏尔加河引入的大量未经处理的制盐和工业废料的巨大污染负担。

② Caspian Environment Programme，参考网址：https://www.unenvironment.org/explore-topics/oceans-seas/what-we-do/working-regional-seas/regional-seas-programmes/caspian-sea.

③ 《德黑兰公约》已经于 2006 年 8 月 12 日正式生效。

④ 经过 2002 年和 2003 年两次政府间专家组的讨论，最终通过了《里海区域内跨界环境影响评价指南》。See Protocol on EIA in a Transboundary Context to the Framework Convention for the Protection of the Marine Environment of the Caspian Sea，参见网址 http://www.tehranconvention.org/img/pdf/protocol_on_environmental_impact_assessment_in_a_transboundary_context_en-2.pdf。

⑤ 截至 2020 年 3 月，里海五国均已签署议定书，阿塞拜疆于 2019 年 6 月 27 日提交批准书。See Status of ratification，参见网址 http://www.tehranconvention.org/spip.php?article2。

度的内容①。

占海洋总面积约65%的海底区域是地球上最为神秘的深海区域，人类对深海海底的探索还处于初始阶段。据已经探明的区域，深海海洋蕴藏着丰富的矿物资源，其中多金属结合、多金属硫化物和富钴铁锰结壳等矿产资源具有商业开发的价值和前景②。自20世纪60年代开始，包括中国在内的一些国家已经陆续和国际海底管理局签订"区域"内矿产资源的勘探合同③。自1994年以来，国际海底管理局先后制定了2000年的《"区域"内多金属结核探矿和勘探规章》（2013年修订）、2010年的《"区域"内多金属硫化物探矿和勘探规章》和2012年的《"区域"内富钴铁锰结壳探矿和勘探规章》④。随着首批勘探合同将于2021年再次延期到期，这些合同将很有可能直接转入开发阶段⑤。"区域"

---

① 里海区域海洋环境影响评价制度受到了《埃斯波公约》的影响。里海五国里面阿塞拜疆和哈萨克斯坦是《埃斯波公约》的缔约国，俄罗斯是《埃斯波公约》的签字国，而伊朗也表明了加入《埃斯波公约》的意愿。依据《埃斯波公约》各缔约国可以通过制定双边或多边协定来进一步明晰它们的义务并且详细阐述跨界环境影响评价的具体操作细节和程序。因为目前并非所有的国家都是《埃斯波公约》的缔约国，因此该区域还不能将《埃斯波公约》作为区域协定。

② 据估算，全球海底多金属结核总量在5000亿至1.5万亿吨之间，富钴结壳的钴含量是陆地原生矿钴含量的20倍以上，多金属硫化物的单个矿床矿体的资源量高达1亿吨。参见刘永强，姚会强，于森，等. 国际海底矿产资源勘查与研究进展［J］. 海洋信息，2014（3）：10-16.

③ 截至2018年5月，国际海底管理局共审议通过29份"区域"内矿物资源勘探工作计划，先后与21个承包者签订了29份生效勘探合同，其中包括17份多金属结核勘探合同、7份多金属硫化物勘探合同以及5份富钴结壳勘探合同。中国目前从事"区域"勘探活动的承包者有2个，分别是中国大洋矿产资源研究开发协会（简称"中国大洋协会"）和中国五矿集团公司。中国大洋协会分别在东北太平洋获得了面积为7.5万平方公里的多金属结核勘探区，在西南印度洋获得了面积为1万平方公里的多金属硫化物勘探区，在东北太平洋获得了面积为0.3万平方公里的富钴结壳合同区。2017年5月，中国五矿集团公司在东南太平洋获得1块面积近7.3万平方公里的多金属结核资源探勘矿区，中国由此成为首个在"区域"拥有3种资源、4种矿区专属勘探权的国家。2017年5月11日，管理局与中国大洋协会在北京签订了多金属结核勘探延期合同，经延期后合同将于2021年5月21日到期，管理局预期将于2020年进入开发阶段，邀请中国大洋协会做好开发准备。参见http：//www. isa. org. jm/news。

④ 参见https：//www. isa. org. jm/mining-code/Regulations。

⑤ 2016年3月至2017年3月，包括中国大洋矿业资源研究开发协会在内的7个首批承包者的多金属结核勘探合同相继到期，为此管理局在第22、23届会议上分别通过了7个承包者的合同延期申请。5年的延期合同到期后，承包者很有可能直接转入开发阶段。

内的矿产资源开发规章的制定迫在眉睫。2012 年正式启动"区域"内多金属结核开发规章的制定工作①。而后分别于 2016 年、2017 年和 2018 年公布 3 版开发规章草案。"3 年来开发规章草案在内容方面不断丰富，结构方面趋向合理，在重要事项方面不断细化。《2016 年草案》关于环境影响报告书的规定很少，可以反映出对其重视不够。《2017 年草案》开始对环境影响报告书应该包括的内容进行规定，并在附件五中提供了环境影响评价报告书的模板以供承包者参考。《2018 年草案》在《2017 年草案》的基础上增加了关于环境影响报告书的书写形式要求。"② 不论是 3 个勘探规章还是开发规章草案，都有环境影响评价的要求。承包者应对拟议的勘探活动或开发活动可能对海洋造成的影响进行科学评价，并向管理局提交含有环境影响评价报告的申请书③。相比其他区域的环境影响评价制度，"区域"矿产资源勘探和开发活动的环境影响评价制度是比较严苛的。

　　总之，这些区域海洋环境保护的立法，大多含有海洋环境影响评价的条款，为区域海洋环境的保护和区域国家合作提供了规范。然而，这些立法的实践效果却参差不齐。地中海和加勒比地区的经验是最为成功的，但是仍然存在不足之处。地中海地区关于非政府组织的经验并不完全适用于其他不太稳定的地区或者资源丰富的地区，加勒比地区的实践在处理普遍的区域污水问题或船舶和工业石油污染的问题上收效甚微。这些区域化的立法，虽然切合了区域海洋环境和区域国家的意愿，但不同的区域的立法内容并不相同。公约之间的差异不利于跨界环境影响评价规则的统一适用。特别当一个缔约国同时受制于两个及两个以上区域公约的约束时，将会面临着区域公约义务不一致带来的国内

----

① 早在 2011 年管理局第 17 届会议上，斐济代表团提出鉴于深海采矿即将开始，理事会应当立即着手进行海底采矿法规的制定工作。参见 2011 年 7 月 22 日，《斐济代表团对理事会的发言》，ISBA/17/C/22；2012 年 4 月 25 日，《关于拟定"区域"内多金属结核开发规章的工作计划》，ISBA/18/C/4。

② 王勇．国际海底区域开发规章草案的发展演变与中国的因应［J］．当代法学，2019（4）：79-93．

③ 《2016 年草案》规定申请书应当包括：环境影响评价报告、环境管理和监测计划以及关闭计划。《2017 年草案》在 2016 年的基础上，新增了潜在申请人提交环境范围报告和环境影响报告，并进行环境影响评价的义务。2018 年删去了潜在申请人提交报告的义务，精简了程序，减轻了国际海底管理局的义务。

立法和国际纠纷解决的困难。

（三）实施机构的区域化

基于区域环境的独特性，依托区域海洋行动方案，通常会设置区域机构负责区域海洋环境的保护和保全。

南极拥有专门负责环境保护的最大的区域渔业组织——南极海洋生物资源养护委员会（CCAMLR）。CCAMLR负责管理所有南纬60°以南区域的渔业活动并且负责养护这一区域的海洋生物资源。《关于环境保护的南极条约议定书》创立的三级环境影响评价制度和南极协商会议（ATCM）管理海洋环境影响评价的机构主导模式极具创新性。

北极区域不同于南极区域，北极区域海洋环境影响评价制度不存在一个主导机构。各国依旧沿用国内环境影响评价立法来解决跨界环境影响评价纠纷。依据联合国大会关于海洋和海洋法的决议（A/RES/66/231）[1]，海洋环境影响评价有关的信息和报告的分享应该通过相应的国际组织进行。然而，《联合国海洋法公约》并没有明确这些国际组织具体是哪些。目前，国际海事组织和《生物多样性公约》的秘书处都在致力于在北极区域充当这类国际组织。然而，北极区域并没有独立的养护北极海洋生物资源的区域渔业组织，各国也无意建立这样的区域渔业组织。

里海的环境保护问题引起了包括欧盟、联合国发展署（UNDP）、联合国环境规划署（UNEP）和世界银行等多个国际组织的关注。为了进一步促进里海区域《跨界环境影响评价议定书》的制定，2001年在阿塞拜疆首都巴库，联合国环境规划署欧洲区域办事处（UNEP-ROE）、《埃斯波公约》秘书处（UNECE）和欧洲建设和发展银行（EBRD）共同倡议制定有关跨界环境影响评价的自愿行为指南，促进了里海区域《跨界环境影响评价议定书》的制定。

国际海底管理局在平衡"矿产资源的勘探开发"和"海洋环境的保护和保全"方面拥有比较大的权限。依据《联合国海洋法公约》，"区域"及其资源是人类共同继承的财产，意味着海底资源的勘探和开发必须以全人类的利益为出

---

[1]　United Nations. A/RES/66/231: Oceans and the Law of the Sea [EB/OL]. undocs. org, 2012-04-05.

发点。国际海底管理局肩负着"区域"的和平利用与"区域"资源的可持续发展，同时也要为了全人类共同利益保护和保全"区域"海洋环境。海底区域建立了以国际海底管理局为中心的环境影响评价制度。国际海底管理局不仅可以制定有关"区域"环境保护与保全的规则、规章和程序，还可以主导环境影响评价程序，在未经秘书长和法律委员会审查之前，国家不得授权或批准任何拟在"区域"进行的活动①。而且如果"区域"内有突发的重大环境损害的情况，国际海底管理局可以暂停或终止任何在"区域"内正在进行的活动。

总之，区域机构在区域海洋环境影响评价规则的制定和实施中发挥了重要的作用。在南极和"区域"已经形成了以国际机构为主导的海洋环境影响评价制度。即便不是在国际公域，UNEP、UNDP 和世界银行等国际组织也正在通过资金引导、技术帮扶等多种措施帮助不同海洋区域的国家建立区域海洋环境影响评价的协议或议定书②。里海区域海洋项目就受到了 UNEP-ROE、UNECE 和 EBRD 等多个国际组织的影响。然而，这些机构只是在其所辖区域发挥作用，所涉权限受限于区域国际条约，职责各不相同。UNEP 发起的区域海洋环境项目试图协调各国行动，促使相邻国家采取保护它们共同的海洋环境的全面和具体的

---

① 根据《2018 年草案》秘书长应该首先审查申请书是否完整。如果不完整，应该通知申请人重新修改申请书。秘书长应该将申请书在国际海底管理局的网站上公布不少于 60 日以征求有关人士的意见。并将相关意见提供给申请人，申请人与秘书长协商后，可以根据有关意见做出修改。法律技术委员会主要审议含有环境影响评价报告的申请书。在秘书长完成公布审查环境计划之前，法律技术委员会不得审核工作计划，审议过程必须听取秘书长、国际海底管理局成员和利益相关方的评论意见。法律委员会主要审查申请人是否建立了必要的风险评价和管理制度，是否具备足够的技术能力已根据良好的行业做法和规章要求实施拟议工作计划中的环境保护制度，以及是否能按照《联合国海洋法公约》第 145 条的要求采取有效保护海洋环境的措施，包括适用最佳环境做法和采取预防措施等。参见王超. 国际海底区域资源开发与海洋环境保护制度的新发展：《"区域"内矿产资源开采规章草案》评析 [J]. 外交评论（外交学院学报），2018, 35 (4)：81-105.

② 5 个独立于 UNEP 的区域海洋项目与其他区域海洋项目展开了合作。例如，在 2002 年 OSPAR 区域与 UNEP 管理下的西非和中非区域这个正在经历长期政治不稳定的区域提供指导和支持。在 2000 年波罗的海区域海洋项目通过赫尔辛基委员会与东非区域之间达成了一项合作协议。该协议主要分享波罗的海区域海洋项目在废水管理方面的经验，并向东非区域提供技术援助，帮助其制定一个新的关于陆基活动对海洋和沿海地区在东非地区影响的议定书。

行动，并希望能确保和协助所有的 18 个项目都能充分遵守 UNEP 理事会的各项决议，包括《21 世纪议程》、《可持续发展问题世界首脑会议执行计划》、千年发展目标、可持续发展目标等，并在区域层面协调实现这些全球目标。然而，UNEP 并不是协调各区域实践的国际机构。正如 UNEP 多年的区域海洋项目的实践也表明，UNEP 并不是为了统领区域国际组织或者向区域国际组织施加机构指令，只是为区域国际组织提供建议和帮助。这种软性协调的过程注定是漫长的。

第三节 海洋环境影响评价制度碎片化的原因

一、跨界环境影响评价的多元立法

跨界环境影响评价的多元立法是海洋环境影响评价制度碎片化的直接原因。跨界环境影响评价的立法主体众多，世界上绝大多数的国家都制定了国内环境影响评价的法律，而且诸多国际组织也就跨界环境影响评价问题提出了建议。因体现的主体意志不同，跨界环境影响评价规则各有千秋。其中以国内立法和国际立法的差异最为明显。

"当环境影响评价 1969 年被引入美国时，其被认为是国内政策制定方面的重大创新。"① 环境影响评价不仅要求考虑拟议活动的环境后果，而且还要向受影响的公众、利益相关的组织和相关的政府部门提供大量的信息，并且允许利益相关方参与决策的过程。尽管环境影响评价有这些创新，但是环境影响评价的结果并不对最终的决策产生实质性的影响。国内的环境影响评价的相关立法并没有设定决策所必需遵守的环境标准。即使拟议活动可能对自然产生重大的不利影响，也没有要求必须放弃拟议的活动，或者在进行这项活动的时候必须

---

① CRAIK N. The International Law of Environmental Impact Assessment：Process，Substance and Integration［M］. New York：Cambridge University Press，2008：4.

采取减轻环境影响的措施。

国内法中的环境影响评价的这些特点导致其毁誉参半。支持者认为环境影响评价具有创新性和灵活性，批评者认为环境影响评价浪费钱、没有用、充满了"绝望的天真"①。尽管如此，环境影响评价在国内层面迅速展开，目前绝大多数国家都有环境影响评价的相关立法。

环境影响评价在国内层面的迅速展开，与国际层面的环境会议有重要的关系。1972 年斯德哥尔摩人类环境会议，特别是《人类环境宣言》② 第一次在全球层面阐述这一环境保护的工具。至此，环境影响评价与预防损害的一般义务联系起来。从逻辑上看，原则 21 要求实施跨界环境影响评价。"在实践中，预防跨界污染的习惯法要求各国应考虑现有的和预期的活动对其他国家环境可能造成的影响，这促成各国引进了'环境影响评价'这一法律程序。"③

事实上，将国内法中的环境影响评价扩大适用于跨界环境影响已经成为通行做法，即使一国国内的环境影响评价的立法并未明确规定可以适用于跨界影响。例如，美国 1996 年《国家环境政策法》并未规定跨界环境影响评价，但美国法院却依据该法案受理了加拿大诉阿拉斯加石油开发项目的案件④。

在国际层面，涉及环境影响评价的双边和多边的国际条约、宣言等文件继1972 年斯德哥尔摩人类会议之后大量的出现。这些重要的国际条约包括 1974 年《北欧环境保护公约》、1982 年《联合国海洋法公约》、联合国环境规划署诸项区域海洋公约、1985 年《东盟协定》、1986 年《南太平洋地区自然资源及环境保护公约》、1989 年《危险废物越境转移及处置的巴塞尔公约》、1991 年《南极条约议定书》、1992 年《气候变化公约》和《生物多样性公约》。1991 年第一

---

① BARTLETT R. Policy Through Impact Assessment：Institutionalized Analysis as A Policy Strategy ［M］. New York：Greenwood Press，1986：1.

② 《人类环境宣言》原则 21："按照联合国宪章和国际法原则，各国有按自己的环境政策开发自己资源的主权；并且有责任保证在他们管辖或控制之内的活动，不致损害其他国家的或在国家管辖范围以外地区的环境。"

③ DUPUY P M. Overview of the Existing Customary Legal Regime Regarding International Pollution ［M］//International law and pollution. Philadephia：University of Pennsylvania Press，1991：61.

④ 参见麦克因泰里. 国际法视野下国际水道的环境保护 ［M］. 秦天宝，蒋小翼，译. 北京：知识产权出版社，2014：269.

个有关环境影响评价的国际条约——《埃斯波公约》，由联合国欧洲经济委员会通过，后经 2 次修改①，目前已经有 45 个缔约国。1992 年《里约环境与发展宣言》所达成的关于环境影响评价的共识②得到了国际法的反复确认。作为对习惯法和一般国际法具有影响深远的编纂活动，国际法委员会《跨界损害预防公约（草案）》（下文简称《预防损害条款草案》）包含了跨界环境影响评价的条款，要求就项目或活动对他国个人、财产和环境可能造成的影响进行评价。经济合作与发展组织、粮农组织和联合国环境规划署等一些国际组织也通了支持环境影响评价的建议或宣言。随着国际司法实践和区域海洋项目的实践，跨界环境影响评价已经成一项习惯国际法规则。环境影响评价义务也从依附于一般环境保护的义务成长为一项独立的国际法义务。

然而，国内法扩大适用于跨界环境影响阶段和跨界环境影响评价的国际立法阶段并非绝对独立的两个阶段。这两个阶段在时间上存在重合，特别是在 1972 年人类环境会议召开以后，国内法和国际法互相影响、共同发展。国内法途径和国际法途径共同造就了如今的跨界环境影响评价制度的碎片化。

二、跨界环境影响评价立法的滞后性

虽然跨界环境影响评价的国际立法处于快速的发展中，但是法律存在滞后性。法律并不是凭空产生的，是为解决既存的法律问题，规范既存的法律行为。环境影响评价作为科学决策的工具被引入各国国内法，但并无强制的法律约束力。1972 年《人类环境宣言》也仅是明确了预防损害原则，并未提及进行跨界环境影响评价的国际法义务。一直到 1992 年《里约环境与发展宣言》原则 17 才提及环境影响评价。而有关跨界环境影响评价的实践却在这一时期快速的发展。国家实践、司法裁判、国际组织的声明以及国际法委员会的工作中，有关跨界环境影响评价的规则已经得到了普遍的支持，被视为国际法的一般原则或

---

① 第 1 次修正案于 2001 年通过，2014 年 8 月 26 日生效，至此《埃斯波公约》允许非欧洲经济委员会的成员国家加入。第二次修正案于 2004 年通过，2017 年 10 月 23 日生效。第 2 个修正案允许受影响国在确定范围的阶段（scoping）适当参与、增加了履约审查的条款（review of compliance），修正了附件 1 中的内容并做了一些轻微的调整。

② 1992 年《里约环境与发展宣言》原则 17："对于拟议中可能对环境产生重大不利影响的活动，应进行环境影响评价，并作为一项国家手段，应由国家主管当局作出决定。"

者习惯国际法，尤其是"国家有义务预防、减轻和控制污染和环境损害；国家有义务通知、协商、谈判以及在特定情况下通过环境影响评价进行国际合作减缓环境风险和紧急状态"①。

　　然而，有关跨界环境影响评价习惯国际法地位和具体内容的规则的缺失，导致国际司法机构在裁判中需要依据一般法律原则和各国共识解释规则。在 1995 年法国地下核试验案中，各方仍对是否存在跨界环境影响评价的国际法义务进行争论②，一直到 2010 年纸浆厂一案中各方才承认跨界环境影响评价是习惯国际法义务③，这一过程花费了 15 年。这演变与 1992 年以后有关跨界环境影响评价的各种国际环境立法和实践相吻合。国际法院和国际海洋法法庭的实践以个案的方式反映了发展中的国际环境法，并适时地确认和促进了规则的解释和适用。

　　虽然各国都承认跨界环境影响评价的习惯国际法义务，但义务的具体内涵并未形成统一明确的内容。国际法院和国际海洋法法庭在适用跨界环境影响评价这一习惯国际法义务的时候，无法从国际法中找寻可以适用的规则，只能适用各国的国内法。然而各国的国内法规定又不尽一致，纸浆厂案和莫科斯工厂案，两个法庭都是在确认存在跨界环境影响评价这一习惯国际法义务之后，鼓励各国通过磋商和谈判解决具体的分歧，包括通知、信息交换、事后监测、公众参与等具体内容④。

　　因跨界环境影响评价立法的滞后性而进行的司法个案解释的方法，并不是长久之计。在如今海洋环境影响评价的立法和实践增多的背景下，对海洋环境影响评价的概念、基本要素和实施机制等进行体系化的编纂，将有利于国际司法的统一。

---

① 波尼，波义尔. 国际法与环境［M］. 2 版. 那力，王彦志，王小钢，译. 北京：高等教育出版社，2007：118－119.

② International Court of Justice. The Nuclear Tests I Case: New Zealand v. France. ［EB/OL］. icj-cij. org, 1974-12-20; International Court of Justice. The Nuclear Tests I Case: Australia v. France ［EB/OL］. icj-cij. org, 1974-12-20.

③ International Court of Justice. Case Concerning Pulp Mills on the River Uruguay: Argentina v. Uruguay. Judgment on the merits ［EB/OL］. icj-cij. org, 2010-04-20.

④ ITLOS. The MOX Plant Case. : Ireland v. the UK ［EB/OL］. itlos. org, 2001-10-25.

三、海洋环境和治理的区域化

海洋环境的区域化需要采取更切合区域环境的国际合作。里海是最大的内陆海，虽然在古代连接了大西洋和太平洋，但今天它只是封闭的略咸的水体，拥有300多种特有物种。南北极是迄今为止地球固体淡水的储存地，拥有脆弱的生态系统。海底区域是人类知之甚少的区域，蕴藏着丰富的矿产资源和稀有的生物资源，特别是其海底冷泉和热泉形成的特殊生态系统极具敏感性。不同区域的环境决定环境影响评价制度的内容和规制的活动不同。

不同区域国家进行海洋合作的意愿和能力也不尽相同。加勒比、地中海、波罗的海、东北大西洋周边国家不仅制定了区域环境保护的区域条约，而且还成立的了专门的国际组织。这些区域国家合作治理区域海洋的意愿较为明显。然而中非和西非饱受政治不稳定带来的影响，在区域海洋环境保护方面的意愿较为落后，北极地区国家也主要致力于基于北极理事会展开的区域合作，较少对国家管辖范围外的公海环境的关注。

不同区域的环境影响评价综合考虑了区域的环境特点，制定了不同的启动标准、评价标准和公众参与的程序规则。然而，这些区域化立法的差异，却带来部分区域海洋环境治理的空白或冲突。对缔约国而言，可能会面临着区域公约义务不一致带来的国内立法困难和国际环境纠纷。

第四节　海洋环境影响评价制度碎片化的影响

一、导致海洋环境治理的空白或冲突

海洋环境影响评价制度的碎片化将会产生各种互相冲突和不相容的规则、原则。跨界环境影响评价多元多层级的国内和国际立法体系，反映了多元化社会行为主体的不同追求和偏好。国内立法通常关注国内和国家之间的利益纷争，国际立法则融入了较多的国际考量。区域环境影响评价的立法则是基于区

域环境和区域治理。故而，海洋环境影响评价制度的碎片化问题是不同利益主体的不同追求的自然结果。

不同层级和区域的海洋环境影响评价制度受地理区域和功能的限制，通常是"自足的制度"。例如，南极的海洋环境影响评价制度满足了南极海洋环境保护的需求，北极国家国内环评立法基本满足了北极环境保护的需求，《埃斯波公约》满足了欧洲经济委员会国家协调跨界环境影响评价国内立法的需求，里海区域《跨界环境影响评价议定书》是基于里海区域五国治理区域海洋环境的意愿而制定。然而这些"自足的制度"并不能解决更大范围的问题。例如，绝大部分的国内环境影响评价规则和跨界环境影响评价规则都没有关于 ABNJ 的环境影响评价问题的规定，各国也较少关注 ABNJ 的环境问题。特别是公海的全人类共同财产的属性，将会导致新的海洋圈地运动和海洋公地悲剧问题。

不同层级和区域规则的重复和不一致会导致海洋治理的冲突。各国国内法对环境影响评价的程序和内容设定的不一致，将会直接导致国家对跨界环境影响评价的内容是否充分产生争议。甚或是一国依据其国内法规定认为跨界环境影响未达到展开跨界环境影响评价程序的程度而未通知相邻国家展开磋商、公众参与等程序，而另一国则认为应该进行跨界环境影响评价程序。处于发展中的海洋环境影响评价制度，也面临着新法和旧法的冲突。例如，《联合国海洋法公约》仅鼓励缔约国交换信息，而《埃斯波公约》《关于环境保护的南极条约议定书》等已经发展出强制信息交换的规定，并在信息交换的基础上新增了公众参与、磋商谈判等条款。如此，新法中就会载有一些可能与旧法不同的条款。这些新规则往往又是明确的，容易得到更好的适用。当这种偏离成为经常发生的普遍情况时，海洋环境影响评价制度的统一性就受到了损害。

二、导致司法适用的困难

无论是存在规则空白还是规则冲突都会导致司法适用的困难。前者需要法院依据一般国际法原则进行判定和解释，后者则需要法院依据一定的规则选择适用法律。

当不存在统一适用的海洋环境影响评价的国际法时，法院在审理案件时并无可明确适用的规则，只能援引一般国际法原则和各国的共识，并从中推导出应该适用的规则。国际法院正是在缺少跨界环境影响评价统一适用国际规则的情况下，从禁止损害原则、国际合作原则、通知告知等一般国际法义务中推导出跨界环境影响评价的习惯国际法规则的。国际法院对跨界环境影响评价具体内容的判定则较多的依赖国内法的规定，并鼓励各国通过协商解决具体内容和具体程序。然而，若是存在统一适用的国际法规则，国际法院的审理将会是另一番景象。随着多边环境条约中越来越多地纳入环境影响评价的条款，国际法院在审理疏浚圣胡安河和修建公路案时，便直接依据跨界环境影响评价的习惯法和国际条约作出了裁决。①

当既存在国内环评立法，又存在多个可适用的多边环境条约时，如何选择适用法律，将会成为司法裁判结果的关键。在纸浆厂案中，国际法院指出阿根廷和乌拉圭都不是《埃斯波公约》的缔约国。关于跨界环境影响评价的范围和内容，法院认为，一般国际法中没有特别规定，而《埃斯波公约》因对非缔约国不具有约束力而不适用于纸浆厂案。国际法院认为一般国际法中没有特别规定环境影响评价的内容，也排除一般国际法的适用。最后国际法院得出结论：跨界环境影响评价的范围和内容应依国内法确定。此案国际法院基本确立了"共同适用的国际条约——一般国际法——国内法"的法律选择顺序②。在存在多个共同适用的国际条约时，国际法院、国际海洋法法庭、国际常设仲裁机构等国际司法机构需要就这些规则之间的关系进行研究，比较规则等级的高低、一般性和特殊性、时间效力范围的早晚等。换而言之，法院要研究《联合国海洋法公约》作为一项环境条约与区域多边环境条约之间是什么样的关系。

随着国际法院的多次反复提及，跨界环境影响评价公约已经成为一项习惯国际法义务，但是该义务的具体内容至今没有国际公认的标准。因此，在司法适用时，国际法院、国际海洋法法庭和国际常设仲裁庭都是采用非常谨慎的做法，鼓励争议双方国家协商解决。在涉及跨界环境影响评价是否应该包括替代

① International Court of Justice. Certain Activities Carried Out by Nicaragua in the Border Area：Costa Rica v. Nicaragua and Construction of a Road in Costa Rica along the San Juan River：Nicaragua v. Costa Rica ［EB/OL］. icj-cij. org，2015-12-16.

② International Court of Justice. Case Concerning Pulp Mills on the River Uruguay：Argentina v. Uruguay. Judgment on the merits ［EB/OL］. icj-cij. org，2010-04-20.

场地、公众参与是否充分等的判定时，因缺少明确的标准，国际法院无法对这些问题做出应答。在 2001 年的莫科斯（MOX）工厂案中，爱尔兰主张英国没有适当履行跨界环境影响评价的义务。"在本案的临时措施指令中，法庭认为，由于英国已经为保护工厂周围环境的安全，对工厂做出了极为严密的防护措施，故该工厂运营产生泄露风险的机会非常低，加之英国也将停止所有该厂的核废料或放射性物质的跨界运输活动"①，因此，法庭最终没有裁定采取临时措施。该案和纸浆厂案都涉及跨界环境影响评价是否充分的问题，被告国也均通过援引国内法、当地法规的详细标准来证明跨界环境影响评价是充分的。由于该案海洋法法庭和特别仲裁庭没有审理案件的实质性问题，因此没有详细探讨何为"适当履行环境影响评价义务"问题。

总之，因欠缺统一适用的海洋环境影响评价的规则，也没有就海洋环境影响评价制度的基本要素达成国际共识，给司法实践造成了空白和冲突，既不利于争议的解决，也会造成法庭裁量权的扩张。在某种程度上，这些国际司法机构充当了"立法者"的角色，打破了司法被动的属性。

三、减弱海洋环境影响评价制度的实施效果

首先，缺少强有力的实施机制将会减弱海洋环境影响评价制度的实施效果。《联合国海洋法公约》作为海洋法宪章，只框架性地规定了海洋环境保护与保全的基本义务，并没有成立类似于《生物多样性公约》《跨界环境影响评价公约》《气候变化框架公约》的条约机构来统筹公约的遵约和履约问题，也没有类似的公约附属履约机构促进公约的遵约和履约。《联合国海洋法公约》没有专门设立一个有关海洋保护和保全的全球机构，而是寄希望于各国"直接或通过主管国际组织"进行合作。《联合国海洋法公约》项下义务的遵守只能借由其他的国际组织划区而治。这种模式是分散的，并不利于统筹解决海洋环境保护与保全问题。缺少监督机制的条约通常是低效率的，甚至会导致条约的弃置。不遵约者不仅不会受到惩罚，反而会从中获益。这种无约束的条约将失去公平和公正，变相鼓励不遵约行为，损害遵约者的遵约效果，最终减弱海洋环境影响评

---

① ITLOS. The MOX Plant Case: Ireland v. the UK [EB/OL]. itlos. org，2001-10-25.

价制度的实施效果。

其次，虽然大部分的海洋区域都有含有海洋环境影响评价的条约，但是由于条约的相对效力原则，这些海洋环境影响评价的条款仅能对缔约国有效。海洋环境问题的负外部性，要求所有进行海洋活动的国家都要遵守共同的规则。非缔约国的海洋活动会削弱遵约的缔约国的努力。部分区域已经通过集体协助，对非缔约国的行为进行一定的约束。南极区域就是通过集体协助避免了非缔约国违反《南极条约》原则和宗旨的行为。但集体协助仍存在诸多的理论争议和执法真空。"南极条约体系能否为非缔约国创设权利与义务，或者通过何种方式让非缔约国也能遵守相应义务？"以及"南极条约体系或其缔约国是否可以将其立法或司法管辖权扩展至非缔约国国民或船舶？"南极条约体系面临着艰巨的执法挑战①。未来如何构建集体协助机制，尽量减少非缔约国活动的负外部性，将是值得长期探讨的问题。

最后，从区域海洋环境影响评价的实践来看，尽管联合国大会呼吁对公海所有的深海海底渔业活动进行影响评估，但是区域渔业组织因实施机制的不同，履约效果差别巨大。东北大西洋渔业委员会（North East Atlantic Fisheries Commission，NEAFC）和西北大西洋渔业组织（Northwest Atlantic Fisheries Organization，NAFO）的缔约方无一按要求进行海洋环境影响评价。然而，南极生物资源养护委员会（Commission for the conservation of Antarctic Marine living resources，CCAMLR）、北太平洋渔业委员会（North Pacific Fisheries Commission，NPFC）的缔约国则全部提交了要求的海洋环境影响评价报告。南太平洋区域渔业管理组织（South Pacific Regional Fisheries Management Organization，SPRFMO）只有部分缔约国按要求进行了相关的海洋环境影响评价。即便是那些已经按要求进行海洋环境影响评价的缔约国，它们的评估范围也各不相同②。

因此，分析海洋环境影响评价制度可能的实施机制，并从中得出可行的途径，将会为海洋环境影响评价制度的体系化提供遵约保障。本书第五章将分析

---

① 参见陈力. 论南极条约体系的法律实施与执行 [J]. 极地研究，2017，29（4）：531-544.

② BOYES A. Environmental Impact Assessment in Areas beyond National Jurisdiction [R]. Florida：Mote Marine Laboratory，2014.

海洋环境影响评价的实施方式和实施途径，并比较不同方式或路径的优缺点。继而在第六章中提出建立国际机构的几种可供参考的模式。

本章小结

海洋环境影响评价制度是跨界环境影响评价在海洋领域中适用而形成的各种原则、规则和机制。海洋环境影响评价程序作为风险预防原则、预防损害原则的程序性义务被广泛纳入国际法文件中，至今已经发展成一项独立的国际法义务。海洋环境影响评价制度的确立以1982年《联合国海洋法公约》第206条为基准，而后涉及海洋环境影响评价的国际法迅速的发展。然而，海洋环境影响评价制度仍然存在碎片化的问题。这一碎片化问题集中表现在国内、区域和国际立法的碎片化，司法实践对规则解释和适用的个案化，实施机制和实施效果的区域化。海洋环境影响评价制度的碎片化与跨界环境影响评价立法途径有关。有关立法既有国内途径，又有国际途径。国内途径侧重于解决国家之间的环境影响问题，而国际途径侧重于协调国家之间跨界环境影响。无论如何，两种途径都是以解决特定的跨界损害问题为目标，而不是为了实现全面海洋治理。这种职能差异与全球化自相矛盾，是造成海洋环境影响评价制度碎片化的根本原因。海洋环境影响评价虽然已经得到国际社会的认同，但区域海洋环境影响评价制度仍处于不同的发展阶段，有关的基本要素也处于形成中，这加剧了海洋环境影响评价制度的碎片化。此外，区域海洋环境和国家治理意愿的不同，决定了海洋环境影响评价立法是采用国际协议还是采用"软法"文件，也直接导致了区域海洋环境影响评价制度实施效果的差异。立法的碎片化、司法的个案化和实施的区域化将会导致海洋环境治理的空白和冲突，导致司法适用存在困难，减弱海洋环境影响评价制度的实施效果。海洋环境影响评价制度至今仍然缺乏统一的全球公约、明确的内涵和强制实施机制，因此需要从规则、基本要素和实施机制三方面进行体系化研究。

第三章

海洋环境影响评价制度规则的适用

第一节　国际条约的适用

海洋环境影响评价立法的碎片化将会产生各种相互冲突和不相容的规则、原则,正如国际法委员会《国际法不成体系问题:国际法多样化和扩展引起的困难》的分析性研究报告中所表明那样,研究规则的适用是为了寻求"这类规则和原则之前建立具有实际意义的关系,从而确定在任何特定争端或冲突中应当如何使用这些手段"①。在适用国际法的时候,通常存在两种关系:解释关系和冲突关系。解释关系是指一个规范对另一个规范有适用、澄清、刷新或修正的效果。例如,《关于涵盖生物多样性各个方面的影响评估的自愿性准则》对《生物多样性公约》就有刷新和修正的效果。冲突关系是指两个有效的规则之间存在不一致的情况,需要在两者之间选择一个适用。特别法优于普通法是国际法中公认的解决冲突的方法。

---

① KOSKENNIERNI M. Fragmentation of International Law Difficulties Arising From the Diversification and Expansion of International Law [R]. The Hague: Study Group of the International Law Commission, 2006.

一、海洋环境影响评价中的普通法

（一）《联合国海洋法公约》

1982 年《联合国海洋法公约》（UNCLOS）历经近 10 年的谈判最终采用一揽子协议的形式得以通过。因其对海洋法几乎所有的方面都做出了全面的重塑，对海洋环境保护具有划时代的意义，被誉为"海洋法宪章"。1956 年的日内瓦四公约没有提及海洋环境保护的问题，而 1982 年《联合国海洋法公约》用专章（第 12 部分海洋环境的保护和保全）谈及海洋环境的保护，改资源利用自由为合理开发和保护海洋资源，改海洋倾废自由为禁止一切源头的海洋污染，改环境损害追责为海洋环境损害预防。在海洋法历史上，《联合国海洋法公约》第一次为合理开发和保护海洋资源、保护海洋环境提供了一个全球性的框架。在这一框架下，参与的主体既有船旗国、沿海国和港口国，也有相关的国际组织和委员会（如区域的渔业组织），国际合作原则被提到了空前的高度。

《联合国海洋法公约》有关环境影响评价的条款集中体现在第 204—206 条。虽然《联合国海洋法公约》第 204—206 条要求各国在海洋治理方面考虑环境影响评价，但它没有对海洋环境影响评价规定实质性义务，也没有要求进行环境影响评价，只是要求进行评估。早期的环境影响评价条款草案要求计划一项可能导致"海洋环境重大改变"活动的国家提交一份"有关国际组织"的"环境影响声明"（environmental impact statement）①。虽然最终该条款并没有采用草案中的"环境影响评价"或者"环境影响声明"的表述，但是根据条约的准备文件，环境影响评价条款没有受到任何国家的严重反对②。在草案中还提到了出于"避免其他利害方的损失、保护环境避免污染"的考虑与受影响国进行磋商的义务。这一条约规定和"环境影响声明"的表述受到了早期美国《国家环境政策法案》的影响，与该法案中全面环境影响评价的内容和表述一致。

---

① NORDQUIST M H，ROSENNE S，YANKOV A. A Commentary of United Nations Convention on the Law of the Sea 1982：Volume IV [M]. New York：Martinus Nijhoff Publishers，1991：109-124.

② BOYES A. Environmental Impact Assessment in Areas beyond National Jurisdiction [R]. Florida：Mote Marine Laboratory，2014.

《联合国海洋法公约》相比 1956 年的 4 个公约有重大的创举，但最终限于条约制定的时代背景，最终文本采用了一些模糊的表述。首先，公约未采用 assessment 或者 statement 的表述，而是采用了 assess。相比前两者的专业用法，assess 更倾向于泛指的评估。其次，采用了 "likely to occur" "reasonable grounds" "as far as practicable" 等限定词，给人以《联合国海洋法公约》项下的环境影响评价义务并无法律约束力的错觉（non-binding）①。这些模糊的表述没有给各缔约国施加具体的环境影响评价的要求，而是将环境影响评价与各国的国内法相衔接，允许国家在一定的限度内决定何为 "实质性污染或显著且有害变化"。这种只定性不定量的规定，有利于发展中国家和最不发达国家依据自身能力采取环评的标准，而不是被强制适用发达国家的高标准。这充分体现了 "共同但有差别的责任原则"。然而，这种模糊表述在一定程度上给各国规避海洋环境影响评价程序提供了一定的空间。起源国可以决定何为 "合理根据" 和 "实质性污染或显著且有害变化"。这将会导致更少的海洋环境影响评价程序②。克雷克（Craik）强调合理根据应该依据《预防损害条款草案》中的客观标准，并且这种标准应该和国内环境影响评价程序中判定严重影响可能发生的标准一样③。

因第 204—205 条与第 206 条同处于《联合国海洋法公约》第 12 部分第 4 节 "监测和环境评价"，我们综合第 204—205 条来解释第 206 条④。这 3 条规定了环境影响评价的基本要求，特别是规定了启动环境影响评价的范围、门槛、监

① CRAIK N. The International Law of Environmental Impact Assessment：Process，Substance and Integration ［M］. New York：Cambridge University Press，2008：98.

② BOYES A. Environmental Impact Assessment in Areas beyond National Jurisdiction ［R］. Florida：Mote Marine Laboratory，2014.

③ See CRAIK N. The International Law of Environmental Impact Assessment：Process，Substance and Integration ［M］. New York：Cambridge University Press，2008：98-99.

④ 第 204 条对污染危险或影响的监测："各国应在符合其他国家权利的情形下，在实际可行范围内，尽力直接或通过各主管国际组织，用公认的科学方法观察、测算、估计和分析海洋环境污染的危险或影响。各国特别应不断监视其所准许或从事的任何活动的影响，以便确定这些活动是否可能污染海洋环境。" 第 205 条报告的发表："各国应发表依据第 204 条所取得的结果的报告，或每隔相当期间向主管国际组织提出这种报告，各该组织应将上述报告提供所有国家。"

测以及报告的发表①。

总之，《联合国海洋法公约》第206条界定了海洋环境影响评价的四个基本要素——评估的范围、损害标准、评估内容和利益相关者的参与，为海洋环境影响评价提供了基本的框架性规定。随着海洋环境影响评价规则的发展和国际司法实践的增多，这一框架性规定得到了不断的充实和细化。

（二）《生物多样性公约》《联合国气候变化框架公约》《保护和使用跨界水道和国际湖泊公约》及《联合国国际水道非航行利用法公约》

到里约会议时，类似《联合国海洋法公约》中的这种模糊规定环境影响评价的义务的条款已经成为国际环境条约中的样本。《生物多样性公约》和《联合国气候变化框架公约》也是仅仅做出了环境影响评价的定性要求，未规定详细的可操作性的定量性规定。《联合国气候变化框架公约》仅仅在第4条承诺中简单提到进行影响评估，只将其作为减缓或适应气候变化的一项办法，并未对国家进行环境影响评价设置条约义务②。

《生物多样性公约》在第14条中，详细规定了国家进行环境影响评价的义务："每一缔约国应尽可能并酌情：（a）采取适当程序，要求就其可能对生物多样性产生严重不利影响的拟议项目进行环境影响评价，以期避免或尽量减轻这种影响，并酌情允许公众参加此种程序。（b）采取适当安排，以确保其可能对生物多样性产生严重不利影响的方案和政策的环境后果得到适当考虑。（c）在互惠基础上，就其管辖或控制范围内对其他国家或国家管辖范围以外地区生物多样性可能产生严重不利影响的活动促进通报、信息交流和磋商，其办法是为此鼓励酌情订立双边、区域或多边安排。"

《生物多样性公约》和《联合国海洋法公约》一样都将具体的环境影响评价程序的展开交由起源国来决定。"尽可能并酌情"给予了国家更大的（相比

---

① See KONG L. EIA under the United Nations Convention on the Law of the Sea [J]. Chinese Journal of International Law, 2011, 10 (3): 651-669.

② 第4条 (f)："在它们有关的社会、经济和环境政策及行动中，在可行的范围内将气候变化考虑进去，并采用由本国拟订和确定的适当办法，例如进行影响评估，以期尽量减少它们为了减缓或适应气候变化而进行的项目或采取的措施对经济、公共健康和环境质量产生的不利影响。"

《联合国海洋法公约》）自由裁量空间。

《生物多样性公约》第 14 条的这种规定和《联合国海洋法公约》第 204—206 条的规定又有所不同。《联合国海洋法公约》侧重点在国际层面国家有进行环境影响评价的义务。《生物多样性公约》更侧重于国家如何在国内层面就生物多样性的影响进行评估。其不仅将跨界环境影响评价看作国内环境影响评价程序的扩展适用，而且将跨界环境影响评价的"通报、信息交流和磋商"视为互惠基础上的国家利益交换。相应的跨界环境影响评价的各种程序均应依据各国国内法，涉及跨界影响评价的通报、信息交流和磋商程序等也取决于国家之间的互惠。《生物多样性公约》并未就跨界环境影响评价制定特殊程序。这种设定秉持的理念是：跨界环境影响评价义务来源于国内法。

除了《联合国气候变化框架公约》和《生物多样性公约》之外，1992 年欧洲经济委员会（UNECE）的《保护和使用跨界水道和国际湖泊公约》以及 1997 年《联合国国际水道非航行利用法公约》也秉持了这种理念。《保护和使用跨界水道和国际湖泊公约》仅仅将环境影响评价列举为各缔约国"避免、控制和减少跨界影响"的一种措施①。《联合国国际水道非航行利用法公约》② 并未提及拟议活动的事先环境影响评价，只是将其"环境影响评价的结果"作为"可以得到的技术数据和资料"。当然，这相比国际法委员会《国际水道的非航行利用的条款草案》根本未提及环境影响评价，已经有了质的飞跃。

依据这些没有就跨界环境影响评价做出法律规制的条约，国家履行跨界环境影响评价义务的依据要么是一般国际法义务，如通知或信息交换的一般义务，要么是国内法，而非独立的跨界环境影响评价的国际义务。在海洋环境影响评价方面，这些公约并未发挥太大的作用。

---

① 《保护和使用跨界水道和国际湖泊公约》第 3 条："为了防止、控制和减少跨界影响之目的，缔约各方应制定、接受、执行并尽力协调有关法律、行政、经济、金融及技术措施，以特别确保：（8）应用环境影响评价其他评估方法。"

② 《联合国国际水道非航行利用法公约》第 12 条："对于计划采取的可能对其他水道国造成重大不利影响的措施，一个水道国在予以执行或允许执行之前，应及时向那些国家发出有关通知。这种通知应附有可以得到的技术数据和资料，包括任何环境影响评价的结果，一边被通知国能够评价计划采取的措施可能造成的影响。"

二、海洋环境影响评价中的特别法

（一）《合作防止海洋环境污染的科威特区域公约》

第一个包含有海洋环境影响评价的国际条约是 1978 年的《合作防止海洋环境污染的科威特区域公约》（以下简称《科威特公约》）。该公约的内容对后续的公约具有重要的参考意义。公约第 6 条中要求各缔约国有义务在其领土内，特别是在沿海地区进行的任何涉及项目规划的活动中，对可能对海洋造成重大污染危险的潜在环境影响进行评估。该公约采用的"重大"（significance）污染标准至今仍是国际和国内海洋环境影响评价最常用的损害标准。此外，公约还规定环评程序不仅应包括公布环境影响评价报告，还包括与受影响国进行的沟通（communication）和减少海洋环境有害影响的措施。这些内容在后续的环境保护公约中得以相继沿用。《科威特公约》是联合国环境规划署（UNEP）区域海洋项目的一项成果，其中有关海洋环境影响评价的内容在之后的 UNEP 区域海洋公约中被广泛地采用。当然，《科威特公约》作为 20 世纪 80 年代的公约，其规定还是比较初级的，对各缔约国的约束有限，而新近的区域海洋公约逐渐出现强制性的、定量性的义务。海洋环境影响评价制度已经开始成为一个体系。

（二）《跨界环境影响评价公约》

《跨界环境影响评价公约》（简称《埃斯波公约》）设有较为详细的跨界环境影响评价程序，是第一个专门规制跨界环境影响评价有关的程序性权利和义务的多边条约。

在公约通过之前的数十年里，跨界环境影响评价程序主要在北美和欧洲的一些国家得到了落实，其他的国家也在逐渐引进跨界环境影响评价制度。1972年斯德哥尔摩人类环境会议通过的《人类环境宣言》明确了预防损害原则。该原则被视为跨界环境影响评价的国际法渊源，不仅加速了各国引进跨界环境影响评价的速度，而且也成为《埃斯波公约》制定的基础。1975 年欧洲合作与安全会议（CSCE）通过了《最后法案》，要求欧洲经济委员会采取有关环境影响评价的措施。为此，在欧洲经济委员会内部成立了一个专家组。该专家组专门解决有关环境影响评价的相关问题，包括跨界环境影响评价的相关问题。1987

年9月，在欧洲经济委员会召开的环境影响评价研讨会上，各方建议制定一个"跨界背景下的环境影响评价的框架协议"①。拟议这一框架协议类似于联合国环境规划署的《环境影响评价目标与原则》，具体的内容由国家协商订立双边的协议予以落实。之后依据该建议成立了谈判小组，并于1988年10月到1990年9月期间进行了6次谈判。在谈判过程中，框架协议的最初计划被放弃了，最终选择了对缔约方有直接约束力的条约文本，也即1991年《埃斯波公约》的最终文本（该文本于1991年2月25日签署生效）。该公约另一个不同于《环境影响评价目标与原则》的地方在于：只规范跨界背景下的环境影响评价，排除了纯粹的国内环境影响和绝对的全局性质的影响（exclusively of a global nature）②。

作为欧洲经济委员会的条约，该条约最初只是区域性的条约，仅对欧洲经济委员会的成员国开放。2001年公约通过了第一修正案，允许不是欧洲经济委员会的联合国会员国加入公约，这一修正案于2014年8月26日生效。至此，《埃斯波公约》才有可能成为全球性跨界环境影响评价条约。截至2014年，公约共有45个缔约国。2004年公约第二修正案通过，并于2017年10月23日生效。第二修正案做了以下四方面的修改：1. 允许受影响国适当参与甄别程序；2. 新增了遵约审查条款；3. 修正了附件1活动清单的内容；4. 其他小的改动③。

1991年的《埃斯波公约》在当时是具有极大的创新性的，其很多内容都超越了当时的国家实践，特别是要求给予有关评价结果在最终决定中"应有的考虑"，这一规定使跨界环境影响评价有了实质性的结果要求④。当时许多国家的实践仅仅要求国家进行环境影响评价，至于磋商、信息交换等则取决于国家互惠或者国内法程序，国际法中并没有硬性的规定。此外，公约还有一些其他的

---

① CONNELLY R. The UN Convention on EIA in a Transboundary Context: a Historical Perspective [J]. Environmental Impact Assessment Review, 1999, 19 (1): 37-46.

② 《埃斯波公约》第1条："跨界影响是指全部或部分发生于一个缔约方辖区内的拟议活动在另一个缔约方辖区内造成的任何影响，不仅仅是全局性影响。"

③ 参见UNECE官方网站的数据，网址为http://www.unece.org/env/eia，最后访问时间2020年1月22日。

④ 《埃斯波公约》第6条："缔约方应保证在有关拟议活动的最后决定中，对于环境影响评价结果给予应有的考虑，包括环境影响报告和根据第3条第8段和第4条第2段收到的对报告的评论意见以及第5条所提及的磋商结果。"

创新点：第一，公约就跨界影响如何进行通知和磋商程序进行了更详细的规定。第二，公约在国际法层面对环境影响评价做出了更加详细的阐述。第三，公约还提供了受影响国公众的参与程序①。公约影响了许多国家的国内环评立法，并被视为双边或多边协议的模板②。

《埃斯波公约》与其他含有跨界环境影响评价条款的条约不同，如《联合国海洋法公约》只规定对海洋造成污染的环境影响评价，《生物多样性公约》只规定对生物多样性造成影响的环境影响评价，区域渔业协定只规定对鱼群造成影响的环境影响评价。《埃斯波公约》是一个全面的跨界环境影响评价机制，只要发起方的拟议活动造成了"跨界影响"就能够适用，涵盖了几乎所有的环境问题。因此，《埃斯波公约》和其他公约在适用范围方面有所重叠。例如，《埃斯波公约》的缔约国的拟议活动可能对另一个国家的海洋环境造成影响的时候，该拟议活动就受制于《联合国海洋法公约》和《埃斯波公约》双重制约，如果两国之间还有区域海洋公约的话，将会同时受制于 3 个公约。通常在这种情形下，概括规定跨界环境影响评价条款的公约都会允许或鼓励成员国通过双边或其他多边途径进行磋商。例如，《联合国海洋法公约》第 194、197 条和 200 条要求各国基于合作原则和不损害原则应该采取区域或其他全球减少环境损害和信息交换的方案。《赫尔辛基公约》也鼓励起源国就通知和磋商问题适用其他国际法或区域规则③。《生物多样性公约》也明确希望通知和磋商义务能通过其他协议解决。这些公约为同为《埃斯波公约》的成员国提供了适用《埃斯波公约》的兜底条款。故而，在涉及海洋环境影响评价问题上，在不违背《联合国海洋法公约》的框架性规定的基础上，《联合国海洋法公约》未定事项可以援引《埃斯波公约》的内容。

《埃斯波公约》与《生物多样性公约》《联合国气候变化框架公约》不同，其

---

① EBBESSON J. Innovative Elements and Expected Effectiveness of the 1991 EIA Convention [J]. Environmental Impact Assessment Review, 1999, 19 (1)：47-55.

② See SCHRAGE W. The Convention on Environmental Impact Assessment in a Transboundary Context [M]//BASTMEIJR K, KOIVUROVA T. Theory and Practice of Transboudary Environmental Impact Assessment. Leiden：Koninklijke Bill NV, 2008：29-53.

③ 《赫尔辛基公约》第 7 条。

建立在国际法预防损害原则的基础上①。在公约项下，各缔约方应当采取措施预防、减少和控制拟议活动造成的显著不利跨界环境影响。

（三）《关于环境保护的南极条约议定书》

《关于环境保护的南极条约议定书》为跨界环境影响评价提供了另一个独特的模式。该议定书是在《南极条约》体系下制定的，专门规制南极公域的环境保护问题。该公约于 1991 年 6 月 23 日订于马德里（1998 年生效）。依据《关于环境保护的南极条约议定书》，南极实行"全面保护"并将南极指定为"自然保护区，仅用于和平与科学目的"②。议定书确立了生态系统保护原则、限制环境不利影响原则、优先考虑科学研究原则和事先通知原则，并禁止在南极从事任何有关矿产资源的活动③。

环境影响评价作为限制对南极环境及其相关生态系统造成不利影响的核心工具被纳入《关于环境保护的南极条约议定书》。基于南极环境的脆弱性和独特性，所有的活动都需要采用预先环境影响评价。这是海洋领域中最严格的环境影响评价制度。不仅如此，议定书还采用了 3 级环境影响评价。根据议定书第 8 条和附件 1 的规定④，环境影响评价分为预先评价、初步环境影响评价和全面环境影响评价。作为最低要求，每一个拟议活动都应该进行预先评价。"拟议活动对环境的影响应在活动开始之前按照有关的国内程序加以考虑。如果一项活动被确定具有小于轻微或短暂的影响，可以立即进行。如果一项活动属于轻微或短暂的影响，或大于轻微或短暂的影响则应该进行初步环境影响评价。如果初

---

① 正如其序言所说："确认需要保证环境无害与可持续的发展，意识到在决策过程的早期就需要明确考虑环境因素，即在所有适当的管理层次上开展跨界环境影响评价，以此作为改善向决策者提供的信息质量的一种必要手段，从而能够作出认真注意最大限度降低显著不利影响，尤其是跨界显著不利影响的环境无害决策。"

② 《关于环境保护的南极条约议定书》第 2 条。

③ 根据议定书第 25 条："如从本议定书生效之日起满 50 年后，任何一个南极条约协商国用书面通知保存过的方式提出请求，则应尽快举行一次会议，以便审查本议定书的实施情况。"议定书自 1998 年生效，故而截至 2048 年，禁止矿产资源活动的条款才有可能被修改，在这之前南极地区不可能进行任何有关的矿产资源活动。

④ 议定书共有 6 个附件。附件 1 到附件 4 和议定书一起通过和生效。附件 5 区域保护与管理在 1991 年第 16 次缔约国协商会议上通过并于 2002 年生效。附件 6 关于环境紧急事件的责任于 2005 年第 28 届缔约国协商会议上通过，至今还未生效。

步环境影响评价表明一项拟议中的活动行为很可能具有大于轻微或短暂的影响，则应准备全面环境影响评价。"①

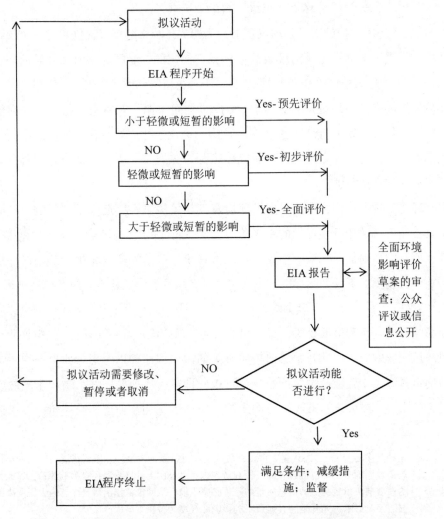

图 3-1　《关于环境保护的南极条约议定书》之下的环境影响评价程序

《关于环境保护的南极条约议定书》和《埃斯波公约》类似，都规定了较为详细的环境影响评价程序，并且就环境影响评价应该包括的内容进行了列举

①　刘必钰. 国际环境法之环境影响评价机制探析［D］. 北京：中国政法大学，2009.

规定。这些规定填补了《联合国海洋法公约》《生物多样性公约》只作定性规定、缺少定量规定的空白。议定书设置的环境影响评价程序从事先国家的国内甄别程序，到初步环境影响评价，到全面环境影响评价，再到基于全面环境评价的决定，最后到事后的监测。这一程序既尊重了国家的主权，又规定了可供操作的环境影响评价义务。一方面，《关于环境保护的南极条约议定书》仅对程序性事项进行了最低限度的要求，而实质性的内容，特别是"活动是否具有小于轻微或短暂的影响"的判定，交由国家依据其国内法加以考虑。另一方面，对环境影响评价内容的列举和各项程序期限的设定在一定程度上可以防范国家规避环境影响评价程序。《关于环境保护的南极条约议定书》属于南极条约体系的一部分，其以全人类利益为考量，旨在加强对南极环境及依附于它的和与其相关的生态系统的保护。其秉持的是南极条约所建立的主权冻结原则、和平利用与非军事化原则、科学考察自由原则以及保护南极环境原则。《关于环境保护的南极条约议定书》建立在国际公域之上，不属于任何一个国家所有。该区域的合作是人类命运共同体建立的典范。这点与《埃斯波公约》《生物多样性公约》等建立在国家主权或者管辖权的基础上不同，其建立在人类共同利益之上。故而，《关于南极环境保护的南极条约议定书》虽然以起源国为环境影响评价的实施主体，但增加了机构审查程序。根据议定书及其附件1，环境保护委员会①审议缔约国的全面环境影响评价草案，南极协商会议按照环境保护委员会的建议决定是否审议全面环境影响评价草案，在南极协商会议审议决定之前，缔约国不得作出在《南极条约》所涉地区进行拟议活动的决定。许多缔约国依据议定书的设定程序将拟议活动能否进行和环境影响评价的结果相挂钩。这些缔约国有荷兰、瑞典和英国。当然也有例外，如美国，虽然是缔约国但并没有将两者相挂钩。

---

① 环境保护委员会（Committee for Environmental Protection，CEP）和专家咨询小组就议定书的实施为南极协商会议提供咨询和建议。环境保护委员会每年举行一次会议。

根据《南极条约》第 6 条和议定书的规定，该议定书适用于南纬 60°以南的地区，包括一切冰架和海域，但是保留国家（不仅仅是缔约国①）在该地区内享有的对公海的权利。关于南极制度与 1982 年《联合国海洋法公约》之间的关系问题至今也没有解决。根据《联合国海洋法公约》第 194 条②和第 197 条③，公约鼓励各国采取国际或区域办法来防止、减少和控制任何来源的海洋环境污染。同为前法《联合国海洋法公约》和后法《关于环境保护的南极条约议定书》的缔约国之间，优先适用后法。毫无疑问，《关于环境保护的南极条约议定书》的非缔约国如果是《联合国海洋法公约》的缔约国，其管辖或控制下的可能对南极水域造成影响的活动应该遵循《联合国海洋法公约》的相关规定进行海洋环境影响评价。

根据条约的相对效力原则，议定书只能适用于其 28 个缔约国，对非缔约国无效。可是，由于南极环境的脆弱性以及环境问题的负外部效应，非缔约国不受限制的活动必然会影响南极的环境。《南极条约》第 10 条要求各缔约国保证非会员国及其国民遵守南极条约确立的原则和宗旨。其后的《南极海洋生物资源养护公约》第 22 条、《关于环境保护的南极条约议定书》第 13 条延续了这一规定④。从这个层面来理解，议定书似乎对非缔约国施加了包括环境影响评价在内的义务。然而，仔细分析将会发现这一义务加诸的对象是"各缔约国"，而不

---

① 目前，议定书共有 28 个缔约国。

② 《联合国海洋法公约》第 194 条 防止、减少和控制海洋环境污染的措施："1. 各国应适当情形下个别或联合地采取一切符合本公约的必要措施，防止、减少和控制任何来源的海洋环境污染，为此目的，按照其能力使用其所掌握的最切实可行方法，并应在这方面尽力协调它们的政策。"

③ 《联合国海洋法公约》第 197 条 在全球性或区域性的基础上的合作："各国在为保护和保全海洋环境而拟订和制订符合本公约的国际规则、标准和建议的办法及程序时，应在全球性的基础上或在区域性的基础上，直接或通过主管国际组织进行合作，同时考虑到区域的特点。"

④ 《南极条约》第 10 条规定："缔约每一方保证做出符合联合国宪章的适当的努力，务使任何人不得在南极从事违反本条约的原则和宗旨的任何活动。"《南极海洋生物资源养护公约》第 22 条："本公约每一缔约国承诺付诸适当之努力，在符合联合国宪章情况下，以致无人从事与本公约目标抵触之任何行为；每一缔约方负有应将其注意到任何此类的活动通知委员会的义务。"《关于环境保护的南极条约议定书》第 13 条："各缔约国应做出符合联合国宪章的适当努力以使任何人不得从事违反本议定书的活动。"

是非缔约国，实质上并未超越"条约相对效力原则"。南极条约体系内对非会员国义务的表述与《联合国宪章》第2条第6款类似①。这一义务的实现最终以"各缔约国"之间的集体协助得以完成。《南极条约》的53个缔约国，占世界人口的75%，世界经济的90%，与南极有特别利益的国家都已经成为缔约国。这些国家依据第10条，有效地采取联合行动阻止了非缔约国（主要是不具有南极地缘优势或者不具备参与南极事务实力的国家）违反《南极条约》宗旨和原则的行动②。

（四）《鱼类种群协定》《公海深海渔业管理国际准则》

依据《联合国海洋法公约》展开的海洋环境影响评价活动许多仍处于早期探索阶段，例如深海海底采矿活动、北极水道的利用活动以及南极旅游活动等。当然随着科学技术的进步，人类对海洋的开发和利用活动将会越来越多。目前来看，海洋渔业活动是比较成熟的海洋活动。联合国和联合国粮食与农业组织（FAO）也针对海洋渔业活动制定了专门性的国际协定。其中包括联合国《有关养护和管理跨界鱼类种群和高度洄游鱼类种群的规定的执行协定》（Agreement for the Implementation of the Provisions of the United Nations Convention on the Law of the Sea of 10 December 1982 relating to the Conservation and Management of Straddling Fish Stocks and Highly Migratory Fish Stocks，UNFSA，下文简称《鱼类

---

① 参见侯芳. 联合国非会员国义务的多维分析［J］. 周口师范学院学报，2017，34（6）：101-104.

② 南极条约实行属人管辖原则。目前，人类的南极活动形式主要包括南极科学考察、南极旅游或探险。南极科学考察活动外的其他活动都为非官方的商业活动。"实践中，国家南极科学考察活动通常由各缔约国政府组织，较易受到其所属国政府的监管。对非缔约国而言，由于不具备南极科考实力，难以组织官方的南极科考活动，因此也不会产生监管的需求。"然而，就南极的商业活动而言，存在较大的执法真空。近年来，南极执法真空已经引起了高度关注。"南极条约体系能否为缔约国与非缔约国创设权利与义务，或者通过何种方式让非缔约国也能遵守相应义务"以及"南极条约体系或其缔约国是否可以将其立法或司法管辖权扩展至非缔约国国民或船舶"等问题，对南极条约体系的执法构成了艰巨的挑战。参见陈力. 论南极条约体系的法律实施与执行［J］. 极地研究，2017，29（4）：531-544.

种群协定》①）以及 FAO《促进公海捕捞船只遵守国际养护和管理措施协定》《港口国措施协定》《负责任的渔业行为守则》② 等。

《鱼类种群协定》作为《联合国海洋法公约》的执行协定之一，1995 年 8 月 4 日由联合国跨界鱼类种群和高度洄游鱼类种群大会通过，并于 2001 年 12 月 11 日生效。协定建立在预防原则和最佳可得科学技术的基础上，为养护和管理跨界鱼类种群和高度洄游鱼类种群提供了合作框架③。

依据《鱼类种群协定》，"缔约国要评估捕鱼、其他人类活动及环境因素对目标种群和属于同一生态系统的物种或与目标种群相关或从属目标物种的影响。据此，各缔约国应制定数据收集和研究的方案，以评估捕鱼对非目标和相关或从属种及其环境的影响，并制订必要计划，确保养护这些物种和保护特别关切的生境"④。FAO《公海深海渔业管理国际准则》（FAO International Guidelines for the Management of Deep Sea Fisheries in the High Seas, FAO Deep Sea Fisheries Guidelines）进一步阐述了这一义务。制定这一准则是为了帮助国家、区域渔业组织预防对脆弱的海洋生态系统（VMEs）的重大不利影响。VMEs 是指那些在

---

① 《执行 1982 年〈联合国海洋法公约〉有关养护和管理跨界鱼类种群和高度洄游鱼类种群的规定的协定》，1995 年 8 月 4 日开放签字，2001 年 12 月 11 日生效。中华人民共和国政府于 1996 手 11 月 6 日签署本协定，同时声明如下：1. 对协定第 21 条 7 款的理解：中国政府认为，船旗国授权检查国采取执法行动涉及船旗国的主权和国内立法，经授权的执法行动，应限于船旗国授权决定所确定的行动方式与范围，检查国在这种情况下的执法行为，只能是执行船旗国授权决定的行为。2. 对协定第 22 条 1 款（f）规定的理解是：该项规定要求检查国应保证其经正式授权的检查员"避免使用武力，但为确保检查员安全和在检查员执行职务时受到阻碍而必须使用者除外，并应以必要限度为限，使用的武力不应超过根据情况为合理需要的程度"。中国政府对该项规定的理解是：只有当经核实被授权的检查人员的人身安全以及他们正当的检查行为受到被检查渔船上的船员或渔民所实施的暴力危害和阻挠时，检查人员方可对实施暴力行为的船员或渔民，采取为阻止该暴力行为所需的、适当的强制措施。需要强调的是，检查人员采取的武力行为，只能针对实施暴力行为的船员或渔民，绝对不能针对整个渔船或其他船员或渔民。

② 参见侯芳. 分割的海洋：海洋渔业资源保护的悲剧［J］. 资源开发与市场，2019，35（2）：209-215.

③ See WARNER R. Environmental Assessments in the Marine Areas of the Polar Regions［M］// MOLENAAR E, ELFERINK A G O, ROTHWELL D, et al. Law of the Sea and Polar Regions: Interactions Between Global and Regional Regimes. Leiden: Martinus Nijhoff Publishers, 2013: 139-162.

④ 《鱼类种群协定》第 5（d）和第 6（3）（d）条。

物理上或功能上脆弱的生态系统，如果遭到显著的损害，则恢复过程非常缓慢，甚至永远无法恢复。重大不利影响被定义为破坏生态系统完整性的影响，包括损害物种修复能力的影响，降低生境的长期自然生产力的影响和造成物种丰富度、生境或群落类型的重大损害，而不仅仅是暂时的。准则还规定应评估个别、综合和累积的影响。它还呼吁各国对深海捕捞活动进行评估，并且采取措施防止对 VMEs 的重大损害。这些程序还要求识别已知或可能的 VMEs 区域和这些区域的渔业位置，展开与目标种群和非目标种群有关的影响评估的数据以及科学研究。该准则罗列了应该进行评估的 VMEs 的特征，并给出了潜在的易受影响的种群、群落和栖息地的例子。

《鱼类种群协定》《公海深海渔业管理国际准则》的制定为区域渔业组织和国家提供公海渔业保护的基本原则。南极拥有最大的区域渔业组织——南极海洋生物资源养护委员会（CCAMLR），负责管理所有南纬 60°以南区域的渔业活动并且养护这一区域的海洋生物资源。而北极却没有相应的区域渔业组织管理北极海洋区域的生物资源，尽管在北极部分区域存在双边协定和一些国际组织。

《鱼类种群协定》《公海深海渔业管理国际准则》打破了公海捕鱼自由原则。它们将鱼类种群的养护义务加诸所有的公海捕鱼活动和捕鱼的船只，不论渔船的船旗国是否是缔约国。它们禁止所有不服从管理的渔业活动，包括公海的捕鱼活动。《鱼类种群协定》禁止不进行公海捕鱼管理的合作的国家在公海捕鱼。据此，不仅对公海渔业活动的管辖权从船旗国转移到区域渔业组织，而且养护海洋生物资源的义务不仅适用于缔约国，也适用于非缔约国。随着公海保护区制度的不断建立①以及 2005 年《关于非法、不受管制的和未经报告捕鱼的

---

① 2010 年 5 月正式建立的南奥克尼群岛南大陆架海洋保护区和 2016 年 10 月决定建立的罗斯海海洋保护区是根据南极生物资源保护委员会的决议建立的 2 个公海保护区，其建立的法律依据是《南极条约》和《南极海洋生物资源养护公约》。2002 年法国、意大利和摩纳哥依据《建立地中海海洋哺乳动物保护区议定书》建立了地中海派拉格斯海洋保护区。2011 年 4 月依据《保护东北大西洋海洋环境公约》设立了大西洋公海海洋保护区网络，并设立东北大西洋环境保护委员会。《2017 年可持续发展目标报告》用数字表明保护区制度在保护海洋渔业资源多样性上具有优势："2017 年，保护区覆盖了国家管辖范围内海洋环境的 13.2%，国家管辖范围以外的海洋环境的 0.25%，全球海洋总面积的 5.3%。保护区覆盖的海洋关键渔业资源地区的平均比率已从 2000 年的 32%上升到 2017 年的 45%。"参见侯芳. 分割的海洋：海洋渔业资源保护的悲剧［J］. 资源开发与市场，2019，35（2）：209-215.

罗马宣言》等文件的制定，打击非法、不受管制的和未经报告（IUU）的捕鱼活动已经得到国际社会的普遍认可。

第二节　习惯国际法的适用

与环境影响评价相关的习惯国际法主要有预防损害原则、各国负有保护环境的义务、国际合作的义务。这些已经成为国际环境法中得到公认的习惯国际法。那么基于这些义务的跨界环境影响评价是否已经发展成一项习惯国际法规则了呢？

一、跨界环境影响评价的习惯国际法之争

对跨界环境影响评价是否构成习惯国际法规则，国际法学界有两种不同的看法。通说认为跨界环境影响评价已经成为一项习惯国际法规则[①]。马特·杰文（Marte Jervan）认为："随着环境文书的增多，已经确立了评估和监测风险的一般义务，并且从国际法院的案例分析中认为进行环境影响评价已经演变为国际环境法下的义务了。"[②] 欧文·麦克因泰里（Owen McIntyre）认为："在跨界水道利用领域，诸多相关的双边和多边协议已明确表示，将实施跨界环境影响的要求作为习惯国际法的一个规则，并且承认跨界环境影响的实践已经形成了跨界水道利用的国际法惯例。"[③] 中国学者边永民和邓华也对跨界环境影响评价的习惯国际法地位进行了论证。边永民认为，"跨界环评的习惯规则在最近二十年里加快了形成的速度，特别是国际法院和国际常设仲裁院分别在数个案件中反

---

① 麦克因泰里. 国际法视野下国际水道的环境保护 [M]. 秦天宝，蒋小翼，译. 北京：知识产权出版社，2014：267；参见波尼，波义尔. 国际法与环境 [M]. 2 版. 那力，王彦志，王小钢，译. 北京：高等教育出版社，2007：126.

② 麦克因泰里. 国际法视野下国际水道的环境保护 [M]. 秦天宝，蒋小翼，译. 北京：知识产权出版社，2014：267.

③ MCINTYRE O，秦天宝，蒋小翼. 跨界水道环境影响评价的法律与实践 [J]. 江西社会科学，2012，32（2）：251-256.

复确认了跨界环评义务的习惯国际法性质，我们可以非常肯定地说，跨界环境影响评价的习惯国际法规则已经形成"①。邓华概括指出，"针对具有跨界环境损害风险的拟建项目实施环境影响评价，这一做法逐渐被一系列国际法律文书所规定……统一的持续的国家实践逐渐形成，同时国家亦承认其法律约束力"②。

也有一些学者认为跨界环境影响评价并未构成习惯国际法规则。其中以约翰·H. 诺克斯（John H. Knox）为代表，认为关于国际法中存在跨界环境影响评价的习惯国际法的理论是错误的。其认为国际法中的预防损害原则并没有为跨界环境影响评价提供一个基础（cornerstone），国内法中的不歧视原则才是其基础。跨界环境影响评价仅是国内环境影响评价不歧视的适用于受影响国和公众。各种国际法规范只是促进了跨界环境影响评价在国内法中的制定，如 UNEP 的《环境影响评价目标和原则》、欧共体《环境影响评价指令》（1985）和 1989 年世界银行要求进行环境影响评价的实践都是为了指导各国国内环境影响评价的制定。③ 尼古拉斯·罗宾逊（Nicholas Robinson）认为："国内环境影响评价在国家间迅速传播是因为其自身的优点，并不是依据国际法。虽然《里约环境与发展宣言》有环境影响评价的要求，但国际法并没有为单纯的国内影响的项目提供环境影响评价的一般支持。"④

随着国际实践的增多，认为跨界环境影响评价仅是国内法的跨界适用，以及"国际法仅是国内环境影响评价制度全面繁荣的逻辑延伸"⑤ 的观点已经式微。在实践中，随着禁止损害原则的广泛接纳，跨界环境影响评价作为其重要

---

① 边永民. 跨界环境影响评价的国际习惯法的建立和发展 [J]. 中国政法大学学报, 2019 (2)：32-47, 206.

② 邓华. 国际法院对环境影响评价规则的新发展：基于尼加拉瓜和哥斯达黎加两案的判决 [J]. 中山大学法律评论, 2018, 16 (1)：3-14.

③ See KNOX J H. The Myth and Reality of Transboundary Environmental Impact Assessment [J]. The American Journal of International Law, 2002, 96 (2)：291-319.

④ Robinson N A. EIA Abroad：The Comparative and Transnational Experience [M] // HILDEBRAND S G, CANNON J B. Environmental Analysis：the NEPA Experience. Boca Raton：CRC Press, 1993：679.

⑤ 麦克因泰里. 国际法视野下国际水道的环境保护 [M]. 秦天宝, 蒋小翼, 译. 北京：知识产权出版社, 2014：271.

的程序性义务被各国接受，且出现了大量的国际条约。随着国际条约的反复要求和适用，跨界环境影响评价逐渐演变为一般国际法义务，即使条约中没有明确的规定，通常也被认为是涵盖在其他程序性或实体性权利中的一项义务，例如作为谨慎义务的一部分。对拟议项目进行跨界环境影响评价已经从国际条约义务演变为一项习惯国际法义务，这也得到了国际司法裁判的多次确认①。

二、跨界环境影响评价习惯国际法之证成

根据国际法院规约第 38 条，习惯国际法应满足两个要件：一般实践（general practice）和被接受为法律（accepted as a law）。根据国际法院规约的规定，国家的内部行为（法律法规、判决、命令）、国家间的外交关系（国际条约、宣言、声明和外交文书）和国际机构的实践（决议、判决）等都可以是习惯国际法两个要件的证据来源。

（一）跨界环境影响评价的一般实践

跨界环境影响评价的一般实践首先表现为有关跨界环境影响评价的国内法律法规。几乎所有的国家都制定了有关环境影响评价的条款。环境影响评价最先出现在美国的 1969 年《环境影响政策法》中，而后欧盟颁布了环境影响评价指令（1985）和战略环境影响评价指令（2001）要求将环境影响评价纳入欧盟成员国的法律和政策中。由于世界金融机构基本都有对项目进行环境影响评价的要求，发展中国家大多数也都建立了类似于美国、欧盟或者东欧的环境影响评价规则。目前环境影响评价已纳入绝大多数国家的环境条例。这些国内环境影响评价的实践，虽然不能说明在国际层面就已经存在跨界环境影响评价的国际法义务，但是并不妨碍这一实践已经成为一般国际实践。

随着环境问题的国际化，跨界环境污染和损害赔偿责任问题得到了国际社会的重视。一国国内的环境影响评价立法通常可以扩大适用于跨界环境影响的评估。这种扩大适用的方式经过几十年的发展和环境影响评价的实践，逐渐向

---

① 参见边永民. 跨界环境影响评价的国际习惯法的建立和发展 [J]. 中国政法大学学报，2019（2）：32-47，206；邓华. 国际法院对环境影响评价规则的新发展：基于尼加拉瓜和哥斯达黎加两案的判决 [J]. 中山大学法律评论，2018，16（1）：3-14.

统一协调的国际法的方向发展。国际法中协调各国国内环境影响评价立法的文件逐渐增多。跨界环境影响评价也从一国国内的环境影响评价立法演变为跨界环境影响评价的国际立法。

有关跨界环境影响评价的国际实践是非常丰富的。既有国际条约也有不具有法律约束力的"软法"文件。《联合国海洋法公约》《生物多样性公约》《气候变化框架公约》《关于环境保护的南极条约议定书》《埃斯波公约》《鱼类种群协定》《关于保护和利用跨界水道和国际湖泊的赫尔辛基公约》《巴塞尔公约》《工业事故跨界影响公约》等都有环境影响评价的要求①。《里约环境与发展宣言》第 17/2 条原则要求对可能会对环境产生重大不利影响的活动作环境影响评价。联合国环境规划署的 1978 年《关于共有自然资源的环境行为之原则》要求国家对共有自然资源的相关活动进行环境影响评价。1987 年《环境影响评价的目标和原则》为指导各国国内制定环境影响评价的法律和政策提供了重要的指引。在国际法委员会就跨界损害问题制定的文件《预防危险活动造成的跨界损害条款草案》(2001) 中,跨界环境影响评价被认为是风险预防原则和禁止损害原则的程序性要求。另外,专门性国际组织也为跨界环境影响评价提供了专业的指导。例如,经合组织为推进环境影响评价在国际项目中的落实,制定了《理事会关于分析重大公共和私人项目的环境后果的建议》和《发展援助项目和方案规划环境评估理事会的建议》。目前几乎所有的多边开发银行资助或其他国际开发机构的基础设施项目都要求采用环境影响评价程序来评估这些项目潜在的国内、跨界和全球公域的环境影响。世界水委员会、全球水伙伴世界大坝委员会也都致力于共享水资源的环境影响评价的规范和标准。

有关跨界环境影响评价的国际司法实践主要来自国际法院和国际海洋法法庭。国际法院 1995 年法国地下核试验案和 1997 年盖巴斯科夫-拉基马诺大坝案是早期的有关环境影响评价的实践。国际法院 2010 年纸浆厂案、疏浚圣胡安河和修建公路案,国际海洋法法庭 2001 年莫科斯工厂案和海底争端分庭的咨询意见对跨界环境影响评价的一般国际法地位进行了具体讨论。除此之外,国际常

---

① 根据国际法委员会的关于"习惯法国际的识别"的报告,条约规则可以是某一习惯国际法的证据。

设仲裁庭 2005 年钢铁莱茵河案和 2013 年印度洋水域基申甘加水坝仲裁案也是重要的有关跨界环境影响评价的国际司法实践。

虽然这些列举只能说明大多数国家已经形成了一贯的国家实践，不能涵盖所有的国家，但是一项习惯国际法的形成并不要求所有的国家都形成一贯的国家实践。只要大多数国家认同，一项习惯国际法就已经形成。只要争议相关国家不是习惯国际法规则的一贯反对者，就可以在这些国家之间援引这一规则。

（二）跨界环境影响评价被接受为国际法

要证明跨界环境影响评价被接受为国际法，即证明国家采取跨界环境影响评价是基于国际法义务是十分困难的。中国学者边永民和邓华从有关跨界环境影响评价的实践中推论出跨界环境影响评价的习惯国际法地位[1]。笔者认为这一论证还需要更加详细的分析。

首先，一国国内的有关跨界环境影响评价的法律法规不能作为国家将跨界环境影响评价接受为国际法的依据。从环境影响评价的发展历程来看，环境影响评价最早源于国内环境影响评价。而后经过几十年的发展，国家基于对其他国家和区域的环境保护的勤勉义务，一般会在其国内评估程序中不歧视地考虑活动对境外环境的影响。这种对其他国家和区域环境保护的勤勉义务不应该被视为国际法下的义务。

其次，关于跨界环境影响评价的国际实践只有国际条约可以被看作国际法义务的直接表现。国际组织的决议、宣言或者文件不能视为国际法义务的证据。这些文件最多对国际法的形成具有重要的促进作用。这些国际条约要么是分区域的[2]，要么就是分部门的，缺少普遍适用的关于跨界环境影响评价的条约。故

① 边永民认为"当各国不但重复实践环评，还以法律文件规范环评的制度时，已经承认了环评规则的法律约束力"。邓华概括指出，"针对具有跨界环境损害风险的拟建项目实施环境影响评价，这一做法逐渐被一系列国际法律文书所规定……统一的持续的国家实践逐渐形成，同时国家亦承认其法律约束力"。边永民. 跨界环境影响评价的国际习惯法的建立和发展 [J]. 中国政法大学学报, 2019 (2): 32-47, 206; 邓华. 国际法院对环境影响评价规则的新发展：基于尼加拉瓜和哥斯达黎加两案的判决 [J]. 中山大学法律评论, 2018, 16 (1): 3-14.
② 虽然《埃斯波公约》后经修改可以适用于非欧洲经济委员会的国家，但其成员范围仍然非常有限。

而，只能说关于跨界环境影响评价的实践只有在区域或分部门的语境下才依国际法而履行的义务。从这些公约着眼的范围来看，《里约环境与发展宣言》《环境影响评价目标和原则》《生物多样性公约》着眼于国内环境影响评价。《关于共有自然资源的环境行为之原则》《联合国海洋法公约》《关于环境保护的南极条约议定书》《预防危险活动造成的跨界损害条款草案》《鱼类种群协定》《关于保护和利用跨界水道和国际湖泊的赫尔辛基公约》《巴塞尔公约》调整的对象着眼于跨界环境影响评价。"环境影响评价充其量只有对他国或海洋环境造成跨境情形下才是一般国际法下的义务。"① 因此，可以初步得出结论：只能说在某些区域和某些领域跨界环境影响评价已经成为国际法下的义务。

最后，在国际司法实践中争端当事国和法院适用法律的选择，是当事国接受跨界环境影响评价国际法下义务的直接表现。国际法庭的司法实践除了海底争端分庭的咨询意见案，其余的相关案例均是涉及国家管辖范围内进行的活动对其他国家产生显著损害的案件②，而且这些案件涉及共享资源（shared resources or areas or regions of shared environmental conditions）的问题。在这一领域，跨界环境影响评价已经逐渐从条约义务演变为一般国际法义务。

在第二次核试验案中，法国在威拉曼特里法官和帕尔默专案法官的反对意见中第一次对环境影响评价规则进行了论述。威拉曼特里法官指出进行环境影响评价的义务是独立于条约法的，而且这一义务逐渐得到国际社会接受，已经达到需要国际法院注意的一般认同水平③。

在盖巴斯科夫-拉基马诺水坝案中，威拉曼特里法官认为，"这（环境影响评价）是根据有关盖巴斯科夫—拉基马诺水坝系统建设和运作的条约进行的"，但是也清楚地表明这一义务是一般国际法的观点，认为它是"风险预防原

---

① 　波尼，波义尔. 国际法与环境［M］. 2版. 那力，王彦志，王小钢，译. 北京：高等教育出版社，2007：123.

② 　根据活动涉及的范围和影响的范围，可以将环境影响评价分为：发生在国家管辖范围内没有造成跨界损害的活动；发生在国家管辖范围内造成跨界损害的活动；发生在国家管辖范围外造成跨界或公域损害的活动。本书所指的跨界环境影响评价，包括后面两种。

③ 　International Court of Justice. The Nuclear Tests I Case：New Zealand v. France. ［EB/OL］. icj-cij. org，1974-12-20；International Court of Justice. The Nuclear Tests I Case：Australia v. France ［EB/OL］. icj-cij. org，1974-12-20.

则的更广泛的具体应用"①。

在纸浆厂案中，国际法院在判决中认为："环境影响评价制度已经获得各国的认可，以至于其可以被认为是一般国际法的要求。国家在拟进行的工业活动可能造成跨界环境不良影响的风险时，需要进行环境影响评价，尤其是在（与他国）共同享有资源的情况下。"② 国际法院关于纸浆厂环境影响评价义务的论断已经得到海洋法法庭和常设仲裁法院多次印证。

在印度洋水域基申甘加水坝仲裁案中，常设仲裁法院指出，毫无疑问，当代习惯国际法要求各国"在规划和运作可能对邻国造成损害的项目时考虑环境保护问题"，并且提及国际法院确认当存在拟进行的工业活动可能会对跨界环境产生重大不利影响的时候，环境影响评价是一般国际法下的要求③。

疏浚圣胡安河和修建公路案主要针对尼加拉瓜疏浚圣胡安河的活动和哥斯达黎加修建公路的活动的环境影响评价问题进行了审理，不仅将纸浆厂案中"工业活动"的适用范围扩大到"有可能产生严重跨界环境损害的所有拟建项目"，而且还就跨界环境影响评价的启动进行了较为详细的论述④。

海底争端分庭的咨询意见中，涉及的国家管辖范围之外的活动对其他国家或国际公域造成的环境影响问题。在咨询意见中强调区域活动进行环境影响评价的义务不仅是《联合国海洋法公约》下的义务，也是习惯国际法下的一般义务。在论述公约义务的时候援引了公约第 206 条，在论证习惯国际法义务的时候再次提及了纸浆厂一案第 204 段的论述⑤。

国际法庭的司法实践已经达成了共识：对拟议活动进行事先跨界环境影响

① See The Gabčikovo-Nagymaros Project Case, Hungary v Slovakia. Judgment of ICJ [EB/OL]. [2020-03-28]. http: //www. icj-cij. org/docket/files/92/7375. pdf, 1997.

② International Court of Justice. Case Concerning Pulp Mills on the River Uruguay: Argentina v. Uruguay. Judgment on the merits [EB/OL]. icj-cij. org, 2010-04-20.

③ The Indus Waters Kishenganga Arbitration: Pakistan v. India. Partial Award of Permanent Court of Arbitration [EB/OL]. pcacpa. org, 2013-02-18.

④ International Court of Justice. Certain Activities Carried Out by Nicaragua in the Border Area: Costa Rica v. Nicaragua and Construction of a Road in Costa Rica along the San Juan River: Nicaragua v. Costa Rica [EB/OL]. icj-cij. org, 2015-12-16.

⑤ See ITLOS. Responsibilities and obligations of states sponsoring persons and entities with respect to activities in the area: Advisory Opinion of ITLOS [EB/OL]. itlos. org, 2011-02-01.

评价已经成为习惯国际法，特别是涉及共享资源的情况下，如区域空气、国际水道。这一拟议活动不仅限于工业活动，而是适用于所有可能产生严重跨界环境损害的拟议活动。当然，主要限于活动，国际法还没有发展出在政策、计划和规划方面的战略环境影响评价的国际法实践。

三、跨界环境影响评价习惯国际法在海洋的适用

虽然各国和国际司法实践都支持跨界环境影响评价是习惯国际法下的义务的观点，但是针对跨界环境影响评价的研究和实践多是基于造成跨界影响的国家管辖范围内的活动，其中以国际河流的养护和利用最多。海洋占地球表面积的71%，根据《联合国海洋法公约》被划分为不同的区域，有些处于国家管辖范围之内，而有些处于国家管辖范围之外。有关跨界环境影响评价的习惯国际法能否直接适用于整个海洋？如果不能整体适用，那么哪些情况下或哪些区域可以适用这一习惯国际法呢？

（一）海洋环境影响评价与跨界环境影响评价的关系

海洋不仅包括处于国家领土之内的水域（内水和领海），还包括位于国家管辖范围下的水域（专属经济区和大陆架）和国家管辖范围外的水域（公海和海底）。《联合国海洋法公约》第206条并没有将环境影响评价限定为跨界环境影响评价，而是直接适用于"海洋环境"①。因此，海洋环境影响评价和跨界环境影响评价的关系是包含与被包含的关系。

海洋环境影响评价既包括未造成跨界影响的国家管辖范围内的活动，又包括造成跨界影响的国家管辖范围内的活动以及国际公域的活动。如果是未造成跨界影响的国家管辖范围内的活动，根据《联合国海洋法公约》和各国国内法，当拟议活动可能对海洋造成重大环境影响时，各国有事先进行环境影响评价的义务。如果是造成跨界环境影响的活动，不管发生在国家管辖范围内还是国家管辖范围外（公域）都应该依据跨界环境影响评价的相关国际法进行跨界环境影响评价。这里的相关国际法应该包括《联合国海洋法公约》、双方均是缔

---

① 参见蒋小翼.《联合国海洋法公约》中环境影响评价义务的解释与适用［J］. 北方法学，2018，12（4）：116-126.

约国的国际条约和国际法中关于环境保护和禁止损害的一般国际法。本书从国际法的角度研究海洋环境影响评价制度，就是研究跨界环境影响评价在国际法中的具体适用问题。

（二）跨界环境影响评价的习惯国际法可以适用的海洋区域

1. "活动"不足以判定是否具有进行跨界环境影响评价的义务

通过国际司法实践的追踪，可以看出活动的范围已经扩大到所有类型的活动。已经没有办法以此来判断跨界环境影响评价的习惯国际法能否用于海洋环境保护和保全了。海底争端分庭的咨询意见中谈到环境影响评价义务时，认为虽然法庭是针对特殊的情形做出的讨论，但对词句的运用应该采用宽泛的理解使其足以涵盖那些超出海底探勘规章范围的区域活动，而且法庭关于跨界相关内容的推理也可以适用于对国家管辖范围外的环境造成影响的活动①。

2. "共享资源"的活动属于应当进行跨界环境影响评价的范围

跨界环境影响评价能否适用于海洋，关键在于海洋是否属于"共享资源"（shared resoures），而非是否属于某一类活动。如果属于"共享资源"，在该水域的活动就应该属于跨界环境影响评价的范围。《关于共有自然资源的环境行为之原则》的守则4要求"各国在共有自然资源方面的任何活动，如果可能有危险，会大大影响到共有此种资源的其他国家的环境，则在从事此种活动之前必须进行环境影响评价"。纸浆厂一案法庭再次提及"共同享有资源"②。那么海洋是否属于"共享资源"呢？

共享资源不完全属于一国排他的控制范围，但也不是所有国家的共同财产。这一资源的利用会影响区域国家或人类共同体的利益。该概念最初用于地理位置临近的国家，通过一种有限的共同体形式对这类资源共同享有权利③。国际水道是典型的共享资源，欧文·麦克因泰里认为："在跨界水道利用领域，诸多相

① See ITLOS. Responsibilities and obligations of states sponsoring persons and entities with respect to activities in the area: Advisory Opinion of ITLOS [EB/OL]. itlos. org, 2011-02-01.

② International Court of Justice. Case Concerning Pulp Mills on the River Uruguay: Argentina v. Uruguay. Judgment on the merits [EB/OL]. icj-cij. org, 2010-04-20.

③ 参见波尼，波义尔. 国际法与环境 [M]. 2版. 那力，王彦志，王小钢，译. 北京：高等教育出版社，2007：130.

关的双边和多边协议已明确表示，将实施跨界环境影响的要求作为习惯国际法的一个规则，并且承认跨界环境影响的实践已经形成了跨界水道利用的国际法惯例。"① 然而还有什么应该是共享资源至今没有定论。《关于共有自然资源的环境行为之原则》的守则没有界定共享资源的范围。但根据 UNEP 执行主任的建议，共享资源至少包括水系、封闭和半封闭海域、大气层、山脉、森林、保护区以及迁徙物种②。另一种建议认为它是"人类所利用的自然环境的一个要素，它构成了一个生物—地理统一体，并且位于两个或两个以上国家领土之内"③。

共享资源的概念随着国际实践的发展也出现了一些变化，目前这一概念已经扩大到共享环境条件的区域（areas or regions of shared environmental conditions），不再纠结于是否处于两个或两个国家的领土之内，更强调其是否符合"共享"的属性。在 2010 年纸浆厂案中法庭采用"shared resources"的表述④，到 2015 年疏浚圣胡安河和修建公路案中法庭采用了更宽泛的"areas or regions of shared environmental conditions"词句⑤。海底争端分庭的咨询意见也将法院适用于跨界内容的推理扩大适用到海底区域，将跨界环境影响评价的范围从国家管辖范围内扩大到国家管辖范围外。如果从这个角度来看，由于海洋的流通性，整个海洋都是环境"共享"的区域，跨界环境影响评价的习惯国际法规则可以适用于海洋。

尽管如此，海洋面积如此辽阔，不能因为具有流通性而任意扩大海洋环境影响的范围。实践中，很多油污损害和近海工业事故仅能对一定的海域造成环境损害。各国的司法实践中也都是基于具体活动和具体的区域主张权利的。因此，我们应该采用更谨慎的做法，具体分析跨界环境影响评价应该适用于海洋

---

① MCINTYRE O，秦天宝，蒋小翼. 跨界水道环境影响评价的法律与实践［J］. 江西社会科学，2012，32（2）：251-256.

② UNEP. GC Resolution 44，1975，para. 86.

③ UNEP. IG Resolution 12/2，1978，para. 16.

④ International Court of Justice. Case Concerning Pulp Mills on the River Uruguay：Argentina v. Uruguay. Judgment on the merits［EB/OL］. icj-cij. org，2010-04-20.

⑤ International Court of Justice. Certain Activities Carried Out by Nicaragua in the Border Area：Costa Rica v. Nicaragua and Construction of a Road in Costa Rica along the San Juan River：Nicaragua v. Costa Rica［EB/OL］. icj-cij. org，2015-12-16.

的哪些领域。

根据联合国大会的两份文件来看，封闭和半封闭海域属于共享资源。除此之外的内水和领海不属于共享资源。《联合国海洋法公约》第 123 条规定："闭海或半闭海沿海国应尽力直接或通过适当区域组织协调行使和履行其在保护和保全海洋环境方面的权利和义务。"

专属经济区和大陆架属于沿海国专属管辖的范围，《联合国海洋法公约》明确沿海国享有自然资源的所有权和海洋环境保护和保全的专属管辖权，沿海国在该区域内的活动仅"应适当顾及"其他国家的权利和义务。这种表述将专属经济区和大陆架排除出"共享"资源的范畴。

公海适用共同财产制度，每个国家都有自由获取的权利且无权阻止他国参与资源的开发。各国应该相互合作养护和管理公海区域资源，当国民开发相同生物资源或在同一区域开发不同生物资源时，这些国民的国籍国应该进行谈判或者通过分区域或区域渔业组织进行合作。"各国有进行环境影响评价的义务当拟议活动可能造成跨界环境影响，特别是在共享资源如公海。"① 由此可见，公海虽不是位于两个国家的领土之上，但可以适用扩大的"共享环境的区域"的概念，应该属于共享资源的范畴。

"区域"② 适用人类共同继承财产制度，"区域"内的资源不属于任何一国，开发和养护必须为了全人类利益，为此成立了代表全人类的利益的国际海底管理局。相比共享资源的概念是建立在区域国家的利益上，人类共同继承财产制度建立在全人类的利益之上。"区域"和公海一样应该属于"共享环境的区域"。海底争端分庭也明确指出法庭在纸浆厂案中提到的"共享资源"的论述也许也应该适用于属于人类共同继承财产的区域及其资源③。

除此之外，《联合国海洋法公约》和《鱼类种群协定》对跨界鱼类和高度洄游的鱼类设置了更多的合作养护义务，对于这些鱼类，不管其处于海洋哪个

---

① PEW. High seas environmental impact assessments: The importance of evaluation in areas beyond national jurisdiction [R/OL]. pewtrusts. org, 2016-03-15.

② 专指依据《联合国海洋法公约》对海洋的分类，是指国家大陆架之外，公海之下的海洋洋底及上覆矿产资源。

③ See BOYES A. Environmental Impact Assessment in Areas beyond National Jurisdiction [R]. Florida: Mote Marine Laboratory, 2014.

区域都属于"共享资源"。公海保护区的实践，也进一步丰富了共享资源范围，将其从国家管辖范围内扩展到国家管辖范围外。

因此，海洋属于共享资源的区域如下：（1）闭海或半闭海；（2）公海；（3）"区域"；（4）跨界和高度洄游的鱼类所涉区域；（5）海洋保护区。在这些区域拟进行的活动必须进行跨界环境影响评价。

3. "跨界环境影响"是兜底标准

如果海洋区域不属于"共享资源"，则该水域的活动不一定要进行跨界环境影响评价。只有当这些活动可能造成跨界损害才需要进行跨界环境影响评价，而"是否造成跨界损害"的判断权则由拟议活动的国家享有。

第三节　一般国际法原则的适用

国际法中有关环境影响评价的规则并不是凭空臆造的。这些规则从无到有，从国内法发展为国际法，从国家间的环境影响评价发展到国际公域的环境影响评价，从陆地规则发展到深远海规则，这一发展历程反映了各国随着时代的进步所逐步达成的最低的共识。这些共识集中体现在两个一般国际法原则上：不歧视原则和预防损害原则。

一、不歧视原则

不歧视原则要求国家将其国内环境法无差别地适用于对其领土范围外的环境造成的损害，也就是针对国内环境损害和国家领土范围外的损害所适用的法律一样[1]。基于该原则，在拟议活动可能对域外国家或者公众造成环境影响的时候，这些受影响国和受影响国的公众应该享有与域内公众一样的参与权，就拟议活动的决策发表意见。不歧视原则最早源于国际经济法中的国民待遇原

---

[1]　See CRAIK N. The International Law of Environmental Impact Assessment：Process，Substance and Integration［M］. New York：Cambridge University Press，2008：55.

则，是指在国际经济领域给予外国人的待遇和本国人的待遇一样。其第一次被引入国际环境法是 1974 年《北欧环境保护公约》。公约规定如果北约四国中的任何一国的活动可能会对环境有害，并且会对其他国家产生"重大妨碍"（nuisance of significance），那么活动的发起国就必须提供相关活动的通知，并允许受影响国的国民出席其国内的公众参与程序。《北欧环境保护公约》的四个缔约国同意在管理活动的时候，将对其他国家造成的影响和对自己国家造成的影响同等对待。根据公约，国家只需要将其国内的程序无差别地扩大适用于受影响国的国民即可，不需要为跨界环境影响问题制定单独的国际或者国内法律。国际法所要做的就是制定国家需要遵守的最低的程序或实体标准。国家根据这些标准依据国内法程序就能很好地解决跨界环境问题。

经合组织（OECD）在 20 世纪 70 年代通过了一系列关于跨界环境污染的建议。这些建议涉及非歧视原则①。根据 OECD 的建议，国内法针对那些可能产生跨界影响的活动采用的环境标准和管理程序应比那些仅造成一国国内环境影响评价的启动标准更低，程序更严格。一国国内的公众参与程序（获取信息、参与管理和公正司法等）也应该向受影响国的国民开放。在环境影响评价领域，非歧视原则就是要求国家在评价跨界影响的时候采取和国内一样的程序。

无论是《北欧环境保护公约》还是 OECD 的建议，其目的都是促进国际环境保护，但其背后的机制是依托广泛意义的公平原则，而不是国际环境法中的实体性或程序性的义务。国际环境法小心翼翼地使用一些模糊的术语或者一些政治宣言，唯恐招到主权国家的反对和抵制。这是国际环境法早期的特点所决定的。环境问题和自然资源在早期一直处于国家的绝对管辖之下，许多曾被殖民的国家非常重视国家主权的完整，多适用绝对主权理论。非歧视原则因具有低成本和易被国家接受的特点，在早期国际环境保护中占据重要地位。此外，非歧视原则并不要求国与国之间的互惠，一国通过国内法就能决定是否进

---

① See OECD. Recommendation of the Council on Principles Concerning Transfrontier Pollution [R]. Pairs：OECD, 1975；OECD. Recommendation of the Council on Equal Right of Assess in Relation to Transfrontier Pollution [R]. Pairs：OECD, 1976；OECD. Recommendation on the Impementation of a Regime of Equal Access and Non - discrimination in Relation to Transfrontier Pollution [R]. Pairs：OECD, 1977.

行跨界环境影响评价。

非歧视原则作为跨界环境影响评价的基础，仅要求各国对环境保护做出一些承诺。这不需要国家制定新的国内法，也不需要对国内法做出较大的改变。履行跨界环境影响评价义务的政治承诺在解决跨界环境问题方面发挥了正面作用，促进了跨界环境影响评价程序在各国的采纳，但也存在一些先天不足。

首先，非歧视原则的非互惠性，使得跨界环境影响评价的采取和进行单一地依据国内法，没有最低国际标准的限制。受影响国不能依据国际法要求各国提供高于起源国国内法的标准。虽然受影响国的公众和起源国的公众享有一样的公平参与权，但事实上却并不能真地享有一样的地位。比如，起源国的公众可能会从具有跨界环境污染的活动中获益而支持这类活动，而受影响国的公众却很难从中获益。

其次，法律上虽然这些公众享有公平参与权，但考虑到异国参与的成本，很难真正地享有公平的权利。起源国也没有必须提供成本或者到受影响国开展环境影响评价公众程序的强制义务。

再次，基于不歧视原则，跨界环境影响评价是国家做出的政治承诺。国家国内的环境影响评价程序向受影响国的公众开放。如果受影响地区不处于任何一个国家的管辖范围之内，不存在明确的"受影响国"公众，怎么办？比如，温室气体排放带来的污染问题、国际公域的环境问题、不受国家保护的群体和公众的权益等问题都无法通过"受影响国公众"的公平参与得以解决。这就会存在国际环境治理的空白。

从次，不歧视原则本身并不存在一套独立于国内环境影响评价的共同价值观，只纯粹注重环境影响评价的程序，忽略了国际社会和人类共同利益为基本导向的人类共同价值观，使得跨界环境影响评价缺少实体义务的支撑。因国家没有必须进行跨界环境影响评价的实质性义务，所以国家通常只在这些跨界环境影响评价的政治承诺与其国内的价值观和优先事项（经济/环保）相一致的时候，才会给予跨界环境影响评价同等的考量。

最后，基于不歧视原则就跨界环境影响评价展开的国际合作并没有充分考虑国际环境问题自身的独特性。美国是最早将环境评价引入国内的国家，其《国家环境政策法》可能会适用于拟在南极或者公海开展的活动，但是《国家环境政策法》是基于美国国内的环境问题和美国的价值观制定的，没有考虑南极或者公海的环境独特性。依据《国家环境政策法》，环境影响评价的最低损害值可能会对南极或深海特别敏感的环境造成严重的损害。根据国际法，这些环境特别敏感区域的环境影响评价应该采用更低的阈值和更加严格的程序。

因此，在事实上要求国家无差别对待国内和国际环境问题根本是不可能的。无论是国家的价值取向，还是公众参与、起源国对受影响国的通知、信息交换和对拟议项目的决策权等因素都使得单纯依据国内法的方法无法实现公平无差别的目的。如果没有国际协定对上述问题做出进一步的规制，跨界环境影响评价只是一个形式，不会对解决全球或者跨界环境问题产生任何的用处。至少，需要各国进行合作，制定最低限度的程序要求和基本的实体性义务（共同的价值观），使国家处理跨界环境影响评价的行为变得透明、公正和可以预期。

二、预防损害原则

国际环境法中的预防损害原则拥有比较悠久的历史渊源，最早可以追溯到美加之间的特雷尔冶炼厂案。1941 年裁决中的这句话奠定了禁止损害原则在国际环境法中基础地位："任何国家无权如此使用或允许如此使用其领土，以致其污烟在他国领土或对他国领土或其领土上的财产和生命造成损害，如果这种情况产生的后果严重且其损害被确凿的证据所证实。"[①] 禁止损害原则，又可以形象地称为"领土无害使用原则"[②]。这一原则被细分为预防损害原则和损害赔偿原则。前者强调运用风险预防的办法防范损害的发生，后者强调损害发生之后要承担相应的损害赔偿责任。禁止损害原则的这两方面体现了国际环境法争端解决方式的两种不同思维模式，事先预防模式和事后救济模式。然而，两个路径的发展速度相差甚远。事先预防模式由于需要国家做出的改变和付出的成本较低，且效果明显，发展迅速。事后救济模式由于要追究国家的环境损害责

---

① 中国政法大学国际法教研室. 国际公法案例评析［M］. 北京：中国政法大学出版社，1995：24.

② 科孚海峡案也有类似的表述："每个国家有义务不得使其领土被用来实施侵害他国权利的行为。" ICJ. The Corfu Channel case：The United Kingdom v. Albania［EB/OL］. icj-cij. org，1949-04-09.

任，需要国际社会建立强有力的追责机制，并且需要对国家的主权进行较大的限制（国际刑事法院的缔约方数量就足以说明国家追责的难度），发展缓慢。目前的环境损害责任追究主要集中于民事、刑事的责任追究，国家责任的追责机制还未完全建立起来①。

特雷尔冶炼厂案之后，损害预防原则被接连纳入国际环境宣言和公约中。其中以 1972 年《斯德哥尔摩宣言》第 21 条最为经典："各国有责任保证在其管辖或控制下的活动，不致损害其他国家的或在其他国家管辖范围以外地区的环境。"② 此后，1982 年《联合国海洋法公约》、1997 年《国际水道非航行使用国际公约》将这一原则引入海洋法和国际水道法领域，联合国国际法委员会的编纂工作对促进预防损害原则作出了重要贡献③。2001 年《预防危险活动造成的跨界损害的条款草案》和 2006 年《关于危险活动造成的跨界损害案件中损失分配的原则草案案文》将预防和责任问题联系起来。预防被当作国家责任的一部分。国家主权由绝对变为相对，一方面国际环境法仍坚持国家自然资源永久主权原则，另一方面却需要国家禁止权利的滥用，环境问题成为"人类共同关注的问题"进入国际视野。尽管水资源、空气等自然资源位于国家的主权管辖之下可以进行开采利用，但不得因这些行为对相邻国家或者其管辖范围以外的环境造成损害。国家要履行事先通知、信息交换、环境影响评价、磋商、监督等预防义务。1982 年《联合国海洋法公约》第 206 条提及的海洋环境影响评价就是直接基于预防原则而作出的规定。

基于预防损害原则而采取的跨界环境影响评价使得跨界环境影响评价拥有

---

① 参见林灿铃. 跨界损害的归责与赔偿研究 ［M］. 北京：中国政法大学出版社，2014：10-28.

② 参见 1972 年《斯德哥尔摩宣言》第 21 条、1992 年《里约环境与发展宣言》第 2 条。

③ 1982 年《联合国海洋法公约》第 194 条第 2 款规定，"各国有责任保证在其管辖或控制下的活动的进行不致使其他国家及其环境遭受污染的损害，并确保在其管辖或控制范围内的事件或活动所造成的污染不致扩大到其按照本公约行使主权权利的区域以外"。第 195 条规定，"各国在采取措施防止、减少和控制海洋环境的污染时采取的行动不应直接或间接将损害或危险从一个区域转移到另一个区域，或将一种污染转变成另一种污染"。1997 年《国际水道非航行使用国际公约》第 7 条"不造成重大损害义务"的规定、1972 年联合国大会第 2995 号决议、联合国环境规划署 1979 通过的《环境领域中国家行为指导原则》都反映了禁止损害原则。

了国际法的价值和实质性义务（如国际合作义务、勤勉义务等），并且为各国设置了最低的环境影响评价的标准和程序。国家虽然可以选择如何适用这些国际法，但是其国内的法律、政策应当满足国际法的最低需求。理论上来说如果各国违反了有关跨界环境影响评价的国际法，则需要承担国际责任。与依据不歧视原则的环境影响评价的国内程序对国外公众的无差别适用不同，基于预防损害原则的环境影响评价要求国与国之间进行一定程度的合作，并承担一定的义务。采用这一原则制定的公约，如《埃斯波公约》通常会包含一些超越国家国内法规定的条款，迫使缔约国基于条约义务做出多边的让步和妥协，制定统一的程序和最低的标准。这相比国家的单边政治承诺更能实现国家环境治理的目标。另外，基于这一原则所做的环境影响评价，还能融入更多的人类共同体利益，考虑到环境特别敏感区域自身的环境价值，比如，《南极条约》体系中的环境影响评价条款就能超越国家狭隘的利己主义，对国家管辖范围以外的环境问题做出最优安排。

虽然基于预防损害原则采取的跨界环境影响规则和行动具有如上之多的优点，但其本身也存在一些不确定性的因素。因其是对尚未发生的损害进行评价，这和科学技术有直接的关联性。基于科学的不确定性，环境影响评价标准的高低和履约难度将会大不相同。因此，采取损害预防原则并不能完全避免对环境的损害。故而"损害"如何确定，将会成为跨界环境影响评价中不可回避的一个重要问题。损害需要到达的最低标准就成为启动跨界环境影响评价程序的最重要的条件。该问题将在第四章海洋环境影响评价基本要素的审视部分详细论述。

第四节 "软法"文件的适用

一、指导性文件

一些含有环境影响评价的框架性公约为了促进缔约方履行公约义务，会采用制定无法律约束力的指导性文件的方法来达到特定的环境保护的目标。

《生物多样性公约》并未对缔约国设置强制性的跨界环境影响评价义务，多处采用"尽可能并酌情"的字眼，并将跨界环境影响评价程序的展开依托于国家的国内程序和国与国之间的互惠安排。随着跨界环境影响评价的国际文件的增多和国际环境保护相关原则的发展，《生物多样性公约》在公约的框架下出台了一些自愿采用的指导性文件，来帮助缔约国展开环境影响评价程序。这些指导性文件本身并没有强制国家必须遵守，只是为各国提供了一种参考的范本。《关于涵盖生物多样性各个方面的影响评估的自愿性准则》（下文简称《生物多样性的环境影响评价准则》）和《关于涵盖生物多样性各个方面的战略环境评估的准则草案》（下文简称《SEA 准则》）只是提供了一个可以将生物多样性各方面的考虑纳入国家的国内环境影响评价程序和战略环境评价程序的准则①。《生物多样性的环境影响评价准则》将环境影响评价分为"甄别—划定范围—评估和评价影响及开发替代性方案—提交报告（环境影响评价报告书）—环境影响评价报告书的复审—决策—监测、遵守、实施和环境审议"。《生物多样性的环境影响评价准则》拥有最详尽的环境影响评价程序，并详细规定了每一阶段应该考虑的生物多样性因素。

南极条约协商会议为更好地落实《关于环境保护的南极条约议定书》及其附件的内容，制定了《南极环境影响评价准则》②。该准则是为了促进缔约国之间履行环境影响评价义务的一致性。相似的《埃斯波公约》，缔约方大会也制定了关于公众参与、次区域主体之间的合作和公约执行相关的指导性文件③。

上述提及的这些例子都是为了进一步阐释公约或议定书的内容，促进缔约方更好地落实环境影响评价义务。然而，北极环境保护领域却采用了独立的

---

① 《关于涵盖生物多样性各个方面的影响评估的自愿性准则》制定的目的是："缔约方和其他政府根据本国的立法将其用作准则，并供地方当局或有关国际机构在制作、设计和实施各自的环境影响评价程序时用作指南。"《关于涵盖生物多样性各个方面的战略环境评估的准则草案》则是促进"其他多边环境协约"注意并考虑在其各自的权限内加以应用。（UNEP/CBD/COP/8/31）

② 《南极环境影响评价准则》于 1999 年第十三届南极条约协商会议制定，后经 2005 年和 2016 年两次修改。

③ 2004 年《跨界背景下环境影响评价的公众参与程序的指南》，2004 年《良好实践与双多边协定的指导准则》。

《北极环境影响评价指南》。这一方面是因为北极国家之间没有一个含有环境影响评价的条约，另一方面是因为北极领域处于北极八国①的管辖之下，有原住民或者居民居住，其资源（生物资源和非生物资源）属于北极八国所有。因此，在环境保护方面，北极缺少类似南极条约体系的全面集中的伞状结构。1991 年的《北极环境保护战略》和 1997 年的《北极环境影响评价指南》都没有改变各国国内环境保护或环境影响评价程序的能力，其能做的仅仅是填补各国国内程序中的空白。《北极环境影响评价指南》并未提及北极公海区域的环境影响评价。其制定的目的就是在北极多层政治框架下②提供如何以国内法程序实施跨界环境影响评价的建议。从实践层面来看，《北极环境影响评价指南》的所知者并不多，提出的相关建议只是停留在表面，"北极相关利益主体和官方并没有认识到该指南的价值"③，加之其缺少后续的补充和修订，其适用效果并不理想。

综上，指导性文件虽然在本质上不具有约束力，但其为缔约国依据国内法进行环境影响评价提供了规范指引，促进了国际条约相关义务在国内法的转化。首先，这些指导性文件提供了国际社会普遍接受的环境影响评价的基本程序。这些指导文件罗列和进一步阐释了环境影响评价的基本结构和需要考虑的因素，为国内和国际两个层面提供了可供操作的标准规范，特别是有关战略环境影响评价和项目评价的内容促进了国内环境影响评价相关政策的制定。其次，这些指导规范是环境公约伞状结构的一部分，通常就程序性问题进行详细的罗列，是对公约的补充。指导性文件是环境影响评价的实质性义务和程序性

---

① 北极八国是指加拿大、丹麦、芬兰、冰岛、挪威、俄罗斯、瑞典和美国。

② 北极地区有着复杂的多层次、多级别的政府，会影响跨界环境影响评价的适用。首先，这个地区有多种不同维度的条约。其次，苏联、加拿大和美国这三个联邦国家的司法系统和环境保护政策有很大的差别，导致在跨界环境影响评价的执行中，存在着很大的不同。此外相关的几个国家将权力区分为联邦和地方政府，协调这两级政府的环境影响评价程序也存在一定的困难。北欧的芬兰、瑞典和丹麦三个国家属于欧洲成员国，都受制于欧盟的环境影响评价指令，而冰岛和斯瓦尔巴群岛以外的挪威却受制于欧洲经济区协议的环境影响评价指令。参见宋欣. 浅议北极地区跨界环境影响评价制度 [J]. 中国海洋大学学报（社会科学版），2011（3）：7-11.

③ 宋欣. 浅议北极地区跨界环境影响评价制度 [J]. 中国海洋大学学报（社会科学版），2011（3）：7-11.

义务的完美衔接。例如，《北极环境影响评价指南》将国家的合作义务和通知、磋商义务衔接起来，将不歧视原则与受影响公众的参与权相衔接。《生物多样性的环境影响评价准则》和《SEA 准则》在程序性义务中融入了生态系统管理方法、资源的可持续利用以及弱势群体的参与等实质性义务。最后，这些没有约束力的指导文件，通常起到了不可估量的规范价值。正是有了这些可操作性的程序性规范，才使得环境影响评价的结果能够真正投射到最终的国家决策中。各国基于诚信义务，通过有选择地适当遵守这些无强制约束力的指导性文件，做出环境影响评价的最佳实践。

二、宣言性文件

一些确立了国际环境法基本原则的宣言虽然不是国际条约，没有条约的法律约束力，但其中的一些原则已经演化为习惯国际法，成为普遍适用的国际法规则（一贯反对者除外）。例如，《里约环境与发展宣言》确立的风险预防原则、禁止损害原则、可持续发展原则和国际合作原则等已经发展成习惯国际法规则，对所有的国家均有约束力。此外，1962 年《关于自然资源之永久主权宣言》、1970 年《关于国家管辖范围外的海床和洋底及其底土之原则宣言》、1972年《联合国人类环境宣言》、1983 年《世界自然宪章》以及 2002 年《约翰内斯堡可持续发展宣言》等文件往往获得了多数国家或者全体国家的通过，在客观上或事实上得到各国或多数国家认可。这些规则对国际社会产生了法律（成为习惯国际法）或道德（未发展成习惯国际法）制约。

三、组织决议

国际组织依据条约作出的决定，有一部分是对条约具体内容的扩展，其软性的约束力来源于条约本身的效力。例如国际捕鲸委员会根据《国际捕鲸公约》于 1982 年作出的《关于禁止商业性捕鲸的决定》、联合国安理会作出的《关于确认伊拉克由于入侵科威特而对其引起的环境损害负责赔偿责任的决议》等都是依据条约而制定。2010 年在日本名古屋举行的《生物多样性公约》缔约方大会第十次会议第 X/2 号决议通过了《2011—2020 年生物多样性战略计划》，包括《爱知生物多样性目标》。这类文件的效力来源于条约，其目的是执行、补充或修订条约。缔约国通常将这些决定作为条约的一部分进行接受和遵守。

在斯德哥尔摩人类环境大会之后，联合国就环境影响评价问题制定了一些决议。这些决议主要与跨界损害和自然资源的使用有关。例如，联合国专门就《人类环境宣言》中的有关"技术信息"交换对于预防拟议活动造成的跨界损害的重要性制定了专门的决议①。1978 年联合国环境规划署制定了《环境领域的指导各国养护和协调利用两个或两个以上国家共享的自然资源行为原则》，该行为原则在其第 4 条中专门提及环境影响评价，阐述了预防损害原则与国际合作义务之间的关系以及信息交换、磋商对预防损害的重要作用。这些决定都是针对具体问题制定的指导缔约国履约的文件，这类文件仅能作为国家立法的一些参考文件，不具有直接的约束力。

四、国际法的编纂

联合国国际法委员会是专门负责国际法编纂的国际机构②。"尽管其不制定国际法，但它已经成为国际法的变迁和形成的微妙过程中的重要组成部分。"③ 国际法委员会本身不能制定有约束力的法律文件，但由于其编纂的条约草案通常反映了习惯国际法的内容或者反映了发展中的国际法规则，在环境立法和司法中被多次援引和参考。其中以 2001 年《预防危险活动造成的跨界损害的条款草案》和 2006 年《关于危险活动造成的跨界损害案件中损失分配的原则草案案文》为最。此外联合国环境规划署（UNEP）的《环境影响评价的目标和原则》对《埃斯波公约》等有关的环境影响评价立法产生了重要的作用。可以说，这些文件具有促进国际法形成的作用。

---

① See UNGA. Co-operation between States in the Field of the Environment ［R］. New York：UNGA，1972.

② 国际法委员会成立于 1947 年，其目的是促进"国际法的逐渐发展及其编纂"。自成立时起已经着手从事了大约 30 个主题的工作，并且产生了一系列议题广泛的公约，包括条约、海洋法、国家继承、国际水道、外交豁免和国际刑事法院规约。

③ 波尼，波义尔. 国际法与环境 ［M］. 2 版. 那力，王彦志，王小钢，译. 北京：高等教育出版社，2007：19.

五、"软法"文件的作用

"软法"本身不是法，却发挥着法律规范的作用。这是传统的国际法渊源所不能涵盖的内容，其体现形式主要有宣言、指导纲领、准则、附录、备忘录、国际组织的决议、条约草案等。数量众多的"软法"文件构成了国际环境法的重要组成部分。之所以会如此，和国际环境问题的紧迫性与科学不确定性密切相关。环境问题的全球性使得参与条约谈判的国家数量必须达到一定的数量——相比少数的几个国家之间的谈判而言——需要耗费大量的时间和精力，即使是具有非常迫切重要性的问题也很难达成一致。因此，那些各国分歧较大或者在"硬法"条件下无法接受的义务，就可以用宣言或框架公约的形式和模糊的语句确定下来，给予国家较大的自由裁量空间。这有助于待科学条件更加成熟的时候进行深入谈判。通常情况下，各国会进一步针对框架公约下的具体问题制定有法律约束力的议定书，并在科学条件成熟的情况下制定技术标准。这种国际环境法的渐进式的立法模式，对于解决环境问题起到了重要的作用。这些"软法"和条约类似，也是国际社会认真谈判并仔细起草的文件，在很多情况下起到了条约的规范作用。虽然其是非约束性的，但是作为一种诚信和政治承诺，国家期待它们能被遵守。"软法"体现的基本原则促进了国际法和国内法的演进，为国际和国内两个层面的环境立法提供了规范和标准。

本章小结

综上所述，海洋环境影响评价的义务有多种渊源。国际条约、习惯国际法、一般国际法原则和"软法"文件都是海洋环境影响评价的渊源。《联合国海洋法公约》只是提供了海洋环境影响评价的基本框架，跨界环境影响评价的习惯国际法没有对如何适用环境影响评价提供可供操作的规则。因此，必须在这些框架性公约或者习惯国际法的基础上，通过制定指导性文件、组织决议等对如何具体适用做出细致的指导，通过宣言性文件多次重申国际环境法的基本原则和国家的政治承诺，通过国际法的编纂固定和发展有关的国际环境法的共识。这些"软法"文件对缔约国起着软性的道德约束。根据国际法上的"禁止反言原则"，国家基于诚信等道德约束一般也不会采取与"软法"文件截然相反的做法。反映国际普遍认同的国际价值通过这些"软法"文件得以反复确认，还会对形成新的习惯国际法起到促进作用。1972 年《联合国人类环境宣言》中的一些原则和国际组织的决议后来在《生物多样性公约》《倾废公约》《湿地公约》《京都议定书》《迁徙物种公约》中都得到了反映。这些"软法"文件要么已经成为习惯国际法发挥着法律约束力，要么正在成为或创设一个新的国际环境法规则对缔约国形成道德制约。

第四章

海洋环境影响评价制度基本要素的审视

海洋环境影响评价制度发展至今仍然没有统一适用的国际公约，其具体内容散见于有关国际文件中。笔者仔细考察了国际条约、软法性文件、习惯国际法以及国际司法实践中的海洋环境影响评价制度，从评估范围、损害标准、评估内容和利益相关者的参与四方面对海洋环境影响评价的基本要素进行研究。

第一节　海洋环境影响评价制度的评估范围

评估的范围主要侧重于讨论哪些活动需要进行环境影响评价和环境影响的时间范围。当然，根据跨界环境影响评价的习惯国际法，所有拟进行的可能造成跨界环境影响的活动都应该进行环境影响评价，但是如何判断活动"可能"造成跨界环境影响，特别是在风险不确定的情况下，给出判断标准是必要的，也是海洋法发展的趋势。海洋环境影响评价的实践表明，需要评估的影响范围不仅限于活动拟进行前可能造成的影响，还包括活动进行后造成的影响；不仅包括拟进行活动可能造成的影响，还应该包括累积环境影响。特别是累积环境影响评价的实践，极大地丰富了跨界环境影响评价的内涵。

一、活动范围

《联合国海洋法公约》第 206 条适用于"国家管辖或控制下的所有拟进行的

活动"。这既可能是国家管辖下的区域的活动，也可能是国家控制下的ABNJ的活动。公约并未限定活动必须发生在海洋上，来自陆地的活动或来自大气的活动都可能对海洋环境造成影响。这一义务应适用于国家管辖或控制下的所有拟进行的活动①，不论拟进行活动的负责人或者企业的国籍如何。然而，这一范围仅限于"活动"，不包括国家的政策和国家战略。

关于活动的类型在该条款中没有列举，但是结合条款的上下文，我们可以推断出主要集中于对海洋环境造成污染的活动。第206条处于第12部分"海洋环境的保护和保全"之下，因此对第206的理解应该结合第12部分的相关条款。第194条第3款中列举的4种各国应在最大可能范围内采取的尽量减少污染的措施②，和第12部分第5节中所列举的污染应该属于海洋环境影响评价的范围。对海洋环境造成污染至少应该包括陆地来源的污染、国家管辖的海底活动造成的污染、来自"区域"内活动的污染、倾倒造成的污染、来自船舶的污染、来自大气层或通过大气层的污染。第206条中"国家管辖或控制下的活动"应该包括公约所列的这些污染活动。此外，根据第195条和第196条，还应该包括污染的转移活动和引进外来物种或新物种的活动。《联合国海洋法公约》虽然列出了几大类污染的来源，但却没有给出必须进行环境影响评价的活动范围或者标准。

最近的海洋法实践逐渐发展出更加详细的标准，并且多含有生物多样性的要求。《涵盖生物多样性各个方面的影响评价的自愿准则》为各国、国际组织在制定相关的国内法、双边或多边国际规则时提供了选择活动的几种方式。一是

---

① 参见诺德奎斯特.1982年《联合国海洋法公约》评注：第4卷［M］.吕文正，毛彬，译.北京：海洋出版社，2018：116—119.

② 《联合国海洋法公约》第194条第3款：（a）从陆上来源、从大气层或通过大气层或由于倾倒而放出的有毒、有害或有碍健康的物质，特别是持久不变的物质；（b）来自船只的污染，特别是为了防止意外事件和处理紧急情况，保证海上操作安全，防止故意和无意的排放，以及规定船只的设计、建造、装备、操作和人员配备的措施；（c）来自在用于勘探或开发海床和底土的自然资源的设施装置的污染，特别是为了防止意外事件和处理紧急情况，促请海上操作安全，以及规定这些设施或装置的设计、建造、装备、操作和人中配备的措施；（d）来自在海洋环境内操作的其他设施和装置的污染，特别是为了防止意外事件和处理紧急情况，保证海上操作安全，以及规定这些设施或装置的设计、建造、装备、操作和人员配备的措施。

列举阳性清单（包容清单）和限制清单（排除清单）。二是列举地理区域清单，并且列举与重要生态系统服务有关的地理区域①。三是初步环境影响评价。四是将清单和初步环境影响评价相结合的方式。《埃斯波公约》在规制活动的范围方面做得比较详细。采取了附件列举的方式明确了需要进行环境影响评价的活动和列举活动的标准。这些标准采纳了生物多样性标准，涵盖湿地、国家公园、自然保护区等环境敏感区和重要环境区②。《"区域"矿产资源开发规章草案》和《关于环境保护的南极条约议定书》也都明确采用生态系统的方法，考虑生物物理、社会和其他各种影响。

国际司法裁判以个案分析的方式对活动做出说明，不仅扩大了活动的范围，而且还采纳了生物多样性的标准。2010年纸浆厂一案中，国际法院没有说明拟议"工业活动"的范围，在排除了双方共同适用的国际条约和一般国际法之后，认为环境影响评价的范围和内容应由各国依国内法确定③。2011年海洋争端分庭的咨询意见将纸浆厂一案中的活动范围扩大适用到国家管辖范围以外的"区域"活动。2015年判决的疏浚圣胡安河和修建公路案仅与纸浆厂一案相

①　根据自愿准则第15条，与具有重要生态系统服务有关的地理区域包括：（a）在维持生物多样性方面提供重要的调节性服务的地区（保护区、正式保护区外含濒危生态系统的地区、被鉴定为对维持主要生态进程或进化进程有重要价值的地区以及已知为濒危物种生境的地区）。（b）为维持土壤、水或空气等自然进程提供重要的调节性服务的地区，如湿地、受植被保护的高侵蚀性或迁移性土壤（如陡坡、沙丘地等）、林区、滨海或海岸缓冲区等。（c）具有重要的提供必需品服务的地区，如精选的自然保护区、原住民和当地社区传统居住和使用的土地和水域以及鱼类繁殖场地等。（d）提供重要的文化服务的地区，如旅游景点、遗产场址和圣址等。（e）提供其他相关的生态系统服务的地区，如洪水储存区、地下水回注区、集水区和有价值的风景区等。（f）所有其他地区。除（e）项是否需要评价取决于国家的甄别和（f）一般不需要评价外，这些地理区要求其影响评价值在任何时候都应达到适当的水平。

②　在附件1中列举了有重大环境影响的项目。此外，公约还鼓励缔约方就附件1以外的活动进行讨论和磋商，并且在附件3中规定了确定环境影响显著性的一般标准。这些一般标准包括活动的规模是否达到大规模的标准，活动的地点是否位于或靠近特殊的环境敏感区或重要环境区（例如，根据《拉姆萨尔湿地公约》划定的湿地，国家公园，自然保护区，具有特殊科学价值的遗迹或者具有重要的考古、文化和历史价值的遗迹），活动是否会对人口产生显著的影响，活动是否为对物种和生物产生严重影响，活动是否会造成环境承载力不能维持的额外负担。

③　International Court of Justice. Case Concerning Pulp Mills on the River Uruguay：Argentina v. Uruguay. Judgment on the merits ［EB/OL］. icj-cij. org, 2010-04-20.

隔5年，国际法院进行了大胆的尝试。国际法院不仅将纸浆厂一案中"工业活动"的适用范围扩大到"有可能产生严重跨界环境损害的所有拟建项目"，而且还从拟建项目的性质、规模以及实施背景等因素考察了何为有可能产生严重跨界环境损害的所有拟建项目。国际法院采用了生物多样性的标准，认为任何有可能影响环境的因素如植物、空气、水源、土壤、气候以及人类健康都应该被考虑进去，并且特别考虑了项目所处的地理区域因素——湿地①。

二、时间范围

（一）事先环境影响评价

《联合国海洋法公约》第206条并未明确提及环境影响评价进行的时间范围。《联合国海洋法公约》沿用了《里约环境与发展宣言》第17条对"有可能对环境造成重大的不可逆转的影响的拟议活动"进行环境影响评价的表述。虽然没有直接说明要在拟议活动开展前进行环境影响评价，但是"第206条关注的是计划中的活动开始之前对其进行的评估"，其目的是确保这种活动可以得到有效控制，并使其他国家获知这种活动的潜在危险和影响②。其是《里约环境与发展宣言》第15条提及的预防性方法和公约第194条各国"采取一切必要措施，确保其管辖或控制下的活动的进行不致使其他国家及其环境遭受污染的损害"这一义务的具体适用。

随着国际法的发展，《埃斯波公约》《关于环境保护的南极条约议定书》以及"区域"勘探规章和《"区域"内矿物资源开发规章草案》均明确提出在拟

---

① International Court of Justice. Certain Activities Carried Out by Nicaragua in the Border Area：Costa Rica v. Nicaragua and Construction of a Road in Costa Rica along the San Juan River：Nicaragua v. Costa Rica ［EB/OL］. icj-cij. org, 2015-12-16.

② 参见诺德奎斯特.1982年《联合国海洋法公约》评注：第4卷［M］.吕文正，毛彬，译.北京：海洋出版社，2018：117.

议项目开展前进行环境影响评价①。国际法庭有关环境影响评价的司法裁判都是基于事先环境影响评价的。其中疏浚圣胡安河和修建公路案特别强调应在拟议项目开始前实施环境影响评价。哥斯达黎加在修建公路活动开始后于 2012 年 4 月、2013 年 11 月和 2015 年 1 月进行了 3 次环境影响评价。法院认为这三次环境影响评价应该属于纸浆厂一案提及的"持续环境影响评价义务和监测项目实施后环境影响的义务",并不是为了研究拟进行的活动对未来的影响。由此得出哥斯达黎加关于修建公路的活动没有履行一般国际法下环境影响评价的义务②。

(二) 累积环境影响评价

事先环境影响是拟议项目开始前的潜在影响进行的评估,虽然可以预防该活动对环境的直接影响,但这种评价忽略了活动造成的间接影响和累积效应。事先环境影响评价具有时间上和空间上的弊端。累积环境影响评价在时间维度上要求在活动开展以后进行持续的监测和评估,在空间维度上要求评估相邻区域内同期开展的活动或同区域内先后开展的活动之间的相互影响。这与可持续发展理念是一致的,要求环境影响评价向更深更广的范围发展。《联合国海洋法公约》第 206 条要求对海洋环境造成的"可能影响"进行评估,是比较开放性的规定。随着海洋环境影响评价相关实践的深入,累积环境影响评价的理念逐渐得到各国的认可③。

在时间维度上,需要对同一活动的累积影响进行持续环境影响评价。持续

---

① 《埃斯波公约》第 2 条第 3 款规定:"发起方应保证,在做出决定授权或开展附件一所列举的可能造成显著不利跨界影响的拟议活动以前,依照本公约的规定进行环境影响评价。"《关于环境保护的南极条约议定书》第 8 条第 2 款规定:"各缔约国应保证在规划阶段实行附件一所确定的评价程序。"《"区域"内多金属结核探矿和勘探规章》第 2 条规定:"探矿者和管理局采用……预防性办法。实质证据显示可能对海洋环境造成严重损害时,不得进行探矿。"《"区域"内矿物资源开发规章草案》(2018 年 7 月) 规定申请者或承包者应该在申请阶段提交环境管理和监测计划。

② International Court of Justice. Certain Activities Carried Out by Nicaragua in the Border Area: Costa Rica v. Nicaragua and Construction of a Road in Costa Rica along the San Juan River: Nicaragua v. Costa Rica [EB/OL]. icj-cij. org, 2015-12-16.

③ 参见 2017 年 7 月 20 日, BBNJ 问题第 4 次预备委员会向联合国大会提交《海洋生物多样性养护和可持续利用的具有法律约束力的国际文书建议草案》 (A/AC. 287/2017/PC. 4/2)。

环境影响评价通常和环境管理计划的执行以及环境状况的监测相关。其目的是把项目执行后的实际结果与执行前的预测结果进行对比,一方面可以核实项目是否执行环境管理计划,另一方面可以及时防止或减少项目开始后的活动对环境的影响。

这种项目生命周期管理的理念,已经融入环境影响评价的国际条约中,并且已经从一项概括的监测义务逐步发展为可操作的程序性规则。《联合国海洋法公约》第204条要求"各国特别应不断监视其所准许或从事的任何活动的影响"。《关于环境保护的南极条约议定书》要求"建立包括监测关键参数的程序,以评价和核实按照全面环境影响评价完成之后所进行的任何活动的影响"。《埃斯波公约》专门设置了应有关方的要求而展开的项目后分析条款,如果分析结果有充分理由认为存在显著不利跨界影响,有关各方会转入磋商程序。"区域"勘探规章和《"区域"内矿物资源开发规章草案》除了要求持续收集环境基线评价勘探(开发)活动对海洋环境造成的影响,而且需要每年向秘书长报告监测方案的执行情况和结果。在承包者已经对、正在或可能对海洋环境造成严重损害的情况下,秘书长拥有紧急命令的权利,其中包括暂停或调整作业的必要合理命令。

在国际司法裁判中也强调持续环境影响评价的重要性。正如盖巴斯科夫-拉基马诺案件审理法官威拉曼特里在其意见中强调,"只要项目继续施工,就要进行持续的环境影响评价。环境影响评价的责任不仅通过项目开始之前的程序来履行"①。这是一个动态的原则,不局限于对可能造成的环境损害后果的项目的事前评价,还应该包括项目进行过程中持续的监测。因为在环境如此复杂的情况下,事先的环境影响评价永远无法预测每一个可能的环境危险,并且项目的规模和范围越大,持续监测其影响的需求就越大。纸浆厂一案中法院认为,"一旦行动开始(必要时在整个项目周期内)都应当对活动的环境影响进行持续监测"②。

---

① 国际法院. 国际法院判决、咨询意见和命令摘要:1997—2002 年 [M]. 纽约:联合国,2005:9.
② 国际法院. 国际法院判决、咨询意见和命令摘要:2008—2012 年 [M]. 纽约:联合国,2014:107.

海洋法中坚持持续环境影响评价的做法，并将项目周期管理的理念融入海洋环境影响评价的国际条约中。持续环境影响评价已经从一项概括的监测义务逐步发展为可操作的程序性规则。《联合国海洋法公约》仅要求各国持续监测拟议活动的影响。《关于环境保护的南极条约议定书》在监测的基础上，要求各国建立包括监测关键参数的程序。"区域"勘探规章和《"区域"内矿物资源开发规章草案》相比前两者，不仅要求监测，还要求就监测情况进行报告，并基于报告的内容决定是否暂停或者终止正在进行中的活动①。持续环境影响评价已经成为海洋环境影响评价中一个必不可少的程序。

在空间维度上，对相邻区域内同期开展的活动或同区域内先后开展的活动之间的相互影响进行的环境影响评价，既要纳入事先环境影响评价的范围，也要纳入持续环境影响评价的范围。目前，国际社会已经达成这样一个共识：在环境影响评价报告中应该包含累积环境影响评价的内容。《关于环境保护的南极条约议定书》要求全面环境影响评价的内容应该包括"按照现有的活动和其他已知的规划活动，对拟议中的活动累积影响的考虑"。在最近的国际立法活动中，累积环境影响评价得到进一步强调。例如，在 2018 年 7 月发布的《"区域"内矿物资源开发规章草案》附件 4 第 7 条中明确指出："对物理化学环境的影响评估应对任何实际或潜在影响，包括累积影响的性质和程度作出说明。"在 2018 年 9 月召开的 BBNJ 文书的政府间会议第 1 次会上指出："环境影响评价中应当考虑累积影响。在环境报告中应说明计划活动对海洋环境的潜在影响，包括累积影响和任何跨界的影响。"② 2023 年 3 月 4 日达成一致的 BBNJ 案文中明确要考虑可能累计影响。③

---

① "区域"勘探规章和《"区域"内矿物资源开发规章草案》要求持续收集环境基线评价勘探（开发）活动对海洋环境造成的影响，而且需要每年向秘书长报告监测方案的执行情况和结果。在承包者已经对、正在或可能对海洋环境造成严重损害的情况下，秘书长拥有紧急命令的权利，其中包括暂停或调整作业的必要合理命令。

② 参见联合国会议文件 A/CONF. 232/2018/7.

③ 参见联合国会议文件 A/CONF. 232/2023/L. 3.

第二节 海洋环境影响评价制度的启动门槛

启动门槛是指跨界环境影响评价程序启动的最低国际法要求。根据《埃斯波公约》的规定，跨界环境影响评价是"国家程序"，是否启动，国家享有一定的甄别权，因而国际社会不存在统一的甄别标准。然而，随着海洋法的发展，这一甄别标准逐渐由国际法所规范，内容也不断明晰。另外，海洋法和国际司法实践还表明：损害的最低标准也呈下降的趋势。

《联合国海洋法公约》第 206 条规定了启动环境影响评价的门槛："当各国有合理理由相信在其管辖或控制下的活动可能造成海洋环境的实质性污染或者重大和有害变化。"从文本来看，启动环境影响评价，有两个条件需要被满足："有合理根据"和"可能对海洋环境造成重大污染或重大和有害的变化"。"合理"意味着有关国家在甄别活动方面拥有较大的灵活性。这与该条中"在实际可行的范围内"对有关活动进行评价的表述相呼应，体现了对不同国家国情的尊重①。"在缺乏定义的情况下，对这些限制的解释实际上导致了更少的环境影响评价。（因为）每个国家都有自由裁量'重大和损害'的临界值的权利。"②

一、甄别标准

第 206 条"合理依据""在实际可行的范围内"的规定反映了各国追求国家自然资源永久主权和可持续发展的早期实践。"合理依据"意味着国家可以根据一定的标准，筛选需要进行环境影响评价的活动。当然，也可以直接排除一些不需要进行环境影响评价的活动。例如，在修筑公路案中，哥斯达黎加主张自

---

① 参见诺德奎斯特.1982 年《联合国海洋法公约》评注：第 4 卷 [M]. 吕文正，毛彬，译. 北京：海洋出版社，2018：119.

② BOYLE A. Developments in the International Law of Environmental Impact Assessments and their Relation to the Espoo Convention [J]. Review of European Community and International Environmental Law (RECIEL)，2011，20 (3)：227-231.

已没有进行事先环境影响评价是因为修筑公路的行为不会对尼加拉瓜产生不良影响。根据《预防危险活动造成的跨界损害的条款草案》的评注，启动门槛应以事实和客观标准来衡量①。"合理依据"并非国家的主观判断，必须基于客观的事实。

　　跨界环境影响评价制度发展至今，已经出现了一些含有具体甄别标准的国际条约和指导纲领。例如，《涵盖生物多样性各个方面的影响评价的自愿准则》中要求甄别标准必须包括生物多样性的尺度并且将该尺度划分为生态系统多样性、物种多样性和基因多样性三个水平。《关于环境保护的南极条约议定书》规定国家可以依据国内程序判定一项活动具有小于轻微或短暂的影响②，而不用环境影响评价即可立即进行。如果超出小于轻微或短暂的影响则需要进行初步环境影响评价。

二、损害标准

　　"实质性污染或显著且有害的变化"这一损害标准是模糊的。《联合国海洋法公约》评注没有说明这一损害标准的具体含义③。在国际海洋法法庭审理的莫科斯工厂案中，争端双方和法庭对《联合国海洋法公约》这一损害标准进行了辩论和阐述。爱尔兰认为莫科斯工厂的运营会导致几乎不可逆的损害（irreparable damage），应该适用风险预防原则，要求英国证明莫科斯工厂的运营不会产生任何损害。而英国则认为其运营莫科斯工厂的活动只可能造成极小的影响，不可能造成海洋环境的严重损害（serious harm）或者对爱尔兰权利的不可挽回的侵害。法庭"考虑到英国认为爱尔兰没有提供证据证明爱尔兰的权利将受到不可弥补的损害或者因莫科斯工厂的运作会对海洋环境产生严重损害，而且根据本案事实，风险预防原则并不适用"④。由此可见，损害应当是

---

① ILC. Draft Articles on Prevention of Transboundary Harm from Hazardous Activities, with Commentaries [R]. New York：United Nations，2001.

② 《关于环境保护的南极条约议定书》第八条将影响分为三种：小于轻微或短暂的影响；轻微或短暂的影响；大于轻微或短暂的影响。

③ 参见诺德奎斯特. 1982 年《联合国海洋法公约》评注：第 4 卷 [M]. 吕文正，毛彬，译. 北京：海洋出版社，2018：116-119.

④ ITLOS. The MOX Plant Case：Ireland v. the UK [EB/OL]. itlos. org，2001-10-25.

"不可弥补的"和"严重的"。

《联合国海洋法公约》规定的损害标准设置了比较高的环评启动门槛。这一标准要求对海洋环境的影响必须达到实质性损害的地步，将低于实质性损害的显著损害的风险排除在外。这一设定并不符合风险预防原则。《联合国海洋法公约》规定的"合理依据"是建立科学确定的基础上，环境影响评价的通知和信息交换等义务也是在能预见到活动对环境的影响时才进行的。实践中进行一项环境影响评价的原因恰恰是不确定损害是否可能发生。因此这就需要在科学不确定的时候，适用风险预防原则，为环境影响评价设置一个较低的门槛。

海洋法的实践逐渐出现了两种弥补方法：一是采用分级评价的方法。《联合国环境规划署环境影响评价目标和原则》和《关于环境保护的南极条约议定书》均采用了初步环境影响评价和全面环境影响评价的做法，为环境影响评价设置了比较低的门槛。二是逐渐降低损害的最低标准。《埃斯波公约》采用了较低的显著不利（significant adverse）标准①。最近的海底《"区域"内矿物资源开发规章草案》中有关环境影响评价的条款采用更低的损害标准——"可能产生的有害影响"（the harmful effects that may arise from exploitation）。

考察国际法院有关跨界损害的②一些案件，我们发现损害的最低标准呈下降趋势。有关跨界损害的早期案例提出了一个类似于《联合国海洋法公约》第206条中的实质性损害的高标准。在特雷尔冶炼厂案中，仲裁庭只审议了那些造成"严重后果"（serious consequences）的活动。同样，在拉努湖案中仲裁庭设置了严重损害（serious injury）的标准。在瑙鲁的某些磷酸盐土地案中，瑙鲁政府要求法院裁定并宣布澳大利亚"有义务不改变领土的状况，而这种改变将会对另一国的现存或者可能的合法利益造成不可弥补的损害（irreparable damage）

---

① 《埃斯波公约》第2条："1. 缔约方应当各自或联合采取所有适当、有效的措施，以预防、减少和控制拟议活动造成的显著不利（significant adverse）跨界环境影响。"依据《损害预防条款》的评注，"显著"（significant）是指损害超越了"可探测的"（detectable）标准但不必处于"严重"（serious）或"实质性"（substantial）的水平。参见 ILC. Draft Articles on Prevention of Transboundary Harm from Hazardous Activities, with Commentariess [R]. New York: United Nations, 2001.

② 无损害规则或禁止越境环境损害规则的含义是：国家不得在其领土内或在公共空间内进行或允许进行活动，而不考虑其他方面，如为了保护全球环境。

或实质性的损害（substantially prejudice）"①。在盖巴斯科夫－拉基马诺案中，匈牙利声称"《斯德哥尔摩宣言》原则 21 所阐明的不对另一国领土或国家管辖范围以外的地区造成实质性损害（substantial damage）的义务，已经随着时间的推移成为一项国际法规则"②。

近期的国际司法案例采用的损害标准则比较接近于《埃斯波公约》中的显著损害标准。在空中喷洒除草剂案中，厄瓜多尔在其申诉意见中辩称"哥伦比亚沿边界线或在边界线附近散发的烟熏已经越过边界，并对厄瓜多尔造成显著有害（significant deleterious）影响"③。在纸浆厂一案中，法院明确表示，这一义务适用于"对环境造成显著损害（significant damage）"的活动④。疏浚圣胡安河和修建公路案中采用"严重跨界损害的风险"（risk of significant trans-boundary harm）的标准⑤。

第三节　海洋环境影响评价制度的评估内容

评估内容侧重于探讨海洋环境影响评价应该评估的内容。海洋环境影响评价评估的内容因涉及的对象不同，内容也会随之不同。《鱼类种群协定》主要评估捕鱼、其他人类活动及环境因素对鱼类种群的影响。"区域"勘探规章和开发规章主要评估拟议的"区域"勘探或者开发活动对"区域"环境的影响。整体

---

① ICJ. Certain Phosphate Lands in Nauru: Nauru v. Australia [EB/OL]. icj-cij. org, 1992-06-26.

② International Court of Justice. Gabčíkovo-Nagymaros Project Case: Hungary v. Slovakia [EB/OL]. icj-cij. org, 1997-09-25.

③ See Aerial Herbicide Spraying: Ecuador v. Colombia. Application Instituting Proceedings of ICJ [EB/OL]. icj-cij. org, 2008-03-31.

④ International Court of Justice. Case Concerning Pulp Mills on the River Uruguay: Argentina v. Uruguay. Judgment on the merits [EB/OL]. icj-cij. org, 2010-04-20.

⑤ International Court of Justice. Certain Activities Carried Out by Nicaragua in the Border Area: Costa Rica v. Nicaragua and Construction of a Road in Costa Rica along the San Juan River: Nicaragua v. Costa Rica [EB/OL]. icj-cij. org, 2015-12-16.

上，海洋环境影响评价应该包含对拟议活动的影响的描述、分析以及替代性的方案。

当然因为活动的独立性，要求不同种类的活动采用相同的评估内容显然是不合适的。因此本书也不可能给出应该囊括的具体评估内容，只能在如何确定在这些内容方面做出研究。笔者研究发现，评估内容确定的方法逐渐从国内法途径转变为国际法途径，这一转变意味着国家的自由裁量空间在逐渐缩小，国际法逐渐曾现出"硬化"的趋势。因为海洋环境影响评价产生于国家的跨界环境影响评价的实践，后逐渐形成国际规则和国际实践，所以在早期的国际法实践中，国家在海洋环境影响评价中拥有绝对的主导地位。《联合国海洋法公约》"在实际可行的范围内"的规定就是这一主导地位的体现。近期的海洋法的实践已经发展出了详细列举环境影响评价内容的做法。

一、确定评估内容的国内法途径

《联合国海洋法公约》第 206 条没有提到为充分履行评估义务而必须达到的具体内容和深度，仅要求各国在"在实际可行的范围内"进行评估。"在实际可行的范围内"是一个比较主观的标准，但是这个标准不是环境影响评价是否启动的标准，也不是免除国家的环境影响评价义务和责任，而是对那些必须进行的环境影响评价的具体内容和深度的一种要求①。第 206 条没有对环境影响评价的内容做出任何界定，只有第 205 条要求各国"公布根据第 204 条取得的结果的报告"。根据第 204 条，它至少应该包括两方面："海洋环境污染的风险或影响"和"这些活动是否有可能污染海洋环境"。前者侧重于对海洋环境的一般观察、测量、评价和分析，后者则主要针对它们所允许或参加的活动的持续监测。但是，一般国际法中的环境影响评价或报告的内容远多于第 204 条规定的监测结果。

与《联合国海洋法公约》"在实际可行的范围内"的规定类似，2001 年国际法委员会编纂的《预防危险活动的越境损害的条款草案》中确认"环境影响

---

① See SCANLON Z, BECKMAN R. Assessing Environmental Impact and the Duty to Cooperate Environmental Aspects of the Philippines v China Award [J]. Asia-Pacific Journal of Ocean Law and Policy, 2018, 3 (1): 5-30.

评价应该有哪些具体内容留给国家的国内法决定"①。这体现了草案编纂时期的一般国际实践。Patrica Birnie 和 Alan Boyle 认为，"国际法委员会的这种谨慎态度是不合适的。……一项环境影响评价如果根本不描述活动、活动的可能影响、减少影响的措施和替代措施，那么，它不仅是无用的做法，而且，也不符合构成跨境合作国际法基础的善意标准"②。

这种由国内法确定的途径随着国际实践的发展，已经添加了许多国际法的限制。我们以国际法院在纸浆厂一案中的论述为例来阐述这个问题。国际法院在排除《1975 年规约》、一般国际法、《跨界影响评价公约》和《环境规划署的目标和原则》之后，认为"应由每一缔约方在其国内立法或项目批准进程中决定每一案例所需的环境影响评价的具体内容，同时顾及拟议开发活动的性质和规模及其可能对环境造成的不利影响，以及在开展这种评价时保持尽职的必要性"③。这一论断在国际海洋法法庭的莫科斯工厂案④和疏浚圣胡安河和修建公路案⑤中都得到了援引，已经成为对"在实际可行范围内"的经典阐述。

国际法院虽然认为应该由国内法确定评估的内容，但是以没有可以适用的国际法为前提的。如果双方共同适用的国际条约、一般国际法有明确的规定，则要优先适用国际法的规定。此外，国际法院还对国家根据国内法进行环境影响评价的标准做出了以下指示："第一，考虑到拟进行的建筑的规模和性质，对环境可能产生的不利影响以及'尽职尽责'进行环境影响评价的义务，必须通过国内立法或授权程序履行环境影响评价的义务。第二，环境影响评价必须在项目实施前进行，一旦施工开始，就必须对整个项目进行环境影响的持续监测。第三，各国根据国内法执行环境影响评价的义务只是一项'适当'

---

① ILC. Draft Articles on Prevention of Transboundary Harm from Hazardous Activities, with Commentaries [R]. New York: United Nations, 2001.

② 波尼，波义尔. 国际法与环境 [M]. 2 版. 那力，王彦志，王小钢，译. 北京：高等教育出版社，2007：126.

③ 国际法院. 国际法院判决、咨询意见和命令摘要：2008—2012 年 [M]. 纽约：联合国，2014：113.

④ ITLOS. The MOX Plant Case: Ireland v. the UK [EB/OL]. itlos. org, 2001-10-25.

⑤ International Court of Justice. Certain Activities Carried Out by Nicaragua in the Border Area: Costa Rica v. Nicaragua and Construction of a Road in Costa Rica along the San Juan River: Nicaragua v. Costa Rica [EB/OL]. icj-cij. org, 2015-12-16.

义务，即对缔约国的行为做出规定，不对环境影响评价的结果强加任何硬性规定。"① 在海底争端分庭的咨询意见中，国际海洋法法庭也提到了纸浆厂一案中的意见，认为："就'区域'活动而言，海底管理局的规章和建议增加了'预选'，表明环境影响评价的内容并非完全由国内法决定。"②

二、确定评估内容的国际法途径

随着跨界环境影响评价国际实践的发展，越来越多的公约开始出现了有关评估内容的规范。目前国际条约多是通过规范环境影响评价报告的内容的方式来明确环境影响评价的内容。如《埃斯波公约》在第 4 条和附件 2 中明确了环境影响评价报告的内容③。此外，《涵盖生物多样性各个方面的影响评价的自愿准则》认为环境影响报告由三部分组成：带附件的技术报告、环境管理计划（该计划要详细说明避免、减轻或补偿预期影响的措施如何实施、管理和监测）和非技术性总结。《"区域"内矿物资源开发规章草案》在这方面走得更远，不仅指出了环境影响报告的内容，而且还给出了规定的格式或模版④。《关于环境保护的南极条约议定书》直接在附件一明确列举初步环境影响评价和全面环境

---

① 国际法院. 国际法院判决、咨询意见和命令摘要：2008—2012 年 ［M］. 纽约：联合国，2014：113.

② JERVAN M I. The Prohibition of Transboundary Environmental Harm：An Analysis of the Contribution of the International Court of Justice to the Development of the No-harm Rule ［D］. Olso：University of Olso，2014.

③ 根据第 4 条，在环境影响评价报告中至少应当包括以下信息："（a）对拟议活动及其目的的说明；（b）酌情说明拟议活动的合理替代方案（例如选址或技术方案）以及不行动替代方案；（c）对可能受到拟议活动及其替代方案显著影响的环境的说明；（d）对拟议活动及其替代方案的潜在环境影响的说明以及对其显著程度的评价；（e）说明用来最大限度减少不利环境影响的措施；（f）明确说明采用的预测方法、假设条件以及相关环境资料；（g）指出在整理所需要的信息时发现的知识上的缺陷和不确定性；（h）酌情说明监测和管理计划以及任何项目后分析计划的概要；以及（i）包括直观介绍（地图、图表等）在内的、适当的非技术性总结。"

④ 《"区域"内矿物资源开发规章草案》（2018 年 7 月），ISBA/24/LTC/WP.1/Rev.1，规章草案第 46（2）条。这些内容包括：进行环境风险评价，以确定主要问题和影响；进行影响分析，以预测采矿作业的环境影响的性质和限度；以及确定在可接受程度内管理此类影响的措施。

影响评价的具体内容，特别是全面环境影响评价的内容多达 12 条①。

第四节　海洋环境影响评价制度中利益相关者参与

虽然各公约和各国立法关于环境影响评价的程序规定不甚相同，但基本上都含有利益相关者参与的程序②。在这一过程中利益相关者的有效参与是环境影响评价取得成功的先决条件。只有给利益相关者一个合理的机会参与环境影响评价，才能确保评价的完整性，使决策者在全面了解项目的基础上考虑活动及其影响。利益相关者的参与涉及通知、告知、信息交换、磋商和谈判等程序性义务，笔者没有单个研究这些程序，而是认为这些程序性义务都与利益相关者的参与有关，并且涉及利益相关者参与的深度，将其放在利益相关者参与的框架下进行研究。海洋法中的跨界环境影响评价在利益相关者参与的类型、主导者、深度和对决策的影响方面有突破性的发展。

一、参与者的类型

在海洋环境影响评价中，利益相关者既包括受影响的国家，也包括受影响的公众。相应地，利益相关者的参与应该包括国家的参与和公众的参与。《联合国海洋法公约》在 204 条提到了报告的发表，在第 197、198、200 条提到了进行合作、通知、信息交换的义务，但这些都是基于国家参与而设定的程序。虽然公约没有提及公众参与程序，但是海洋法已经发展出一些公众参与的实践。例如，《埃斯波公约》为国家间跨界环境影响评价提供了较为详细的公众参与程序。《关于环境保护的南极条约议定书》要求缔约国向其国民公开全面环境影响

①　《关于环境保护的南极条约议定书》附件 1 第 2 条和第 3 条。
②　环境影响评价的程序基本上具有这几个阶段：甄别（screening）—划定范围（scoping）—影响的评价以及替代性方案（assessment）—提交报告（reporting）—根据公众参与程度复审报告（review）—决策（decision-making）—监测、依从、实施和环境审计（monitoring，compliance，enforcement and environmental auditing）。

评价，并提供 90 天的期限供其反馈意见。在"区域"则由海底管理局负责向成员国、承包者等分享、交换和评估"区域"环境资料。《涵盖生物多样性各个方面的影响评价的自愿准则》对公众参与的程序进行了详细的规定。

虽然公众参与是环境影响评价中非常重要的一个程序，但海洋环境影响评价中的公众参与面临着诸多的困难。国家间跨界环境影响评价中的公众参与没有得到很好的落实，一方面是因为公众参与程序的是非常耗费时间和金钱的，另一方面是因为公众参与环境影响评价的听证程序面临着环境意识和科学知识的欠缺、语言的差异、参与听证的各种费用等多种困难。国际公域的环境影响评价公众参与面临着理论和实践的双重困难。理论上，公海适用人类共同财产制度，"区域"适用人类共同继承财产制度，这些公域无法找到确定的"受影响国"和"受影响的公众"，而且有些人类活动具有累积的影响，如气候变化导致的海洋环境变化，我们无法找到"起源国"。在每个国家都有可能是"起源国"又是"受影响国"的情况下，无法开展类似于国家间跨界环境影响评价中的公众参与程序。实践中，各缔约国的主管机构和公众对国际公域的环境影响评价缺乏认知和参与评价的能力，至今还没有公众参与的例子。如何在既有的国际法的框架下，展开全球的咨询和磋商以保证公众的参与呢？特别是在深海资源开发利用成为可能的情况下，如何开展国家管辖范围外的环境影响评价成为现今亟须解决的问题。

二、程序的主导者

《联合国海洋法公约》第 205 条提供了两种环评报告发表的途径：国家自己公开，通过主管国际组织发表。在第 197、198 和 200 条中也提出了国家和国际组织这两种途径。根据受影响的区域不同，利益相关者参与程序的主导者不同。

国家间的环境影响评价的利益相关者参与主要由国家来主导，一般是拟议活动的发起国。当活动涉及一个以上的国家时，可以由这些国家进行联合或多边的环境影响评价①，也可以选择其中的一国来协调进行环境影响评价。

---

① 《埃斯波公约》还为联合或多边的环境影响评价提供了可能，其在第 3 条中规定："受影响方应在通知设定的时间内向发起方做出答复，确认收到通知，并应指出是否愿意参与环境影响评价程序。"

　　国际公域的环境影响评价的利益相关者参与主要适用国际机构主导的方式。"区域"和南极的相关规则表明，海底管理局和南极条约协商拥有发表报告的职责。在"区域"制度中采用海底管理局秘书长发表报告的方式①。在南极制度中采取分送缔约国和环境保护委员会的双重方式。无论哪种方式，这些国际机构都应将环评报告的内容提供给所有的国家②。这种报告的公开程序，已经超越了单向的报告公开，达到了双向信息交换的要求，甚至向国际机构（如海底管理局秘书长）代表利益相关者磋商或谈判的更高层次发展。

三、参与的深度

　　根据《涵盖生物多样性各个方面的影响评价的自愿准则》，利益相关者参与的深度可分为三个层次：通知或告知（信息单向流动）、信息交换（信息双向流动）、磋商和谈判（共同分析和评估）。

　　（一）通知或告知

　　《联合国海洋法公约》除了在205条提及报告的发表③，还在第198条提及即将发生的损害和已经发生的损害的通知义务。这种通知义务是一项习惯国际法义务。向其他国家通知的义务是无条件的，一旦国家获知存在污染的可能

---

① 　根据《"区域"内矿产资源开发规章草案》，在申请方提交工作计划核准申请书之后，秘书长应将环境影响报告、环境管理和监测计划以及关闭计划在海底管理局网站上公布60日，并邀请海底管理局成员和利益相关方按照准则提出书面意见。秘书处应将这些书面意见转交给申请者供其考虑，且应该与申请者协商。申请者在评论结束后60日内可以针对评论意见修改环境计划。这一信息公开和评论程序是委员会审议工作计划核准申请书的前置程序。在信息公开和评论之前，委员会不得审议工作计划核准申请书。

② 　《关于环境保护的南极条约议定书》的附件一，环境影响评价在初始阶段采取的国内程序、初步环境评价阶段中的年度表和由此作出的任何决定、监测程序获得重要情报和采取的任何行动、最后的全面环境影响评价所涉及的信息都必须分送各缔约国，并递交环境保护委员会予以公开。在全面环境评价阶段，环境影响评价草案应分送各缔约国，各缔约国也应该公开全面环境影响评价草案，供公众在90天内提交评论意见。这些评论意见应分送各缔约国，并在下一届南极条约协商会议之前120天递交给环境保护委员会供其审议。在南极条约协商会议按照环境保护委员会的建议审议全面环境影响评价草案之前，不得作出进行拟议活动的决定。

③ 　第205条　报告的发表："各国应发表依据第204条所取得的结果的报告，或每隔相当期间向主管国际组织提出这种报告，各该组织应将上述报告提供所有国家。"

性，就应立即进行通知，并且不论这一个国家是不是公约的缔约国。

通知义务为发起国和利益相关者之间成功开展合作创造了条件，是通往磋商和谈判的前提。从时间上来看，通知应该是在决策作出之前进行并且应该采用不歧视原则。《里约环境与发展宣言》第 19 条要求这种通知应该是事先的和及时的①。《埃斯波公约》第 3 条要求："发起方应该在不迟于向自己公众通知有关拟议活动情况的时间通知可能受影响方。"在纸浆厂一案中，法院认为，"通知必须在当事国就计划的可行性作出决定之前进行，但是乌拉圭是在授予纸浆厂初步环境许可之后才向阿根廷转交的这些评价。因此，法院认为乌拉圭未能遵守通知义务"②。从内容上看，通知内容应该包含拟议活动的信息，包括可能的跨界影响的信息、可能作出的决定的性质以及受影响方答复的合理时间。

（二）信息交换

信息交换是双向的信息流动，包括受影响方和受影响公众意见的反馈。信息交换主要是指在发起方向受影响方或公众公布相关的信息之后，参与环境影响评价的受影响方和公众应该根据发起方的要求提供其可能受影响的有关信息，并将意见反馈给发起方的主管部门。

《联合国海洋法公约》在第 200 条提及"鼓励交换所取得的关于海洋环境污染的情报和资料"。虽然这一规定不是专门针对海洋环境影响评价的相关信息，但海洋环境污染的情报和资料应该包括环境影响评价的信息。另外，这一信息交换义务只是自愿义务，《联合国海洋法公约》并没有强制缔约国进行信息交换。这一论断和国际法院纸浆厂一案的论断类似，国际法院认为"根据阿根廷援引的文书，缔约国没有义务与受影响的民众协商"③。值得注意的是，法院关于磋商的声明不符合《埃斯波公约》和《奥胡斯公约》的内容。根据《埃斯波公约》，信息交换是国家必须履行的义务，不仅要进行国家之间的信息交

---

① 《里约环境与发展宣言》第 19 条规定："各国应事先和及时地向可能受影响的国家提供关于可能会产生重大的跨边界有害环境影响的活动的通知和信息，并在初期真诚地与那些国家磋商。"

② 国际法院. 国际法院判决、咨询意见和命令摘要：2008—2012 年［M］. 纽约：联合国，2014：107-108.

③ International Court of Justice. Case Concerning Pulp Mills on the River Uruguay：Argentina v. Uruguay. Judgment on the merits ［EB/OL］. icj-cij. org，2010-04-20.

换，还要保证受影响国公众的信息交换。起源国和受影响国应保证受影响公众的信息获取和进行评价的权利。对可能受影响而没有得到通知的国家，还可以依据咨商程序和调查程序参与环境影响评价①。依据《奥胡斯公约》②，公众不仅可以获取信息，并且还可以参与项目和政策的决策。

国际海洋法法庭在莫科斯工厂案中的意见与国际法院的纸浆厂案中的意见不同。国际海洋法法庭认为国家在依据国内法进行环境影响评价的时候，也要遵守一般国际法的义务，而这一义务应该包括信息交换的义务："审慎和勤勉义务要求爱尔兰和英国合作交流有关莫科斯工厂运营的风险或影响的信息，并视情况处理这些风险。"③

虽然海洋环境影响评价中的利益相关者的参与还没有发展到参与决策的阶段，但是在"区域"已经发展出了强制信息交换的程序。在海底管理局秘书处将环评报告等信息公开并听取公众评论之前，环境保护委员会不得审议工作计划核准申请书④。

（三）磋商和谈判

磋商和谈判是利益相关者充分参与海洋环境影响评价的最高层次。充分的磋商和谈判对避免重大的跨界环境损害和减少活动对环境的影响有重要意义。虽然《联合国海洋法公约》未提及磋商和谈判，但是国际海洋法法庭的实践表明，双方可以就信息交换、监测风险和制定措施等开展多次磋商和谈判，并且认为磋商和谈判是一般国际法义务。在莫科斯工厂案中，国际海洋法法庭认为："爱尔兰和英国应合作，为此应立即进行磋商，以便：交换有关莫科斯工厂投产对爱尔兰海可能产生的影响的进一步信息；监测莫科斯工厂的运营对爱尔兰海产生的风险或影响；酌情制定措施，防止莫科斯工厂的运营可能造成的海洋环境污染。"⑤

---

① 依据《埃斯波公约》附件四的规定。

② 1998 年 6 月 25 日，联合国欧洲经济委员会在第 4 次部长级会议上通过了《在环境问题上获得信息公众参与决策和诉诸法律的公约》（即《奥胡斯公约》）。公约于 2001 年 10 月 31 日生效。

③ ITLOS. The MOX Plant Case：Ireland v. the UK［EB/OL］. itlos. org，2001-10-25.

④ 《"区域"内矿产资源开发规章草案》第 11 条。

⑤ ITLOS. The MOX Plant Case：Ireland v. the UK［EB/OL］. itlos. org，2001-10-25.

依据受影响的区域的不同，对国家管辖范围内的区域造成影响的环境影响评价通常适用国家间环境影响评价程序。利益相关者参与国家主导的环境影响评价，可以根据《埃斯波公约》《奥胡斯公约》等共同适用的国际条约展开磋商和谈判。磋商和谈判被认为是国际合作的一部分。虽然海洋环境影响评价中的磋商和谈判与《奥胡斯公约》之间还有差距，并不能使利益相关者参与活动的决策，但是磋商和谈判能使起源国充分考虑利益相关方的利益。另外，充分的磋商和谈判也是和平解决纠纷的有效途径。

在国际公域很难找到确定的利益相关方，实践中还没利益相关方参与磋商和谈判的例子。不过，在《"区域"内矿产资源开发规章草案》中海底管理局秘书处可以代表利益相关方与申请方进行磋商。这一规定可能对未来国际公域的利益相关者参与起到示范作用。

（四）利益相关者参与对决策的影响

环境影响评价一直以来被认为是科学决策的工具，并不影响国家对拟议项目的决策权。"环境影响评价被理解为一种规划工具，而不是促进结果符合特定环境规范的手段。"① 各国根据国内法执行环境影响评价的义务只是一项"适当"义务，即对缔约国的行为做出规定，不对环境影响评价的结果强加任何硬性规定②。受影响方的参与被认为是环境影响评价成功与否的关键，但"它不是一个事先的联合批准程序"③。

受影响的国家和公众参与虽不能否定决策的作出，但可以通过充分的参与使发起国充分考虑环境的影响并采取可接受的解决办法。"如果协商未能取得一致同意的解决办法，起源国如果决定核准从事该项活动，也应该考虑到可能受影响国的利益，但不得妨碍任何可能受影响国的权利。"④

在海洋法中，主要是在"区域"和南极地区的实践，利益相关者的参与对

---

① CRAIK N. The International Law of Environmental Impact Assessment：Process，Substance and Integration ［M］. New York：Cambridge University Press，2008：55.

② 参见国际法院. 国际法院判决、咨询意见和命令摘要：2008—2012 年 ［M］. 纽约：联合国，2014：113.

③ 波尼，波义尔. 国际法与环境 ［M］. 2 版. 那力，王彦志，王小钢，译. 北京：高等教育出版社，2007：127.

④ 《预防危险活动的越境损害的条款草案》第 9（3）条。

项目的决策有了实质性的影响。如前所述，在国际公域因没有确定的"受影响方"而无法进行由国家主导的有效的信息交换和磋商、谈判，只能由国际机构在利益相关者的参与程序中充当"中间人"。海底管理局和南极条约协商会议为代表的"中间人"对相关的活动进行审查和批准，是国际公域新型的利益相关者参与方式。在"区域"，未经海底管理局批准，不能进行拟议的活动。在南极地区，拟议活动在南极条约协商会议审议之前不得进行①。这种机构审查的方式完全排除了活动发起方的主导权，不同于国家间跨界环境影响评价程序。

本章小结

虽然跨界环境影响评价已经被接受为一项习惯国际法规则，但是其内涵还没有形成国际公认的具体规则。《联合国海洋法公约》为缔约国设置了跨界环境影响评价的一般义务。海洋区域实践和专门性国际条约对海洋环境影响评价的基本要素进行了阐述和发展。海洋环境保护和保全相关的"软法"文件为海洋环境影响评价的实施提供了操作规则。所有这些规则共同促进了跨界环境影响评价在海洋法中的发展。海洋环境影响评价的损害标准不断降低、内容不断细化、利益相关者的参与程度不断深入。这些新的变化是国际实践不断发展的结果，反过来也将促进海洋环境影响评价制度的体系化。

---

① 《关于环境保护的南极条约议定书》附件1第3条第5款规定，"除非南极条约协商会议按照委员会的建议有机会审议全面环境评价草案，不得作出在南极条约地区进行拟议中的活动的决定，但进行拟议中的活动的决定，不得因本款的实施自全面环境评价草案分发之日起被推迟15个月以上为限"。第4条规定，"任何有关适用第3条的拟议中的活动是否应进行，如果应进行是按照原来的或者经修改的方式作出的决定，应基于全面环境评价及其他有关的考虑作出"。

第五章

海洋环境影响评价制度实施机制的探索

海洋环境影响评价制度基本已经形成，全球、区域和各国涉及海洋环境影响评价的立法大量出现。然而，区域环境和国家治理意愿不同导致海洋环境影响评价制度的实施效果差别巨大。强有力的实施机制的缺失，削弱了区域海洋环境治理的效果，鼓励了"搭便车"的行为，最终导致海洋环境影响评价制度流于形式或者被废弃。建立全球或者区域强有力的实施机制，统筹协调全球或区域的海洋环境影响评价制度，是公平公正原则的应有之义，也是保护人类赖以生存的海洋生态环境的最为现实的需求。那么，目前海洋环境影响评价制度采用什么样的实施机制呢？通过哪些方式、路径和途径可以构建出更为有效的实施机制呢？

第一节　程序导向的实施方式

法的实施（implementation）[1]，就是"使法律从书本上的法律变成行动中的法律，使它从抽象的行为模式变成人们的具体的行为，从应然状态进行到实然

---

[1] 将国际法规则变成对各国有约束力的过程，叫作执行（又叫履约，carry out implementation）。将国际法义务是否得到遵守的静态结果，叫作遵约（compliance）。法的实施应该是动态的过程和静态的结果的合体。

126

状态"①。法的实施离不开具体的程序性规则。法律或者程序性规范对塑造国家的行为有重要的作用。Chayes Abram 和 Chayes Handler Antonia 用程序导向的学术理论解释了遵约的问题。他们认为，法律本身不足以促进遵约，必须由国家通过互动行为来实现；在国家的互动中，规则并不能决定结果，但它们可以通过确定问题、声明立场以及确定相关行为者来影响结果；规则的影响不是强制性措施的结果，但与规则的法律约束力有关。这一法律约束力会对正确行为起到很大的影响②。环境影响评价的国际法和程序规则虽然不能强制国家履约，但依据这些规则的互动，通常会引导国家采用正确的环境影响评价程序。"几乎所有的国家都遵守了几乎所有的国际法原则和几乎所有的义务。"③

一、以程序为导向的原因

（一）环境影响评价自身的程序性

环境影响评价的义务出现在《里约环境与发展宣言》之中，仅是一个原则性义务。《联合国海洋法公约》也只是引入了海洋环境影响评价的基本框架。《生物多样性公约》《联合国气候变化的框架公约》等亦是如此。这些公约在之后的发展中采用议定书、附录、指导文件的方式不断明确环境影响评价的程序性义务。

事实上，环境影响评价的国际法只要求国家以自律的方式进行环境影响评价，除了确定一些基本的具有广泛性的环境目标之外，并没有说明需要遵守的结果。显然，国际环境法中并不存在针对环境影响评价的强制性的监管形式。这些实质性规范（具有广泛性的环境目标）本身的模糊性，仅仅是通过一些程序性的方案得以解决。这些方案要求公布含有替代方案的环境影响评价报告。虽然由于科学的不确定性，评估拟议活动的环境影响有局限性，但是评估两个

---

① 沈宗灵. 法理学 ［M］. 北京：北京大学出版社，2003：321.
② 占主导地位的政治现实主义范式认为法律在塑造国家行为中没有任何实质性的作用。Chayes Abram 和 Chayes Handler Antonia 对这一观点进行了批驳。参见 ABRAM C, ANTONIA C H. The New Sovereignty：Compliance with International Regulatory Agreements ［M］. Cambridge：Harvard University Press，1995：17.
③ HENKIN L. How Nations Behave：Law and Foreign Policy ［M］. 2th ed. New York：Columbia University Press，1997：47.

活动的环境影响的大小却是相对比较容易做到的事情。采取环境影响较小的替代方案可以视为履行了勤勉义务和环境保护的实质性义务。另外，确定评估应该考虑的因素、评估的活动范围、损害的程度等评估指标也可以明确环境影响评价表述中的诸如"重大损害""不利影响"等模糊词句。

因此，环境影响评价本身的实施，不是选择适用哪个或哪条法律的问题，而是通过国内和国际程序解释和适用规则的问题。海洋环境影响评价的实施的过程就是解释规则的过程。在这一过程中，有关环境影响评价的不同的理念、思想、利益就会被融入实施的过程中。这一以程序为导向的实施方式不是简单的国际法和国内法、立法与执法的二元方式，而是一个立法与执法相统一的过程。这一过程中国际法沿着多种渠道通过国家、国际组织、非国家行为体等多主体的合力，将国际法渗入各国的国内法中。这一过程如河流经千渠入大海，是一个连续运作的动态的过程。动态的实施和静态的遵约不同，是随着时间的推移而不断延展的过程。因此，海洋环境影响评价的实施应该是在相当长的时间内，在多种主体的交互下，通过多种渠道对国家的国内立法形成影响的过程。实施不仅包括静态的遵约结果，还应该包括动态的履约过程①。实施的效果不应该是以短期的标准来衡量，而应该采用动态的发展标准。作为程序性义务，环境影响评价所追求的目标不能简单以实质性的结果来衡量，至少不能仅以逐项的决策来衡量。相反，环境影响评价的义务应该在很大程度上从如何影响相关决策过程的角度来评价。例如，谁作出的决定、谁的观点得到了考虑、何种因素被考虑进决策中。

（二）国际环境的紧迫性和国际环境立法的框架性

环境问题从早期的资源利用问题已经演变为生态环境的整体退化，成为人类生死存亡的大事。气候变化导致的冰川融化、海平面上升已经使一些小岛屿国家（例如图瓦卢）失去了可以立足的"土地"。随着生态环境的持续恶

---

① 实施是一种泛指，书中是指国际法中规定的义务得以落实的各种机制，也含有是否遵守的结果。它包含过程和结果两个要素。执行侧重于动态的过程，遵约强调静态的结果。

化，物种灭绝速度的迅速上升①，遗传资源的持续衰退，生物多样性问题、气候变化问题、土地荒漠化、海洋酸化和水污染同列为全球环境问题。地球生态环境退化是全人类共同面临的问题，已经超越了国界、社会制度和意识形态的制约。这需要人类做出快速反应，制定相关的规则。这不仅需要各国政府进行国内环境立法，更需要国际社会共同制定一个国际环境准则（立法、政策、宣言等）以统筹和指导各国立法。如果没有这样的一个国际环境准则，生态环境将会以很快的速度退化，而且可持续发展目标的相关具体目标都将难以实现②。然而环境问题涉及的国家众多，各国利益不同，通过谈判制定条约的方法需要的时间比双边条约或区域条约要多得多。这种全球性的国际条约的耗时性，从1982年《联合国海洋法公约》的谈判可以窥见③。环境问题的紧迫性，不容许花费如此多的时间等待条约的缔结。因此，国际环境立法倾向于采用更加灵活和有效率的框架立法模式。各国可以就环境问题的基本共识和原则达成宣言或者公告，以待日后进一步形成明确权利与义务的议定书，并辅之以可以操作的附件或者指导文件。这种"公约+议定书+附件"的三级立法模式，学界称之为"伞状立法"模式。这一立法模式的最大特点就是原则性实体义务的规定和具体的程序性义务的规定可以互为良好的支撑。为了在各国之间快速通过，实体性的义务规定通常会采用开放性的（或模糊性）的表述，这些义务如何落实，需要采用程序性的规范予以进一步明确。故而，国际环境法的实施整体上都是以程序性规范为导向的。

二、以程序为导向的表现

正如前文所述，《联合国海洋法公约》和《生物多样性公约》都是概括性地规定了环境影响评价义务，要求各国制定相关的程序来落实这一义务。《联合

① 目前，42%的陆地无脊椎动物、34%的淡水无脊椎动物和25%的海洋无脊椎动物被认为濒临灭绝。1970年至2014年期间，全球脊椎动物种种群丰度平均下降了60%。遗传多样性正在衰退，威胁到粮食安全和生态系统的复原力。

② UN Environment. Global Environment Outlook - GEO - 6: Healthy Planet, Healthy people [R]. Cambridge: Cambridge University Press, 2019.

③ 《联合国海洋法公约》被誉为海洋法大宪章，基本涵盖了涉及海洋的所有问题。该公约的谈判历经了9年的时间。

国海洋法公约》第 204 条和 205 条规定了报告发表和环境监测的程序性义务。另外，为促进缔约国在海洋保护和保全领域的全球性和区域性合作，《联合国海洋法公约》还要求缔约国进行合作、通知、信息交换。海洋环境影响评价也应该遵守这些程序性规则。《生物多样性公约》多次提及"采取适当程序""采取适当安排""公众参与""通报""信息交流""磋商"等程序性义务。《生物多样性公约》缔约国大会通过了《生物多样性的环境影响评价准则》，将环境影响评价分为"甄别—划定范围—评估和评价影响及开发替代性方案—提交报告（环境影响评价报告书）—环境影响评价报告书的复审—决策—监测、遵守、实施和环境审议"。《关于环境保护的南极条约议定书》也是以附件的形式详细地规定了三级环境影响评价程序。《埃斯波公约》规定了通知、公众参与、报告发表、磋商、最后决定、调查程序和项目后分析等程序性事项。可以说程序性的规定占据了这些国际文件的绝大部分内容。

跨界环境影响评价的具体程序和国内环境影响评价的具体程序极其相似，都有甄别（screening）、环境影评家报告范围和内容的确定（scoping and the contents of EIA reports）、通知和磋商（notification and consultation）、公众参与（public participation）、最终决定（final decisions）、项目后监督（post‐project monitoring）和执行（implementation）程序。可以说，环境影响评价本身就是程序性的规则。

（一）甄别

甄别，有些学者将其叫作筛查。甄别就是国家依据国际法或者国内法确定哪些活动或者影响可能涉及跨界环境影响，也就是国内的预评估。这一预评估的程序可能没有那么完整，但一般要考虑活动的性质、影响的范围和大小、被影响的区域环境的敏感性等内容。如果国家通过预评估，认定拟议活动不涉及跨界环境影响或者影响不足以启动跨界环境影响评价程序，则可以按照国内法的规定决定项目是否批准。如果这一预评估达到了跨界环境影响评价的启动标准，那么就需要经过跨界环境影响评价的程序，听取受影响国和国民的意见，和利害相关方展开磋商，并在决策的过程中考虑受影响国和国民的意见。这一甄别程序是由国家采取的一项预评估活动，国家可以根据各国的具体情况，确定需要进行跨界环境影响评价的活动范围、损害的标准、可能受影响的国家和公众等内容。甄别程序决定了跨界环境影响评价是否开展，以及需要通知的国家和公众、信息交换的方式和内容等。国家享有较大的自由裁量空间①。

　　然而，是否达到启动标准的判定权，并不完全属于国家。当国家批准拟议活动却没有采取跨界环境影响评价程序，除非有证据证明是因为环境影响未达到启动标准才没有进行跨界环境影响评价，否则国家将面临被受影响国和国民诉讼的风险。例如，在法国地下核试验案中，新西兰称，法国不可能在没有进行环境影响评价的情况下，认为其正在履行采取适当措施防止污染的义务②。在修筑公路案中，哥斯达黎加主张自己没有进行事先环境影响评价是因为修筑公路的行为不会对尼加拉瓜产生不良影响。但如果没有充分的证据证明哥斯达黎加已经采取了充分的预评估，那么这一主张将不能得到国际法院的承认。因此，如果有国家主张其是受影响国，受到了拟议活动起源国的跨界影响时，是否需要进行跨界环境影响评价的判定权就由国家转移到国际司法机构了。

（二）环境影评价报告范围和内容的确定

　　国际环境影响评价的义务通常是通过确定环境影响评价报告的范围和内容进行的。这些范围和内容的要求是最低的标准，并无统一的操作规则。具体怎么操作是留给一国国内法规定的。一般情况下，环境影响评价报告的具体范围和内容不需要国际法来专门规定（特别是以不歧视原则为基础的国际条约）。然而，在南极、"区域"却是例外。《关于环境保护的南极条约体系》以附件的形式列举了环境影响评价的范围和内容③。2018 年 7 月发布的《"区域"内矿物资源开发规章草案》以发布模板的方式明确了环境影响评价的范围和内容。这些区域更多涉及人类的整体利益，区域环境也更具敏感性。在这些敏感区域，国际法提出了较传统陆地跨界环境影响评价规则更为严格的规则。

　　这些规则通常要含有对拟议活动的说明，包括对活动的目的、地点期限和

①　参见肖成. 国家管辖范围以外区域环境影响评价筛选机制研究［D］. 厦门：自然资源部第三海洋研究所，2019.

②　International Court of Justice. The Nuclear Tests I Case：New Zealand v. France. ［EB/OL］. icj-cij. org，1974-12-20；International Court of Justice. The Nuclear Tests I Case：Australia v. France ［EB/OL］. icj-cij. org，1974-12-20.

③　参见《关于环境保护的南极条约议定书》附件1第2条和第3条。

强度以及该活动的可能的替代方法，包括不开展该活动的替代方法与这些替代方法的后果。替代方法的规定是跨界环境影响评价的最低要求。在跨界环境影响评价缺乏明确的实质性环境标准的情况下，替代方法的规定显得尤其重要。如果没有替代方法，受影响国和公众对可能的跨界环境损害的接受程度可能会更低。如果可以采用替代性的损害较小的方式来实现拟议活动的目的，那么采用一种损害更大的方式进行肯定是不合理的，也难以得到受影响国和公众的认可。国际法委员会的《预防损害的条款草案》中也将替代方法作为预防越境损害的重要方法。替代方法的规定在南极环境保护和"区域"矿产开发规章草案中均有反映。此外，除了替代方案，要求在制定国内程序中考虑国际环境因素也是常见的做法。例如，《生物多样性公约》就如何在国内程序中考虑环境因素制定了环境影响评价指导纲领。《埃斯波公约》也以附件的形式列举了需要考虑的环境因素。

(三) 通知和磋商

环境影响评价程序是通知和磋商义务固有的内容。一个国家没有履行环境影响评价，很难说已经履行了通知和磋商义务。1992 年《赫尔辛基公约》明确规定了环境影响评价义务并且依据公约第 16 条将评估结果向公众公开的义务。依据《赫尔辛基公约》进行环境影响评价是公约项下的义务，毫无争议。"人们仍存在争议的是：甚至在一些未做出明确规定的情形下，环境影响评价可能是其他程序义务——尤其是实施前通知可能蒙受跨界损害的他国的义务——的固有内容。"① 例如，《联合国国际水道非航行利用法公约》第 12 条②仅规定了通知的义务，未明确规定环境影响评价的义务，但仍需要进行环境影响评价。这是因为环境影响评价义务已经成为习惯国际法，且得到了国际公约和国际实践的支持，进行环境影响评价已经成为其他程序义务的固有内容。与《赫尔辛基

---

① OKOWA P N. Procedural Obligations in International Environmental Agreements [J]. British Yearbook of International Law, 1997, 67 (1): 275-336.

② 第 12 条："对于计划采取的可能对其他水道国造成重大不利影响的措施，一个水道国在予以执行或允许执行之前，应及时向那些国家发出有关通知。这种通知应附有可以得到的技术数据和资料，包括任何环境影响评价的结果，以便被通知国能够评价计划采取的措施可能造成的影响。"

公约》采用相同做法的还有南部非洲发展共同体 2000 年修订的《共享水道议定书》，在规定通知义务时对环境影响评价做出了完全相同的规定。

跨界环境影响评价制度本身也含有通知和磋商的内容。相比一国国内的环境影响评价，跨界环境影响评价中的通知和磋商有一套独立于国内法的程序。通知和磋商以受影响国和其公众为对象，以起源国为主体，需要听取受影响国和其公众对环境影响评价报告的反馈意见，并就事实和拟议活动的环境影响的减缓措施进行磋商。这是一套国与国之间的政治性争端解决程序，相比于诉诸司法的争端解决程序，磋商解决问题的手段较为温和，国家对问题具有较大的可控性，有利于国家之间自主解决问题。

（四）公众参与

另外一个特别值得关注的是公众参与的问题。虽然各公约和各国立法关于环境影响评价的程序规定不甚相同，但基本上都含有利益相关者参与的程序。只有给公众一个合理的机会参与环境影响评价，才能确保评价的完整性，使决策者在全面了解项目的基础上考虑活动及其影响。《联合国海洋法公约》没有提及公众参与问题。《关于环境保护的南极条约议定书》要求缔约国向其国民公开全面环境影响评价，并提供 90 天的期限供其反馈意见。在"区域"则由海底管理局负责向成员国、承包者等分享、交换和评估"区域"环境资料。

（五）最终决定

跨界环境影响评价和国内环境影响评价一样，各国没有义务遵守环境影响评价报告中所载的建议。跨界环境影响评价仅是一项程序性义务，而非结果性义务。环境影响评价本身是科学评价的结果，而非最终决定拟议活动是否进行的唯一因素。最终决定是国家的政治决策，而非科学决策。其是国家综合考虑环境目标、经济目标、社会目标、文化目标等多种因素之后做出的利益取舍。跨界环境影响评价所能做的就是要求国家在最终决定中考虑环境目标而已。如何确保最终的决定考虑环境影响评价的结果，具体有两种做法：程序性的规定或实质性的义务要求。

《埃斯波公约》主要采用程序性的规定。《公约》并不绝对禁止一国从事具有跨界影响的活动，但活动必须在可接受的范围内。这一范围则以预防损害义务为底线。国家应该对拟议活动的环境影响进行预评估，充分调查可能的不利环境影响，并仔细考虑受影响国和其公众的反馈意见，在与受影响国和其公众的充分磋商之后，通过利益补偿、替代措施等多种方法来降低环境影响。国家之间通过磋商谈判确定双方均可接受的协议是解决跨界环境问题的最佳方案。然而由于双方对环境问题的认识和从环境损害中获取的利益不同，谈判可能失败。如果起源国坚持进行超出受影响国承受范围的拟议活动，则可能产生跨界损害的环境纠纷。无论如何，起源国都要对受影响国的意见进行适当考虑，并将其作为作出最终决定的原因和考虑的因素。如果没有合理考虑这些原因和因素，那么最终决定将很难获得受影响国的接受。起源国也很难进行抗辩，主张其已经遵守了跨界环境影响评价的程序规定，达到了预防损害的程序性要求。因为预防损害的实质性义务并没有被勤勉地遵守。

南极的环境影响评价制度则采用程序性要求为主、实质性的义务要求为辅的方式。具体有协商、透明决策和保留最终决策权三种方式，确保缔约国的最终决策符合《关于环境保护的南极条约议定书》中保护南极环境的要求。议定书用非常明确的语言要求在南极进行的活动应进行规划以限制对南极环境及依附于它的和与其相关的生态系统的不利影响。在南极进行的活动应依据充分的信息来规划和进行。这一信息的充分程度应满足除科学研究价值以外的南极生态环境价值，并用列举的办法罗列了应该考虑的活动范围、科学数据、区域价值等内容。南极条约体系通过南极条约协商会议和环境委员会加强协商的透明度，增加决策中对环境价值的考虑。此外，相比《埃斯波公约》，议定书还保留了项目的最终决策权。项目最终决策权从国家收归到南极条约协商会议和环境委员会，由这两个机构决定拟议活动是否应该进行。

（六）项目后监督

环境影响评价是对拟议活动的预测，而预测因人为的原因和科学技术的原因总是和实际情况不尽一致。项目后的监督就是在拟议活动开展之后，对项目是否遵守规划进行以及是否出现了新的环境影响进行评价的过程。在跨界环境影响评价的国际文件和司法实践中对项目后监督多有论述。尼尔·克雷克（Neil Crai）认为："《埃斯波公约》要求继续披露决定作出时未获得的信息，并就依据该信息是否需要修订最后决定进行协商。这一要求通过在交换信息的义务中添加一个动态元素来加强过程的迭代性。"① 项目后的监督主要是为监测已经批准或授权的活动是否按照商定的条件进行；对活动的影响进行管理并处理不确定的因素；验证环境影响评价的预测，为以后的活动提供经验②。一般情况下，项目后监督是为了保证活动的进行遵守了环境标准，是环境影响评价执行措施中的一种。通过管理活动的风险，督促活动按照商定的条件进行，及时提供风险分析为减缓环境影响提供建议。项目后监督除了监测和保证活动遵守环境标准，还可以直接决定活动是否需要终止。因此，项目后的监督又被称为"持续的评估"。

《埃斯波公约》明确规定了项目后监督和最终决定之间的关系。如果在拟议活动的最终决定已经作出但还未开始工作的时段，发现了最终决定作出时尚未发现的新的信息，且该信息达到"对决定产生实质性影响"的程度，发现方应该通知其他有关各方，就是否需要对决定进行修改进行磋商。也就是说，如果项目后监督发现的新信息符合两个条件——"拟议活动还未开始工作"和"对决定产生实质性影响"，那么就有可能经磋商程序修改最终决定。这一程序是自我纠错机制。虽然类似于上诉法庭的"新证据"的规定，但公约并没有阐明这两个条件的具体内容，为实践运用留下了争论的空间。也许当日后实践成熟以后，再行立法也未可知③。

如果活动已经开始，而后发现"显著不利跨界影响或可能引起跨界影响的因素时"，应通知其他方，并就"减少或消除该影响"展开磋商。如果活动已经开始，那么项目后监督的目的就不再是中止、取消或更改最终决定，而是减少或消除该影响以保证活动的顺利进行。

在南极环境影响评价的监测程序中明确监测的主要作用是评估和核实按照全面环境影响评价完成之后所进行的任何活动。此外，还可以根据评估和核实的记录，"提供益于减少或减轻影响的信息，在适当的情况下，提供需要中止、

---

① CRAIK N. The International Law of Environmental Impact Assessment：Process，Substance and Integration［M］. New York：Cambridge University Press，2008：152.

② 参见《埃斯波公约》附件 5 和《关于环境保护的南极条约议定书》附件 1 第 5 条。

③ 国际环境法的发展本身就有实践先行的特点，许多公约和议定书也是对实践做法的编纂和扩充。

取消或更改该活动的信息"①。南极环境影响评价的项目后监督是由环境委员会具体负责，缔约国协商会议在审查委员会的工作情况的基础上，吸取委员会关于环境保护的相关建议。然而，公约并没有就"适当情况"进行详细说明，也没有说明中止、取消或更改的具体标准和程序。随着南极活动的增加，这些内容有待日后进一步明确。

（七）执行

跨界环境影响评价义务的执行大部分是通过将国际法中的要求融入一国的国内法的方式进行的。如果将跨界环境影响评价的国际文书中的义务要求看作源头，而将一国依据国际法的要求制定、修改的国内法看作尾端的话，执行就是国际法到国内法的过程。除了国家的主动适用国际法之外，跨界环境影响评价的国际文件本身的程序性设定以及国际机构的各种监督、促进遵约的机制、资金和能力的建设等也会对国家执行跨界环境影响评价的要求起到正面的促进作用。如果两个国家对跨界环境影响评价规则存在法律分歧，也可能会通过国际诉讼和仲裁等司法程序予以解决。国际司法实践也能促进国家对跨界环境影响评价的执行和遵约。

如果从执行的过程来看，我们就能很容易明白不具有实质性约束义务的环境影响评价的立法为何会成为国际社会的标配，在国内得到了如此广泛的遵守。为了研究这一传染性立法，笔者参考了法治促进理论。迈克尔·祖恩（Michael zürn）等在《法治动力：跨国和跨国治理时代》这本书中，把国际法对国内法的促进叫作"法治的促进"（促进者的角度），把国内法对国际法的接受叫作"法治的转化"（接受者的角度）。在这两者之间通过一些修正、机制和过程将两者衔接起来，我们将这一衔接过程叫作"法治的扩散"（执行）②。如图5-1所示，从促进者的角度来看，就是国家、国际组织和其他非国家行为体是如何将战略和规划输出到其他行为体，并且使这些规范产生法律效力的。在这个意义上，它强调从国际法和国内法的互动链条的起点来研究法治促进理论。法治

---

① 参见《关于环境保护的南极条约议定书》附件1第5条。

② ZÜRN M, NOLLKAEMPER A, PEERENBOOM R. Rule of Law Dynamics: In an Era of Interrnational and Transnational Governance [M]. Cambridge: Cambridge Univeristy Press, 2012: 4-7.

的扩散视角关注作为西方国家普遍认同的法治是如何扩散的，侧重于研究这一扩散的原因和机制。对这一块的研究目前多是由社会学、国际关系和国际政治的学者在做，法学界关注较少。站在接受者的角度来看，主要关注条约是如何在国内适用的，侧重于研究国际法概念在国内的适当转化（本土化）以及规则何时被适用与拒绝适用。目前，国际法学者的多数研究集中于这一角度①。"无论是二元论体制下条约的间接完整纳入和条约间接转化，还是一元论体制下的直接适用条约和间接适用条约，是有相似性的。"② 就其适用效果而言，各法系的国家大体相同③。

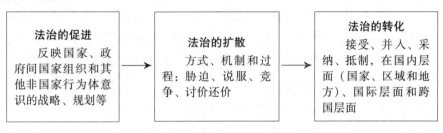

图 5-1　法治促进的流程图

　　通过这一理论，我们可以发现海洋环境影响评价领域的国际文书反映了国际社会的普遍的共识。《联合国海洋法公约》《生物多样性公约》《埃斯波公约》都是基于环境问题的紧迫性和国际实践的共识而达成的国际文书，国家有遵约的意愿。在尾端，国家通过国内法的转化、并入、抵制等方式实现对跨界环境影响评价义务的转化。连接海洋环境影响评价的国际文书和国内法的中间环节，就是海洋环境影响评价的实施机制。这一实施机制因跨界环境影响评价所涉利益的不同（国家利益、人类共同利益），具体的实施主体不同（国家、国际机构、非国家行为体），表现的程序也不尽相同（国内程序、国际程序）。

---

①　娜塔莎提出的这一理论不仅适用于国际法对国内法的促进研究，还可以适用于国际层面国际法的传播和接受的研究。本书选取国际法和国内法的关系作为研究对象。回飞棒效应也称布麦伦效应，人说服人时，告以南行却偏往北走的现象。

②　赵建文．国际条约在中国法律体系中的地位［J］．法学研究，2010（6）：192-208.

③　参见王铁崖，周忠海．周鲠生国际法论文选［M］．深圳：海天出版社，1999：53.

第二节 国内和国际并用的实施路径

一、以国内程序为主的实施路径

目前绝大多数的跨界环境影响评价，包括海洋环境影响评价，国际义务的执行多是通过将国际法要求融入国内程序中。无论是基于不歧视原则的国际法理论还是基于预防损害原则的国际法实践，都是依托缔约国将跨界环境影响评价的义务转化为国内义务来履约和遵约的。基于不歧视原则的国际法实践更是受到了国家的欢迎。在狭义的跨界环境影响评价的语境下（不含对国际公域所造成的影响），不需要在既有的国内环境影响评价程序之外新设一个跨界环境影响评价程序。依托既有的国内法程序，设定一定的国际最低标准对国家来说简单易行。国家只需要对国内环境影响评价程序稍作调整，扩大适用范围即可。设定国际最低标准的做法可以通过国际立法，也可以通过制定指导性文件。通过国际立法的方式设定最低标准，最常见的例子就是《埃斯波公约》。该公约设立的目的就是调整欧洲经济委员会成员国国内的有关环境影响评价的国内法，使各国的国内法融入最低的跨界环境影响评价标准。目前，从《埃斯波公约》的履约效果来看，缔约国都通过了含有跨界环境影响评价条款的国内立法，援用公约处理纠纷的案件也在逐渐增多①。根据第 4 次履约报告，截至 2013 年 7 月 7 日，共有 38 个国家提交了调查表。对国家报告的分析表明，《埃斯波公约》的适用在持续的增加，双边和多边协定的制定在一定程度上也强化

---

① The Fourth review of implementation of the Convention on Environmental Impact Assessment in a Transboundary Context （2010—2012），参见网址 https：//www. unece. org/index. php？ id＝40576&L＝0。

了公约在缔约方之间的适用①。当然，依靠国内立法的方法也存在一些问题②。这些问题主要有：一些术语如 promptly，due account 或者 reasonably obtainable 如何界定；"最终决定"的含义及其内容；项目后分析实践的缺乏；公众参与能力的进一步提升；等等。这些问题多是一些公约的解释和适用的问题。联合国欧洲经济委员会（UNECE）的网站上公布的具有典型特点的案例所涉的纠纷要么是通过将缔约国国内程序不歧视的扩大适用于受影响国及其公众，要么是通过联合评估的方式解决的。然而，争端解决条款至今都没有被诉诸实践。2004 年公约新增的履约审查条款，将履约审查定义为非对抗（non-adversarial）和以帮助为导向（assistance-oriented）的程序。根据这一条，各缔约国需要定期提交履约报告。履约审查程序由公约的缔约方大会进行。履约审查程序主要关注缔约国的国内环境影响评价程序。虽然遵约委员会的建议对缔约国没有约束力，但遵约委员会可以通过审查缔约国的报告，及时发现缔约国在履约中存在的问题，并给出建议和帮助。整体来说，基于不歧视原则而采用的国内程序缺少国际价值的指引，也缺少国际机构的约束，在处理区域问题时有一定的效果，但是在处理全球性环境问题，特别是国际公域的环境保护问题的时候存在很大的漏洞。

二、以国际程序为主的实施路径

类似于南极和"区域"采用较高国际环境保护标准的区域，环境影响评价制度更多地融入了环境的特点和人类整体利益。其环境影响评价程序虽然也是依托国内程序，但相较于《埃斯波公约》多了更多的国际标准和国际机构的约束。首先，这些区域的环境影响评价有国际环境法的价值指引。其不是单纯出于一国国内环境问题或者双边的环境问题的考量，而是针对人类共同利益而做出的全球行动。其次，这些环境影响评价增加了许多国际标准。例如，南极环

---

① 跨界环境影响评价公约经过 2004 年的第 2 次修改以后，增加了履约审查的条款，并设立了履约机构要求对国家的履约情况进行审查。截至 2014 年，共出台了 4 次履约报告。第 4 次履约报告于 2015 年 8 月发布。

② 捷克共和国表示，与其邻国的跨界环境影响评价进程有助于确保更广泛的公众参与和更广泛的环境条件考虑，但它也给行政当局和项目提出者带来了负担。

境影响评价提出了三级环评的要求，对环境影响评价的甄别（有些学者称之为环境影响评价程序启动的筛查机制）进行了详细的列举。此外，这些区域环境影响评价的标准相比仅造成跨界影响（trans-boundary）的环境影响评价更为严格。这些都要求国家对其国内程序进行较大的修改，或者单独立法。最后，国际程序最大的特点在于国际机构在国家履约中发挥了较大的作用。这些国际机构从国际立法、促进国家遵约到保留决策和审批权，权限大小不等，但都对国家依据国际法进行国内环境影响评价形成了法律约束力、道德约束力或者利益诱导。

三、两种路径的融合

目前来看，这两种路径有融合的趋势。国内程序和国际程序不能单独看待和适用。虽然我们介绍了环境影响评价和跨界环境影响评价的发展历史，从美国《国家环境政策法案》讲起，然后讲到预防损害原则对国内法的促进，以及国际国内环境影响评价立法的大量出现，再到跨界环境影响评价规则成为习惯国际法。似乎跨界环境影响评价起源于美国《国家环境政策法案》这个单一文本。事实上，这只是我们对最早出现的环境影响评价条文的溯源，并非各国环境影响评价的唯一版本。到底是国内环境影响评价的扩大适用，才有了跨界环境影响评价的普遍接受，还是环境影响评价遇到了预防损害原则之后得到了国际法的滋养，反过来促进了各国国内环境影响评价的立法？我们无从追踪环境影响评价发展的具体过程，也无法说出跨界环境影响评价的基础到底是"不歧视原则"还是"预防损害原则"。然而，我们可以肯定的是，跨界环境影响评价已经成为习惯国际法。各国也基本都有环境影响评价的国内法。国内和国际两个层面达成了一些基本的共识。国内国际两个层面的立法现如今相互交错、难舍难分。

所有的程序归根结底都是国内法程序。即便是在国际程序明显的南极区域，预先的环境影响评价程序也得是国家的国内法程序。《关于环境保护的南极条约议定书》要求国家确保南极旅游的运营方在进行有关南极的商业旅游活动时确保遵守南极议定书中的环境影响评价要求。结果就是各国依照议定书制定了独立于国内环境影响评价的南极环境影响评价法。例如，加拿大2003年出台

了《南极环境保护法案》，美国 1978 年制定了《南极保护法案》，中国海洋局
2018 年出台了《南极活动环境保护管理规定》①。

　　然而，国际程序对国内程序形成了越来越多的约束。传统的采用不歧视原
则的《联合国气候变化框架公约》和《生物多样性公约》也通过制定指导性文
件的方式，呼吁各国在国内环境影响评价程序中引入共同关注的事项，如气候
变化和生物多样性。UNECE 对这些问题也通过决议的形式，呼吁《埃斯波公
约》的缔约国能够将这些共同关注的事项，包括可持续发展目标纳入跨界环境
影响评价的考量之中②。目前有关跨界环境影响评价的国际法不是为了使环境影
响评价全球化或统一标准化，而是为了使国内的环境影响评价程序更多地关注
人类的共同利益。

第三节　软硬兼施的国际实施路径

　　国际实施路径侧重于将国际法规范融入国内法之中，并为实现这一目的开
拓了软硬兼施的多种路径。首先，最重要的路径是通过条约机构的执行程
序，如公约缔约方大会通过决议等督促国家履约，包括公约相关机构的监督审
查程序、公约遵约委员会的遵约和履约机制。这些机制或程序多是通过那些被
国家授予部分权力的条约机构向缔约国"施压"，并通过缔约方大会进行集体协
助对不遵约的国家进行制裁。其次，通过争端解决程序解决缔约国之间发生的
纠纷，这些程序包括政治解决方法和司法解决方法。前者包括谈判、调解、仲

---

① 《南极活动环境保护管理规定》要求，南极活动组织者及活动者应当采取必要措施，保
　护南极环境和生态系统，最大限度减少活动对南极环境和生态系统的影响与损害。申请
　开展南极活动的组织者，应当按照南极活动环境影响评价的要求，编制中英文环境影响
　评价文件报国家海洋局。在开展活动前，组织者需要对活动者进行相关法规和南极环境
　生态保护知识的教育。

② UNECE. Assisting countries to promote transparent and participatory decision-making regarding
　living modified organisms and genetically modified organisms [EB/OL]. unece. org, 2020-
　01-23；UNECE. Protocol on PRTRs promotes modernization of reporting by industry in support
　ofSustainable Development Goals [EB/OL]. unece. org, 2020-01-23.

裁等，后者包括通过国际法院、国际海洋法法庭、国际仲裁庭的司法解决程序。另外还有基于条约的事实查明程序。最后，在国际环境法中还有利益的诱导路径，如通过资金援助、技术转让和人才培养等方法帮助缔约国提高履约能力。这些路径对环境影响评价的国际法的扩散起到了多元促进作用。

一、执法程序

（一）条约机构的监督

一般情况下，各公约为进一步促进和监督缔约国落实公约内容，都会成立以缔约方大会、秘书处以及其他附属机构为主的监督机构。例如，《生物多样性公约》通过缔约方大会、不限成员名额特设公约实施情况评估工作组（WGRI）、附属履行机构（SBI），就缔约国履行公约义务进行施压①。《气候变化框架公约》《京都议定书》《巴黎协定》也成立了缔约方会议、秘书处、附属科技咨询机构、附属履行机构就缔约国的履约问题进行监督②。这些条约机构"所履行的关键任务是收集信息和数据，接收国家实施条约的报告，促进独立监督和核

---

① 在公约项下，缔约方会议是最高的权力机构，负责审查公约的实施，可以审议缔约国和各附属机构的报告，修改议定书、增补公约附件，设立附属机构等。WGRI 是缔约方大会于 2004 年设立的，共召开了 5 次工作会议。其负责审查公约的执行，主要是就公约现有程序的影响和效力，如缔约方会议的开会程序，科学、技术和工艺咨询附属机构的程序，国家联络点和秘书处的程序，建立更加有效的公约和战略计划实施的评估、报告和审查。SBI 2014 年成立并取代了 WGRI。SBI 更加凸显促进公约履约的职能，通过实施进展审查、采取战略行动以促进实施、加强实施方法和促进公约和议定书运作来向缔约各方施压。缔约方大会主席团担任 SBI 的主席团，而且 SBI 还负责《生物安全议定书》和《名古屋议定书》的遵约审查问题。SBI 每两年举行一次会议。这是通过公约最高权力机构对缔约国的一种施压机制。
② 缔约方会议是公约的最高机构，其职责是定期审评公约缔约方会议可能通过的任何法律文书的履行情况，并在其职权范围内作出有关公约的履行的决定。秘书处的职责包括安排缔约方会议和附属机构的会议并为之提供服务、汇编和传递报告和其他信息，与其他国家机构的秘书处保持联系和协调等。附属科技咨询机构的职责就是与公约有关的科学和技术事项向缔约方会议和其他附属机构提供信息和咨询，该机构开放供所有缔约方参加。附属履行机构的职责是协助缔约方会议评估和审议公约的履行情况，该机构也开放供所有缔约方参加。

查，以及作为评审国家履行和提供进一步措施和规章的谈判论坛"①。条约机构通过定期的评审会议，不断促进缔约方就条约的实施进行谈判，并制定更加详细的规则和标准。例如，南极条约体系就借由缔约方大会促进缔约方就保护海豹、海洋生物资源和矿产资源等达成了一系列的措施。《联合国气候变化框架公约》和《生物多样性公约》也是不断修改其规则、目标，出台新的战略和计划，对国家行为进行适度的调整使得条约的实施更加高效和有力。相反，缺少条约机构监督的条约通常是低效率的，会导致条约的弃置。1940 年《西半球公约》就因此被称为"沉睡的条约"，对环境的保护非常有限。

然而，《联合国海洋法公约》并没有成立一个全球性的有关海洋保护和保全的国际机构，而是希望各国"直接或通过主管国际组织"进行合作②。这些国际组织可能是全球性的国际组织，如国际海事组织、联合国环境规划署、经济合作与发展组织，也可能是区域性的国际组织，如北极理事会、南极缔约方协商会议、"区域"海底管理局、东北大西洋区域渔业管理组织等。《联合国海洋法公约》只规定了有关海洋环境保护与保全的基本义务，并没有类似于《生物多样性公约》《跨界环境影响评价公约》《气候变化框架公约》的条约机构统筹公约的遵约和履约问题，也没有类似的附属履约机构来就公约的遵约问题进行审查并帮助缔约国履约。《联合国海洋法公约》项下义务的遵守只能借由其他的国际组织划区而治。这种模式是分散的，并不利于统筹解决海洋环境保护与保全问题。目前，这一协调全球海洋环境保护与保全行动的工作主要是由联合国环境规划署开展的。其中最为成功的就是区域海洋项目③。区域海洋项目在《联合国海洋法公约》的框架下，承载了更多区域内各国的特殊要求和利益，弥补了公约框架的疏漏，有利于增进各国的履约意愿并促进公约的实施。然

---

① 波尼，波义尔. 国际法与环境［M］. 2 版. 那力，王彦志，王小钢，译. 北京：高等教育出版社，2007：194.

② 参见《联合国海洋法公约》第 197 条。

③ 目前联合国环境规划署管理的区域海洋方案有：加勒比地区、东亚海域、东非地区、地中海区域、西北太平洋区域、西非区域和里海。非联合国环境规划署管理的区域海洋方案有：黑海区域、东北太平洋区域、红海和亚丁湾、科威特海域、南亚海、东南太平洋区域和太平洋地区。独立的海洋方案有：北极地区、南极地区、波罗的海和东北大西洋地区。

而，联合国环境规划署并非《联合国海洋法公约》项下的条约机构，并不能通过制定决议或者文件的形式，对缔约国"施压"。而且联合国环境规划署的职责也并非局限于海洋环境的保护和保全。"条约机构监督已经被证明是一个被广泛接受的条约实施方法"①，建立具有一定监督缔约国履约"权力"的条约机构或者附属履约机构似乎是未来海洋环境保护与保全的一条可行之路。

（二）遵约和履约机制

《联合国海洋法公约》并不存在一个独立的遵约和履约机制，但是与海洋环境保护与保全有关的其他国际公约已经发展出较为完善的遵约和履约机制。遵约和履约机制是一种促进遵约和处理不遵约情事的机制。目前国际法广泛采用这种机制以判断缔约国是否遵守条约义务。相比传统的事后争端解决机制，遵约机制具有成本低、非对抗和预防性的特点，已经成为国际环境条约必备的一项机制。这一机制在国际环境法中最早出现在《蒙特利尔议定书》第八条②。这种机制最早只有咨询建议的职能，发展到《生物安全议定书》③和《名古屋议定书》时已"不再是缔约方会议的咨询机构，而成为可以向缔约方提供咨询、帮助、建议并采取技术性措施的协调机构，除促进遵约的技术措施外，还大胆创设了带有惩罚性的实质措施，包括：告诫、警告；公布不遵约情事；根据缔约方会议的决定采取行动"④。2004 年《埃斯波公约》通过的第二次修正案增加了"遵约审查"（Review of Compliance）条款。各缔约国应该依据遵约程序对是否遵守公约条款进行审查。这一遵约程序是非对抗的（non-adversarial）和以帮助为导向（assisstance-oriented）的程序。遵约审查主要基于各缔约国的报告。

---

① 波尼，波义尔. 国际法与环境［M］. 2 版. 那力，王彦志，王小钢，译. 北京：高等教育出版社，2007：194.

② 《蒙特利尔议定书》第 8 条规定："各缔约方在第一次缔约方会议召开时，可以考虑和批准如何执行议定书规定的不遵约程序的具体程序措施以及对不遵约国家给予何种制裁措施。"

③ 作为本议定书缔约方会议的缔约方大会应在其第一次会议上审议并核准旨在促进对本议定书各项规定的遵守并对不遵守情事进行处理的合作程序和体制机制。这些程序和机制应列有酌情提供咨询意见或协助的规定。它们应独立于且不妨碍根据《生物多样性公约》第 27 条订立的争端解决程序和机制。

④ 秦天宝，侯芳. 论国际环境公约遵约机制的演变［J］. 区域与全球发展，2017，1（2）：54-68，156.

这一遵约程序适用于依据公约制定的所有议定书。

这一遵约机制通常含有三个步骤：国家提交履约报告、审查履约报告、采取促进或惩罚措施。国家根据这一遵约机制，需要定期提供国家履约报告。国家的履约报告是获取国家履约信息的主要来源，也是判断缔约国是否遵守公约报告义务的标准。条约机构或者指定机构（如 SBI）负责对缔约国报告内容进行审查和公布。虽然这一审查仅是对国家提交的履约报告的形式审查，并没有核实该国履约报告真实性的权利，但对履约报告审查结果的公布仍会对缔约国的国际形象产生影响。此外，报告审查的结果也会和缔约方大会或遵约机构是否采取促进措施或惩罚措施直接相关。一般情况下，如果国家是因为不具有履约能力而不能履约，缔约方大会或者履约机构会采用资金、技术等多种方式的能力建设帮助缔约国履约。如果国家是有履约能力而不履约的，缔约方大会或者履约机构可以通告不履约情况、增加下一轮的履约任务（例如，《京都议定书》的履约机构就有这种惩罚措施①，在《生物多样性公约》框架下还没有发展出这样的措施）、减少或暂停会员国的权利或资格。一般情况下，惩罚性措施的采取是极少见的，这并不符合遵约机制促进性、非对抗性的特点②。

对国家履约情况进行公开的审查和曝光，这种政治监督的技术手段是最为常见的"惩罚"措施。对不遵约的国家行为发布意见，可以增强遵约机构的权威。这种通过道德约束的政治监督方法在国际人权领域最早适用，也最为成熟。人权委员会可以接收《公民权利与政治权利公约》缔约国的报告，并在有关国家同意的情形下处理对不履行条约的申诉。《欧洲人权公约》和《美洲人权公约》还赋予个人独立的申诉资格。国际环境法领域中虽还没有发展出个人独立申诉的制度，但是对缔约国的履约情况的审查已经较为成熟。目前绝大多数的环境条约都有要求缔约方提交履约报告，并对缔约国的履约报告进行持续的审

---

① 强制执行事务组主要是采取强制性措施，包括：判定不遵约事情的存在，并予以公告；要求不遵约方拟定履约计划表；中止缔约方资格；在缔约方未遵守《京都议定书》第 3 条第 1 款的定量减排义务时，从该缔约方第二个承诺期的配量中扣减等于其超过第一个承诺期排放吨数 1.3 倍的吨数；促进事务组对不遵约缔约方主要是采取提供咨询、意见；提供资金、技术援助等建议性措施。

② 参见秦天宝，侯芳. 国际环境争端解决机制的新进展 [J]. 人民法治，2018（4）：36-39.

查和评估的表述。1982 年《联合国海洋法公约》要求国家监督环境污染的风险和评估活动的潜在影响，并向"有关的国际组织"提交报告。《生物多样性公约》要求缔约方定期提交履约报告，并先后发布了 4 次履约报告审查文件。因此，构建依托国际条约机构的遵约和履约机制是未来海洋环境影响评价体系化的重要部分。

（三）缔约国的集体协助机制

国际社会是一个平权社会，没有类似的国家权力机关维持国际的秩序。国际社会的秩序主要依靠国家之间的集体协助得以完成。国家通过让渡部分的主权就涉及双边、多边乃至人类共同利益的事项进行谈判、制定规则，以有条件的双边互惠或者无条件的多边互惠为前提，克制自己的行为以达到帕累托最优。在涉及人类共同利益或者国际社会核心利益的时候，为了保证不出现个别国家的不合作导致的集体损失，就需要各国通过集体协助制裁违反规则的国家，通过强制性的办法修正其行为。

联合国的设立就是集体协助的典范。"联合国宪章的体系，在涉及国际和平与安全的事项上，对联合国会员国和非会员国，都是以集体干涉为依据的。"①② 集体协助仅限于和平与安全领域。两次世界大战的教训，使得联合国成立之初就以维持国际和平与安全为首要目的。"二战后在吸取国联失败的经验基础上，构建了以集体协助为机制的联合国，并通过安理会的表决机制为其装上了牙齿，才使得和平与安全的需求变成了现实。"③ 因此，集体协助是和平与安全的需求。在和平与安全的范围内，借助于集体协助强制修正违反国际强行法的国家行为。经联合国的授权，各国可以采取非武力和武力措施制裁实施侵

---

① 《联合国宪章》第 2 条："各会员国对于联合国依本宪章规定而采取之行动，应尽力予以协助，联合国对于任何国家正在采取防止或执行行动时，各会员国对该国不得予以协助。本组织在维持国际和平与安全的必要范围内，应保证非会员国遵行上述原则。"

② 劳特派特. 奥本海国际法：上卷：第一分册 [M]. 王铁崖，陈体强，译. 北京：商务印书馆，1971：241.

③ 侯芳. 联合国非会员国义务的多维分析 [J]. 周口师范学院学报，2017，34（6）：101-104.

略、恐怖主义、种族灭绝等危害人类和平与安全的国家①。

在环境保护方面，特别是涉及人类共同利益的区域，建立集体协助机制，通过制裁违反规则的国家，有利于实现人类共同利益。环境保护不是部分国家的事情，需要国际社会统一的行动。如果一些国家不遵守规则，其环境损害的负面效应将会抵消其他国家的环境保护的积极效果。为了保证所有的国家遵守国际环境保护的规则，排除部分国家的搭便车行为，需要建立集体协助机制，不断修正偏离合作机制的行为，使各国的行为符合纳什均衡，最终实现环境保护的目的。

然而，环境保护领域是否已经达到了类似于"和平与安全"程度，成为人类的核心利益？如果将全球生态环境看作一个系统，那么一个国家的环境问题将会产生一系列的蝴蝶效应。任何一个环境问题都可能成为危及人类和平与安全的大问题。第三次世界大战将会是全体人类针对环境、贫穷、疾病等自然因素的战争。然而，有些环境问题的损害后果需要一定的期限才能显现。比如，汞、镉等重金属的污染问题就具有一定的累积性和区域性的特点。再比如，一国国内的工业事故导致的环境损害、一国国内的砍伐森林等活动在不造成跨界损害的情况下，短期内的环境损害后果仅局限于一国国内。目前的国际法对这些没有明显造成全球环境损害的行为不作过多的硬性或惩罚性规定。也就是说，这些没有造成跨界环境损害或者全球环境损害的行为，不应该视为需要进行集体协助的对象。这些行为损害的不是人类的核心利益。

然而这些行为通过一定时间的累积，就会显现出全球效应。例如，重金属的污染问题随着全球化学品和危险废物的进出口，变成全球性的问题。一国国内森林的毁损将会直接导致全球生物多样性的丧失。一国国内的温室气体排放，也将会导致全球升温、极地冰雪融化、海平面上升、小岛屿国家消亡。因此，环境问题随着时间的累积，最终将会变成类似于"和平与安全"的人类核心利益问题。生态安全问题应该逐步纳入"和平与安全"的范围。对严重的环

---

① 非武力措施包括经济关系、铁路、海运、航空、邮、电、无线电及其他交通工具之局部或全部停止，以及外交关系之断绝。武力措施包括必要的空、海、陆军行动，包括联合国会员国的空、海、陆军示威、封锁及其他军事行动。

境问题，可以授权联合国采用集体协助机制。何为"严重"的环境问题，可以交由联合国安理会进行表决。

是否需要采取集体协助，不仅与环境问题是否达到"和平与安全"的程度有关，还和是否有其他替代方法有关。如果没有集体协助机制，仅靠国家的自主行为就能实现环境保护的目的，即使该问题已经达到"和平与安全"的程度，也无须进行集体协助。这即是"自助"和"他助"的两种方式。环境保护大多数情况下都是由国家以"自助"的方式实现的，正如环境影响评价的展开归根结底还是要依赖于国家的国内程序一样。国内环境立法、执法和司法保护了地球70%以上的环境。然而，跨界环境问题和国际公域涉及多方国家利益或者人类整体利益的区域，一国的行动可以保证一国的利益，却很难兼顾他国和整个人类的利益。违反条约义务的国家损害的并非其一国的利益，而是其他国家或者人类的整体利益，传统的退约或者终止条约的做法并不能起到惩罚的作用。"他助"就成了"自助"的补充。气候问题方面最能说明这一点。虽然科学已经表明人类的活动排放的温室气体是导致目前全球升温的主要原因，各国也制定了《联合国气候变化框架公约》《京都议定书》《巴黎协定》等一些系列的规则，但是仅靠各国的努力很难实现全球温控的目标，还需要来自条约机构或者其他国际机构的监督。

国际机构有助于法律的实施，它们代表了一种集体协助（共同监督）的新形式。"国际机构的规制和监督已被认为是一种潮流，不是采用严格的司法方式，而是通过利益的公平权衡和特别的政治妥协来解决冲突。通过这种方式，国际机构成了通过讨论和谈判以促进争端解决和保证条约履行的论坛，而不是通过法律问题的裁判和解释来达到这两个目的。此外，论坛上的共同体压力和其他国家的监督比其他更具有对抗性的方式更为有效。"①

目前，在南极环境保护中，以南极缔约方协商会议制度为核心的集体协助机制已经初步成型。南极环境保护委员会要求缔约国保证非会员国履行《南极条约》及其议定书中的环境保护的义务。南极缔约国通过缔约国的船旗国管辖、

---

① 波尼，波义尔. 国际法与环境［M］. 2版. 那力，王彦志，王小钢，译. 北京：高等教育出版社，2007：195.

港口国管辖、登临检查等集体措施实现了南极环境保护的目标。此外，公海保护区的建立、国家管辖范围外生物多样性的保护和可持续利用的国际文书的谈判、区域矿产资源勘探与开发规章的制定都是集体协助机制的进一步的发展。这些集体协助虽未达到联合国安理会集体协助的强有力的层次，但是通过缔约方之间的互相的监督也能实现条约设立的目的。这些监督措施包括条约机构的监督和报告、市场准入、环境影响评价、核查①等。

二、争端解决

（一）国际裁判

《联合国海洋法公约》第十六部分就公约的解释和适用问题规定了多种解决路径：调解、各种形式的仲裁、国际法院和一个新的专门的国际海洋法法庭②。涉及海洋环境影响评价的《联合国海洋法公约》第 204—206 条的解释和适用问题的争端可以适用公约的解决机制。2001 年莫科斯工厂案即为联合国海洋法法庭受理的有关环境影响评价的实践。在该案中爱尔兰主张英国没有适当履行环境影响评价义务向国际海洋法法庭申请临时措施③。

国际海洋法法庭、国际法院、仲裁法庭或特别仲裁法庭之间并非就案件的类型划而治之，而是通过国家自由选择来获取管辖权。如果当事国不能就争端解决机构达成协议，那么仲裁就会成为强制性的解决方法。因此《联合国海洋法公约》的争端解决机制被称为强制性的争端解决程序。

这种强制性的争端解决程序的适用是有许多前提的。首先，适用公约项下的司法或者仲裁程序需要满足"用尽当地救济"原则。如果争端各方能够达成

---

① 一般情况下的核查只有在得到国家请求时才会使用。在环境条约中，国际机构的核查不是一般情况而是例外。国际捕鲸委员会有权派遣观察员登临捕鲸船检查并向委员会发回报告。但是观察员是由愿意参加这个机制的成员国在相互同意的基础上任命的。在实践中这就意味着来自捕鲸国的观察员是被任命来相互检查履约情况的。这就缺乏独立的强制核查。少数渔业条约也有类似的核查条款。只有在南极条约体系中，强制核查才被认可为确定违约的可能措施。

② 国际海洋法法庭是依据《联合国海洋公约》设立的独立司法机构，包括海底争端分庭和 4 个特别分庭（简易程序分庭、渔业争端分庭、海洋环境争端分庭和海洋划界争端分庭）。

③ ITLOS. The MOX Plant Case：Ireland v. the UK ［EB/OL］. itlos. org，2001-10-25.

和平解决争端的协议，应优先适用协议中选择的方法解决争端。如果争端各方依据一般性、区域性或双边协定或以其他方式缔结的协议，存在一个能导致有拘束力裁判的程序时，应优先适用协议规定的程序。能导致有拘束力裁判的程序可能是司法、仲裁或者不遵约程序。其次，在适用司法或者仲裁程序之前，国家可以选择适用调解程序。争端一方的缔约国可以邀请其他国家依据《联合国海洋法公约》或者其他的调解程序进行调解，如果另一方接受邀请即可按照调解程序解决争端。如果另一方未接受邀请或争端各方未就程序达成协议，调解应视为终止。再次，争议双方可以在任何时间选择第 287 条中的一个或一个以上方法解决争端。任何时间可以是签署、批准或加入公约时，也可以是争端发生之后。缔约国可以选择国际法院、国际海洋法法庭或特别仲裁法庭，也可以选择仲裁。如果争端双方达成解决争议的一致方法，仅可依据这种方法解决争端。最后，只有在争端双方未达成解决争议的一致方法时，才仅可以适用附件七规定的仲裁程序。因为国际法院、国际海洋法法庭等司法解决方法，必须以争端双方的共同同意为前提。

　　国际海洋法法庭的创立对于海洋环境保护和生物多样性的争端解决具有重要的意义。第一，国际海洋法法庭是依据《联合国海洋法公约》成立的专门司法机构，解决有关公约的解释和适用的争端。国际海洋法法庭拥有 21 位在海洋法领域具有权威的法官，可提供专业的知识和程序，分担国际法院的诉讼负担。国际海洋法法庭或分庭的专业性还体现在法官的专业性。法院或者依据附件七成立的仲裁庭的仲裁员都必须是"海洋法领域具有公认资格"的人或者具有"海洋事务经验"的人士。依据附件八任命的专门仲裁员不必是法律人，但必须是渔业、海洋环境保护、科学研究和航海领域具有专门知识的人员。第二，1995 年《鱼类种群协定》将公约的争端解决条款扩大到了该协定项下或任何有关的区域渔业条约下，这意味着任何海洋环境保护和海洋生物资源养护方面的法律争端均可提交联合国海洋法法庭予以解决。第三，国际海洋法法庭还可以依据初步证据，采取适合的临时措施，以保全争端各方的权利或者防止对海洋环境造成的严重损害。整体而言，国际海洋法法庭相比国际法院更具专业性。

　　国际海洋法法庭还可以就国际海洋法中的法律问题发表咨询意见。这些咨询意见虽然不具有法律约束力，但是可以被视为对一般国际法的权威陈述，对国际海洋法的发展有着重要而深远的影响。目前，在海洋法领域，只有国际海底管理局可以向国际海洋法法庭提请咨询意见。2010 年海底争端分庭的咨询意见是国际海洋法法庭受理的第 1 例咨询意见案。在该案中法庭确认担保国应该履行的尽职义务包括 1994 年《关于执行 1982 年 12 月 10 日〈联合国海洋法公约〉第 11 部分协定》（以下简称《执行协定》）规定的进行环境影响评价的义务，而且确认环境影响评价是习惯国际法规定的一般义务①。这一咨询意见第一次将跨界环境影响评价义务扩展到国家管辖范围以外的"区域"，并将活动的范围从纸浆厂一案中的"工业活动"扩展到"区域"矿产资源勘探和开发活动。这一咨询意见还提及《联合国海洋法公约》第 206 条，要求各国据此开展海洋环境影响评价。该咨询意见对海洋环境影响评价的一般国际法有重要的促进作用。

《关于环境保护的南极条约议定书》的争端解决机制和《联合国海洋法公约》的争端解决机制类似，都是采用综合性环境争端解决机制，包括谈判、调查、调解、和解、仲裁、司法解决等多种和平方法。议定书给予国家在任何时候选择国际法院或仲裁法庭解决有关内容的解释和适用的争端。议定书虽然没有建立类似于国际海洋法法庭的专门法庭，但是也有用尽协商或调解程序的规定和强制性仲裁的规定。国家可以自愿选择解决争端的方式，但当协商和调解的努力用尽，并且无法达成解决争端方式的一致意见的时候，就必须进行强制性的仲裁。依据附件，仲裁程序指定的仲裁员必须是"应对南极事务富有经验，精通国际法并在公正、能力和品德方面享有最高声誉"②的人。仲裁庭还可以采取临时措施，保护争端各方各自的权利或者防止对南极环境或依附于它的或与其相关的生态系统的严重危害。在裁决作出之前，争端各方应遵守防止对南极环境造成严重危害的临时措施③。

《埃斯波公约》的争端解决机制和《关于环境保护的南极条约议定书》的争端解决机制基本相同，都鼓励争端方就公约的解释或适用问题的争端寻求谈

---

① 参见高之国，贾宇，密晨曦. 浅析国际海洋法法庭首例咨询意见案 [J]. 环境保护，2012（16）：51–53.

② 《关于环境保护的南极条约议定书》有关仲裁的附件第 2 条。

③ 参见《关于环境保护的南极条约议定书》有关仲裁的附件第 6 条。

判等双方均可接受的方法。《埃斯波公约》的争端解决机制和《关于环境保护的南极条约议定书》的争端解决机制的不同主要体现在《埃斯波公约》未设置单方的强制仲裁程序。虽然缔约国可以通过声明的方式选择将争端提交给国际法院或依据附件进行仲裁，但司法或仲裁均需要以双方国家接受为前提。UNECE的网站上公布的具有典型特点的案例中纠纷要么是通过将缔约国国内程序不歧视的适用于受影响国和公众的方式，要么是通过联合评估的方式解决的。争端解决条款至今都没有被诉诸实践。

具有强制性的争端解决程序是公约得以实施的"牙齿"。条约只有具有强有力的争端解决程序才能保持权利和义务的平衡，只有通过不断解释才能适应新情势所带来的规则挑战，只有合理的权力配置才能在松弛之间得以发展。然而，国际司法或者仲裁的争端解决方法不仅需要争端双方的同意，还需要有明确的可以适用的法律规则。这两个要求使得其在国际环境法中的适用受到了极大的限制。

首先，基于上述三个国际条约的争端解决机制分析，国际裁判无论司法或是仲裁均以国家同意为前提。特别是国际司法案例都是以争端双方的同意为法院获取管辖权的依据的。单方国家不能提起司法诉讼。强制性的单方仲裁程序，哪怕仅仅是作为最后的争端解决方式予以适用，也不能优先于双方国家自愿选择的争端解决方法。

其次，司法或仲裁的解决方法无法解决多边性质的环境问题。"在国际法院和国际海洋法法庭面前，只有第三方是争议条约的成员国而且是围绕条约的解释或适用发生的争议，第三方才可以当然有权进行干预。"① 仲裁中第三国介入的情况就更罕见。国际法中更加倾向于允许第三方另行起诉，而非参与其他国家的案件。这是因为第三国的干预会使得原本就很难解决的国际争端雪上加霜。因此，国际法不具备创设公益诉讼的可能性，即便是那些涉及人类整体利益的环境问题，也无法通过国际裁判予以解决。即便有国家就国际公域的环境问题提起司法或仲裁程序，但这些国家也仅能代表本国利益，无法代表人类整体利

---

① 波尼，波义尔. 国际法与环境 [M]. 2 版. 那力，王彦志，王小钢，译. 北京：高等教育出版社，2007：211.

益。唯有国际组织可以以"被托管人"的角色代表整个人类的利益，提起司法
或仲裁程序。目前，国际海底管理局是唯一拥有这种权力的机构，可以在避免
深海开发对环境的不利影响的情况下，提请国际法院或国际海洋法法庭做出
咨商①。

最后，国际裁判无法解决一些正在形成中的国际环境法问题。国际环境法
是发展最为迅速的国际法，也是最为典型的事后应对型的法律。国际环境法是
正在形成中的国际法，大量的习惯国际法（如跨界环境影响评价规则）只是原
则性的义务，并不具备规则清晰可供操作的规则。在习惯国际法内涵尚未达成
充分共识的情况下，争端当事国不愿也无法将争端诉诸国际裁判。一项司法或
裁判确立的规则或者对习惯国际法的解释很可能会导致其他国家的反对②。当事
国更希望或喜欢通过协商或谈判等外交方法解决环境争端，将习惯国际法的解
释或规则的塑造权掌握在国家手中③。

（二）外交方法

外交方法主要有磋商和谈判、调停和斡旋、调解和调查④。磋商和谈判是争
端当事国之间最常用的一种争端解决方法，《联合国海洋法公约》《关于环境保
护的南极条约议定书》《埃斯波公约》均鼓励国家优先选用谈判和磋商。调停和
斡旋是借助第三方进行的谈判。1974 年《赫尔辛基保护波罗的海区域海洋环境
公约》和 1979 年《保护欧洲野生生物和自然栖息地公约》（简称《伯尔尼公
约》）规定缔约国可以选择通过调停和斡旋来解决争端。调查和调解是借助第
三方机构给出科学或法律意见的方法为国家解决争端提供参考。调查主要借助
独立的国际机构就事实问题而展开的认定程序。《联合国海洋法公约》和《埃斯
波公约》设置了调查委员会。调查委员会可以就拟议活动是否可能造成显著不

---

① 《联合国海洋法公约》规定，经国际海底管理局大会或理事会请求，海底分庭应对其活
　动范围内发生的法律问题提出咨询意见。2010 年 5 月—2011 年 2 月，法庭受理的第 17
　号案——国家担保个人和实体在"区域"内活动的责任和义务的咨询意见，是国际海
　洋法法庭首例咨询意见案，也是海底分庭的受理案件。参见高之国，贾宇，密晨曦. 浅
　析国际海洋法法庭首例咨询意见案［J］. 环境保护，2012（16）：51-53.
② 如菲律宾不顾中方反对单方提起的南海仲裁案，就遭到了国际社会的反对。
③ 如切尔诺贝利灾难或欧洲和北美的酸雨问题。
④ 参见邵津. 国际法［M］. 5 版. 北京：北京大学出版社，2014：423-453；王曦. 国际
　环境法［M］. 2 版. 北京：法律出版社，2005：114-132.

利影响进行调查。因环境问题与环境科学有密切的关系，在判定环境问题是否存在时，借助调查程序可以为国家解决环境争端提供科学的基础。调查程序并不妨碍争端的最终解决。调解主要是国际机构就法律问题提供建议。调解委员会仅是为国家提供建议，不是类似国际法院或国际海洋法法庭的司法裁判机构。因调解程序的中立性，易被争端国家所采用①。调解程序被广泛应用于多边条约的争端解决机制中。《关于环境保护的南极条约议定书》《埃斯波公约》均含有调解程序。《联合国海洋法公约》第284条和附件5专门设置了详细的调解程序。

外交方法解决有关跨界环境影响评价的争端相比国际裁判更受国家的欢迎。首先，外交方法能将争端限定在争端双方之间，避免争端的国际化。其次，双方可以通过充分的沟通，达成双方均满意的解决方案，而非国际仲裁单纯的胜负裁定。再次，外交方法相比耗时冗长的国际裁判更具效率。另外，国家之间争端解决除了依据国际法，还可以基于环境、经济、政治和社会的整体考虑而达成最终协议。最后，外交方法有助于解决多方或正在形成中的国际法问题。争端国家可能基于环境问题的严重性而采用正在形成中的习惯国际法规则解决争端。

（三）争端解决和争端预防

国际裁判和外交方法均着眼于环境损害发生之后的事后应对，侧重于环境损害的追责。因为环境损害的严重性和不可逆性，事后的追责对生态环境的恢复效果甚微。"环境风险的防控要求采取争端避免的机制，即存在环境问题的风险时，应该采取国际合作，而不是等到风险变成争端再采取行动。"② 条约机构的监督以及遵约和履约机制为代表的争端避免机制已经成为国际环境治理的新宠。"但是，也应当认识到，目前争端解决机制相对争端避免机制更加成熟，国际规则和国际司法实践也较为丰富，在国家主权平等的国际法秩序下，仍然是解决环境争端的最主要的途径。而争端避免机制仍处于发展中，其要不是程序性的，要不就不具有法律约束力，且多侧重于条约的履约和遵约。争端的避免建立在国家自愿和合作的基础上，不同的条约反映出国家不同程度的合作意

---

① 如美国和加拿大国际联合委员会就负有调解职能，挪威和冰岛之间的海洋边界争端也采用了调解程序。

② 秦天宝，侯芳. 国际环境争端解决机制的新进展 [J]. 人民法治，2018（4）：36-39.

愿，争端避免的具体机制的采取也不尽相同。故而，只有统一事前的争端避免机制和事后的争端解决机制方为良策。"①

三、能力建设

能力建设不仅是条约约文的明确规定，也是遵约机制主要的促进措施。有些学者认为能力建设是"国际环境公约在国内适用的新形式"②。笔者认为，能力建设是促进公约在国内法适用的一种机制，并不是国家适用公约的新形式。对公约的适用，是以接受者——国家为视角，不是以促进者——国际公约为视角。能力建设显然是促进者的促进措施，不能归为国际法在国内适用的形式范围。

能力建设符合国际环境法中的"共同但有区别的责任原则"。发展中国家的生态环境保护不仅是一国的内政，还是人类社会共同关注的问题。发达国家在环境问题的历史责任问题上负有主要责任，应该秉持着国际环境问题的人类共同利益观，帮助发展中国家进行能力建设。《生物多样性公约》明确将发展中国家缔约国是否有效履约和发达国家的财政和技术支持相衔接③。能力建设对于发展中国家的履约非常重要，发展中国家的资金、技术和人力资源都比发达国家落后，而且强制性的履约公约义务将会牺牲国内的经济发展。如果能通过能力建设帮助发展中国家提高履约能力并对经济牺牲做出适当的补偿，能极大地促进发展中国家履约。能力建设在国际环境法中拥有比较成熟的实例。《保护臭氧层维也纳公约》《气候变化框架公约》《京都议定书》等都有类似的规定，并且将能力建设细分为建立基金、技术转让、人力资源培训、市场机制（《京都议定书》清洁发展机制、遗传资源的获取和惠益分享机制）。

《联合国海洋法公约》第206条要求各国在"实际可行的范围内"就拟议活动对海洋环境的可能影响做出评价，就是"共同但有区别的责任原则"的体现。相比国际环境法中的能力建设，海洋法中还未发展出资金援助、人力资源培训

---

① 秦天宝，侯芳. 国际环境争端解决机制的新进展［J］. 人民法治，2018（4）：36-39.
② 万鄂湘. 国际法与国内法的关系研究［M］. 北京：北京大学出版社，2011：288-301.
③ 《生物多样性公约》第20条："发展中国家缔约国有效地履行其根据公约作出的承诺的程度将取决于发达国家缔约国有效地履行其根据公约就财政资源和技术转让作出的承诺，并将充分顾及经济和社会发展以及消除贫困是发展中国家缔约国首要优先事项这一事实。"

和市场机制的例子，但是《联合国海洋法公约》第14部分提及了海洋技术的发展和转让。该部分特别提及国际海底管理局在协调海洋技术转让方面的作用。国际海底管理局代表全人类的利益，全面管理"区域"内的活动。"区域"开发活动实行平行开发制，以国际海底管理局成立企业部进行开发和缔约国的自然人或法人申请开发并行。申请者或承包者须向管理局提交两块价值相当的矿址。其中一块保留给企业部自己开发或者同发展中国家联合开发，另一块由申请者自行开发。这种开发制度充分体现了技术和资金的转让①。"区域"虽为人类共同继承的财产，但是国际管理局和发展中国家缺少开发的技术和经费。发达国家虽然拥有技术和经费，但是任由其自由开发将会侵害人类整体利益或发展中国家的利益。作为发达国家和发展中国家两大阵营的折中，平行开发制能够使管理局从发达国家那里获得技术和经费，也能使发达国家从"区域"开发中获益。管理局可以用开发得来的收益对发展中国家进行资金援助、技术援助和人员培训②。

第四节 自愿接受的国内实施路径

一、国家接受国际法的原因

（一）基本理论

国家对国际法的接受与否主要取决于国家自身的利益，也受到群体利益（如人类共同利益）的影响。根据国际法的基本假设——"条约必须信守原则"，条约一旦缔结对缔约方就有法律约束力，国家不得以其国内的法律为由拒绝履行国际条约义务，违背国际条约义务需要承担国家责任。这一原则被视为国际法效力的基础，然而这一原则是一个假设，无从探究其真伪。从国际政治

---

① 参见金永明. 国际海底区域的法律地位与资源开发制度研究 [D]. 上海：华东政法学院，2005，63.
② 参见《联合海洋法公约》第274条。

的角度来看国家为什么要遵守国际法更为客观和实际。一国为什么会甘愿接受一些包含了义务的条约？最简单的原因就是条约可以使国家获益：进一步提升利益，或避开可能的损害。这又分为几种情况：

1. 如果条约不要求改变其行为方式，行为主体很容易就会决定遵守条约。因为这种遵约几乎不需要调整国内法。欧洲国家因为其国内的环境保护标准比较高，在国际环境治理中通常会扮演积极推进者的作用，并借助于谈判，形成国际法，并通过国际法扩散的机制，将调整行为的压力转移至别国。法国希望制定《全球环境公约》，以此推动国际和国内的环境法治，多是出于这种利益考量。

2. 如果公约禁止或者调整的行为只限于部分国家，那么没有从事这些行为的国家，当然就能完成履约，并限制其他有能力从事这些行为的国家。比如，南极、北极和"区域"海底资源的勘探开发领域，有能力进行科学研究和勘探开发的仅为极少数的国家，无能力从事这些行为的国家自然乐于促进这些区域的高环保标准的国际条约的出现。

3. 遵守国际法虽然需要调整其国内法，但是符合国内改革和法治建设的需求，两者的目标并不违背。在这种情况下遵约就是国际和国内两个层面的耦合。因此，不管其他国家是否会遵约，该国肯定会遵约。如果一个国家正在转型升级，淘汰三高企业，那么《气候变化框架公约》《京都议定书》的遵约就成为一国国内法治进步的副产品和推动器。

4. 如果遵守国际法会小幅度调整国内法，遵约虽然不符合国内经济发展的短期利益，但是会带来长远利益。在这种情况下，国家一般会趋于国际压力选择遵约或寻求国际援助来帮助自己遵约。例如，《关于消耗臭氧层物质的蒙特利尔议定书》要求淘汰消耗臭氧层的物质。虽然一国出于短期经济发展的需求和国内落后的技术，可能会选择短期利益，如美国退出《京都议定书》《巴黎协定》便是出于这种情况；但如果国际条约是普适性、正当性、公正性的，反映了一般国际社会的愿望，国际社会也通过集体协作形成合力，借由多种软硬相间的法治扩散途径①，也可能使这些国家做出遵约的选择。比如中国加入WTO，虽然需要修改很多国内法，但是这种遵约会给中国带来长期的利益；再

---

① 环境条约通常不容许对条约进行保留，也就是要么全盘接受，要么被排除在规则之外，也可以说是一种集体胁迫。

比如《关于汞的水俣公约》全面禁止汞的生产和使用，部分以开采汞矿为生的国家和以生产加工含汞产品的企业会积极反对这一公约的实施，但是基于汞的长期危害和国际社会集体合作，一方面帮助这些国家转型升级，另一方面通过禁止有关汞产品的国际贸易达到迫使这些国家遵约的目的。

5. 如果遵守国际法需要大幅度调整国内法，且不符合国内的短期和长期利益，在这种情况下国家一般会抵制这种条约，例如不平等条约、霸权条约等。如果这个时期存在一个超级霸权国，该霸权国可能会通过武力、经济等多种渠道强制处于弱势的国家遵守条约。如美国在经贸领域经常用其国内的 301 条款、知识产权和绿色壁垒来强迫其他国家接受其霸权条款。在国际环境法领域这种环境霸权国家还未有显现①。

还有一种非基于一国之利的遵约理由——人类共同体的利益。环境问题所影响的从来都不是一个国家或者一部分人的利益，国际环境法也是为保护全人类的共同利益而存在的。只有各国从全人类共同的利益出发，摒弃二元对立观，建立共商共建共享的国际环境法治和国内环境法治，全球环境治理才能真正实现。

依据博弈论的原理，如果国家采取合作遵约的话，将会产生环境最优。然而各国总是会受到国内各种利益集团的影响，很难实现环境保护的合作遵约。一方面是因为如今的国际社会仍然是"丛林社会"，想要建立人类命运共同体并非一朝一夕的事情；另一方面，环境问题具有负外部性，每个国家都出于自身利益最大化的考虑，做出损人利己或损人不利己的行为，很难实现纳什均衡。例如，气候变化领域，国际社会已经普遍认识到温室气体排放和全球变暖之间的关系，也达成了《巴黎协定》将全球气温升高限制在 2℃ 的共识，然而各国的自主贡献减排的温室气体并不能实现《巴黎协定》的温控目标。这些国家虽然有出于人类整体利益的考量，但更多的是担心自己国家的减排对国内经济的影响，以及其他国家的不作为和搭便车行为使得自身国家利益的相对减少，一些发达国家（担心其他国家搭便车）和受气候变化影响的小岛屿国家（担心其他国家的不作为会直接影响自身的生死存亡）坚持要求所有国家均作出减排承诺，特别是要求新兴发展中大国承担强制的减排责任。"共同但有区别的责任原

---

① 参见王晓丽. 国际环境条约遵约机制研究［D］. 北京：中国政法大学，2007.

则"已经越来越强调共同责任了，发展中国家长期坚持的区别责任原则受到了极大的挑战。这种分歧直接导致气候变化领域国家履约的力度和意愿的严重不足，《巴黎协定》难以真正落地。每个国家都想控制全球气温升高，降低二氧化碳的排放量，但是国际社会的无政府状态又会导致部分国家担心其他国家的不作为会从本国的牺牲中获得相对利益，这些国家要么选择不遵约，要么要求所有国家均作出减排承诺。如果要破解这一难题，只能加强公约的透明度，对不遵约的国家施加胁迫、利益诱导、惩罚等措施，迫使国际社会做出统一行动。

然而，目前在气候变化领域缺乏这样能迫使他国遵约的大国，也没有强有力的遵约机制，更没有放弃成见、和衷共济的国家决心以及类似于和平与安全领域的集体行动机制。部分国家的退约行为和不遵约行为就是因为国际环境法治中缺少强制遵约机制。唯有等到各国能真正认识到环境问题的全球性和人类的生死攸关性，将其并入"和平与安全"问题，摒弃狭隘的国家利益观，以人类共同利益为出发点，才能建立这种集体行动机制。

（二）中国接受跨界环境影响评价制度的理由

中国已经加入了多个含有跨界环境影响评价的国际条约，包括普遍性条约如《联合国海洋法公约》《生物多样性公约》，区域性条约如1995年《图们江经济开发区及东北亚环境准则谅解备忘录》，双边条约如2008年1月29日中俄签署的《关于合理利用和保护跨界水的协定》。中国在实践中也遵守了国际条约和一般国际法中的跨界环境影响评价义务[1]。

中国接受跨界环境影响评价主要是因为遵守国际法虽然需要调整其国内法，但是这符合国内改革和法治建设的需求，两者的目标并不违背。

---

[1]　中国在边境地区建设的项目，如黑龙江和广西边境地区的工厂，考虑了排污对邻国的影响，特别是对排入跨界河流和大气中的污染物。2011年中国和哈萨克斯坦合作修建的霍尔果斯河友谊联合引水枢纽工程，双方在决定各自从界河中提取水的数量时，考虑了引水渠下游的生态安全。中国疏浚澜沧江—湄公河河道的工程，经泰国、老挝和缅甸政府批准，由中国交通建设集团第二航务勘探设计院负责勘探和设计方案，并征询了沿岸社区居民的意见，考虑了疏浚河道后水流增加可能对鱼类产卵和河岸侵蚀等影响。2008年中俄决定共同建设一座跨越黑龙江的铁路大桥，2012年中俄修订了修建大桥的议定书，特别增加了修建黑龙江界河桥，不应改变该地区的生态安全内容，中方随后也在桥梁建设之前，对桥梁的建设和施工方案的环境影响进行了评估。参见边永民. 跨界环境影响评价的国际习惯法的建立和发展 [J]. 中国政法大学学报，2019（2）：32-47，206.

中国遵守有关跨界环境影响评价的国际法，需要调整中国的国内法。中国既有的有关环境影响评价的国内法有《中华人民共和国环境保护法》（简称环境保护法）和《中华人民共和国环境影响评价法》（简称环境影响评价法）。环境保护法不涉 ABNJ 环境问题。环境影响评价法也仅适用于在中国领域和中国管辖的其他海域内建设对环境有影响的项目，不涉及国际公域的环境影响评价。因此，中国接受跨界环境影响评价的国际法，需要调整中国国内法。

中国遵守有关跨界环境影响评价的国际法符合国内和国际法治改革和建设的需求。中国既有陆地边界也有海洋边界，不仅涉及陆地上的跨界环境影响评价，也涉及海洋上的跨界环境影响评价。随着中国在深远海的勘探，中国已经具有开发"区域"矿产资源的资格和能力，接受环境影响评价是负责任大国的体现。同时，中国拥有广袤的领土和海洋，规避邻国对我国的跨界环境影响也将是未来值得关注的问题。特别是"一带一路"倡议的展开，中国将与世界更加紧密相连，为了国际社会的整体利益和中国的国家利益，遵守跨界环境影响评价的国际法（包括海洋环境影响评价的国际法）是符合中国的国内法治和经济发展需求的。因此，遵守跨界环境影响评价的国际法和保障中国的长远利益目标是一致的。

二、国家接受国际法的方式

（一）基本理论

根据国际法对国内法的促进理论，国家对国际法的态度主要有接受（reception）、并入（adoption）、采纳（adaption）、抵制（resistance）。这一促进理论采用的是政治学的相关术语。比照国际法上的相关术语，接受对应的是"条约的签署"，也就是国家表示接受国际法的效力，其方式可以是签署、批准、加入、换文、单方声明等。并入和采纳对应的是"纳入"和"转化"。如果一国抵制相关的国际法，那么其一般不会加入该公约，例如，美国为抵制对自身不利的国际法，没有批准《联合国海洋法公约》，并退出了《京都议定书》《巴黎协定》。如果一个国家要抵制习惯国际法，则需要反复明确表明该国反对某个习惯国际法对其适用的立场。习惯国际法只对一贯反对者无效。如果对条约中的某个条款进行抵制，通常可以做出保留，但国际环境条约出于环境问题的全球性，条约全文经常作为一揽子协议要求缔约国全盘接受或者不接受，不允许做出保留。故而，对缔约国还未发生法律效力的国际条约和条款的抵制，只表现为不签署、不批准、不加入条约，而对那些已经发生法律效力的国际条约的抵制，则直接表现为退约。

整体纳入法，即通过概括性宪法、法律等将对一国生效的国际条约全部并入该国的法律体系。采用这种方法的国家主要有美国、德国、日本、荷兰、波兰、瑞士等适用国际法和国内法一元论的国家。"根据美国宪法，国际环境公约一经国会批准即取得与联邦法律相同的法律地位，但条约被分为自动执行的条约和非自动执行的条约。前者不需要立法转化即可在国内适用，后者需要国会通过国内立法将其转化后才能在国内直接适用。美国的国际环境公约一般是非自动执行的条约，需要整体纳入国内法体系后，再进行补充性立法的方式予以适用。"① 美国对于习惯国际法的适用只需要法院通过国内法的指引即可。"德国、法国、日本、瑞士等大陆法系国家一般采取将国际公约（包括国际环境公约）纳入的方式在其国内适用。条约生效后该条约就是国内法的一部分，不需要以进一步的国内法律行动为适用的前提。然而，最新的环境立法表明这些国家出现了一些新的变化。如德国对《气候变化框架公约》《京都议定书》的国内适用是采用制定政策性文件和法律文件的方式来完成的。"② 法国和日本也针对《京都议定书》的适用采用了转化立法的方式。

采用二元论方法的国家主要有英国、意大利、英联邦国家、北欧诸国、意大利、加拿大。这些国家对环境公约采用转化的方式予以适用。根据英国宪法，国际环境公约必须经议会转化为国内法才可以实施，而且转化后的法律也非最高法律，仅为一般国内法。

（二）中国适用跨界环境影响评价制度的方式

"国际条约如何在中国适用，我国的宪法和宪法性法律并未做出明确的规

---

① 万鄂湘. 国际法与国内法的关系研究［M］. 北京：北京大学出版社，2011：300.

② 德国颁布了《98 环保报告》《走向可持续发展的德国》《德国可持续发展委员会报告》《面向德国 21 世纪环保发展纲要》《可持续发展计划的环保经济新政策》以及《再生能源法》，既有政策性文件也有法律文件。法国制定了《控制温室效应国家计划》。日本制定了《防止全球变暖措施促进法》。万鄂湘. 国际法与国内法的关系研究［M］. 北京：北京大学出版社，2011：300-301.

定。根据宪法和我国法院直接适用条约的事实来判断，我国属于以一元论的整体并入法。国际条约整体上优先于包括宪法在内的国内法。"① 根据赵建文教授的观点，国际条约在中国的适用既有直接适用，也有间接适用。"立法通过两种方式表明条约的直接适用：一是规定国际条约调整的事项不再适用国内法，二是规定国际法和国内法相冲突时适用国际法。这种直接适用法主要适用于民商事性质的涉及私人权益的国际条约。"② 民商事以外的条约，如人权条约、经济贸易条约、国际刑事合作条约的相关条约则是采用间接适用的方法——通过立法加以转化。

上述论断基本上可以适用于环境保护领域。虽然有些国内立法并未规定"国际环境条约优先适用"，但国际环境条约作为国际法的一部分应当整体优于国内法加以适用。国际环境条约的适用采用的是整体并入法。理论上凡对中国有法律约束力的国际环境条约都可以直接在国内适用，但是国际环境条约的直接适用存在困难。一是国际环境条约多采用框架结构的方式，其内容大多是原则性的，缺少可直接适用的规则。二是国际环境条约对缔约国国际层面遵约的程序性规定比较具体，但对国内层面实施的实体性义务规定比较模糊。国际条约的实施通常需要国家以国内配套立法政策的形式细化落实。在跨界环境影响评价的国际法的国内实施方面，因《联合国海洋法公约》、南极条约体系和"区域"勘探和开发规章对国家的跨界环境影响评价只做了框架性或者定性的要求，故而中国国内的配套立法政策较少③。今后，中国应该在环境保护法和环境影响评价法中增加有关跨界环境影响评价的范围，不仅要涉及国家管辖范围内海域中建设的项目，还要包括国家管辖范围外（国际公域）处于国家控制下的项目。另外，针对北极、南极和"区域"还应该制定具体的跨界环境影响评价的指导纲要。这些指导纲要可以以部门的名义制定为规章，也可以以技术文件的形式供项目的承包者参考。

---

① 赵建文. 国际条约在中国法律体系中的地位 [J]. 法学研究，2010（6）：192-208.
② 同上。
③ 中国海洋局 2018 年出台了《南极活动环境保护管理规定》。

本章小结

海洋环境影响评价的实施采取以程序为导向的实施方式。国际环境问题的紧迫性需要国际环境立法做出迅速和有效的应对，"框架公约+议定书+附件"的伞状立法模式符合应对环境问题的要求和国际环境法的发展过程。以实质性的义务要求作为呼吁或者国际社会共同努力的目标，辅之以渐进发展的程序性规则来限制和指导国际社会的统一行动。这种发展过程兼具效率和效能，不仅很好地回应了国际环境问题的紧迫性，而且通过柔和的方式凝聚了国际社会的共同努力。海洋环境影响评价就是依托《联合国海洋法公约》为缔约国设置了实质性的义务，而后通过区域的环境保护公约或渔业公约为缔约国设置了具体的程序性义务，并辅之以不具法律约束力的附件或指导纲领。同时，海洋环境影响评价本身就是全过程的程序性规则。从甄别、环境影响评价报告范围和内容的确定、通知和磋商、公众参与、最终决定、项目后监督到执行的所有规则，无不是程序性的规定。

从法治的扩散理论来看，一项具有普遍性和合法性的国际法要对国家产生影响，需要经由多种实施路径实现法治的扩散，并且通过自愿或强制的方法使得国家接受，实现法治的转化。

海洋环境影响评价国际法主要经由两种执行路径流入国家的国内法，一种是以国内程序为主的实施路径，一种是以国际程序为主的实施路径。目前这两种路径逐渐融合，所有的执行程序根本上来说都是国内程序，所有的海洋环境影响评价均须遵守国际最低标准。具体而言，海洋环境影响评价的实施路径既有以权力和集体协助为导向的执法程序，也有以争端解决为目的的政治和法律解决方法，还有以利益诱导为导向的能力建设的方法。其中以争端解决的途径最为完善，但其适用范围有限。执法程序和能力建设都是以争端预防为目的，特别是遵约和履约机制几乎成为国际环境条约的必备内容。通过条约机构对缔约国履行海洋环境影响评价义务进行监督，通过资金、技术和人员培训等对缔约国履行海洋环境影响评价义务进行帮助，这种"胡萝卜+大棒"的实施路径已经成为目前海洋环境影响评价实施的最主要的方法。

国家对国际法的接受与否是国际法对国家产生影响的最后一道门户。国家基于自身利益或人类整体利益的考虑，通常会接受对其有利的国际法规则而拒绝对其有害的国际法规则。另外，规则的取舍还和国际社会的集体协助、法律约束力、道德的约束力和是否存在超级大国有关。中国的国内法和国际实践表明，中国接受海洋环境影响评价的国际法义务，并且不反对跨界环境影响评价的习惯国际法义务。中国接受海洋环境影响评价的国际法，是因为这些国际法规则符合中国的国内经济和社会发展的长远利益。中国不仅在陆地和近海与其他相邻国家存在跨界环境影响评价的需求，而且也在深远海有国家利益和人类整体利益的诉求。

第六章

海洋环境影响评价制度的展望

　　伴随着海洋环境保护和保全的各种国际文书的出现，特别是《联合国海洋法公约》的制定，全球性的海洋环境影响评价制度初步建立。区域海洋项目的快速发展、海洋环境问题的全球化和全球海洋治理意愿的提高，正在合力促进着海洋环境影响评价制度的体系化。不仅出现了大量的国际协定，而且也涌现出大量的国际和区域实践。可以预计，随着科学技术的发展，今后人类对深远海的勘探开发活动将会进一步拓宽人类对海洋的认知，也将促进国际公域环境影响评价制度的进一步发展。

第一节　环境影响评价制度的全球化

一、国内环境影响评价制度的全球化

　　目前基本上所有国家的国内法中都有环境影响评价的内容。环境影响评价的规则在各国之间的蔓延和扩散，促进了环境的保护和人类的可持续发展。而各国将国内环境影响评价制度扩大适用于跨界影响，就是早期国际环境影响评价制度的来源。这一扩大适用依据的是不歧视原则。根据该原则，环境影响评价的发起国允许受影响国和受影响的公众参与其国内环境影响评价程序。这样做既不用制定新的跨界环境影响评价协定，也无须与相关国家协商和沟通。对

各国来说，国内环境影响评价制度的全球化（扩大适用）是最务实和最经济的方法。

这一方法对各国的依赖很大，完全取决于各国的国内法规定。比如，什么时间启动环境影响评价程序？环境影响评价采用哪些程序？评估哪些影响？这些都是依据国内法，而非国际法。因此，国内法中有关环境影响评价的限制也会适用于跨界环境影响评价。例如，加拿大和美国等采用联邦制的国家的跨界环境影响评价仅适用于受联邦管辖的活动，也将适用于那些有跨界环境影响的情况。完全依赖于国内法，将会产生法律的不一致或冲突。使得各国在解决跨界环境纠纷时，特别是共享自然资源的情况，会因法律的不同而产生不同的评估结果，继而引发纠纷。

鉴于此，寻求协调国内法的国际法或者统一适用的国际法是有效避免这些纠纷的方法。现在区域或全球的实践也表明这一做法是可行的。一是国内法的扩散和扩大适用，已经为各国积累了大量跨界环境影响评价的经验。二是在各国国内法的基础上，积累了大量的区域或全球性的有关跨界环境影响评价的环境协定，形成了区域环境影响评价的具体方案。正如诺克斯（Knox）所说："《埃斯波公约》反映并扩展了签署国原有的环境影响评价法。"① 《埃斯波公约》为各国国内立法扩大适用提供了具体的程序性规则。

跨界环境影响评价国际法相比国内法有许多的优点。首先，国际法能更有针对性地明确跨界环境影响评价的一些程序性义务。国内环境影响评价更侧重于国内程序的扩大适用，并没有专门针对跨界影响、受影响国和公众的专门的程序。国际法能更好地规范这些问题。跨界环境影响评价的国际法更多地与预防损害原则相衔接。然而预防损害原则本身并没有程序性的具体义务，程序性规范弥补了这一缺陷，增强了习惯国际法的有效性。其次，国际法能够过滤国内法的限制。例如，美国、加拿大国内法关于跨界环境影响评价仅能适用于受联邦法律调控的拟议活动的规定，可以经由两国谈判制定跨界环境影响评价的双边条约予以解决。再次，国际法还可以预防国家之间的冲突。依据国内法讨

---

① KNOX J. The Myth and Reality of Transboundary Environmental Impact Assessment ［J］. The American Journal of International Law，2002，96（2）：291-319.

论一项拟议活动对另一个国家环境的潜在影响，涉及国家主权问题、信息的收集和安全等问题，通常是比较敏感的，也是困难重重的。依据不同国家的国内法对拟议项目做出的环境影响评价结果的不同，会导致严重的国家冲突。国际法院审理的阿根廷和乌拉圭之间的纸浆厂一案即是例证①。此外，国际法在处理可能产生跨界环境影响的活动时，更具有确定性。在缺少有关跨界环境影响评价的国际法的情况下，单纯以国内法为依据开展的跨界环境影响评价难免会面临着国内法律和政策变迁的影响。双边或多边的国际法相比国内法，更具有稳定性和确定性。尽管国际法也在随着时间的推移不断地改进，但相比国内法，其修改的难度更大，频率更小。如果有共同适用的国际法，那么即使国内立法可以修改，但无论如何都不能打破国际法的底线。例如，荷兰作为《埃斯波公约》的缔约国，无论其国内环境法如何改变，都不能违反《埃斯波公约》的基本义务。最后，国际法还能确保跨界环境影响得到充分的考虑。依托国内法而开展的跨界环境影响评价，在何种程度上考虑跨界环境影响并无强制性的规定。作为跨界环境影响评价的国际法，使得跨界环境影响评价不仅仅是国内法的一部分，还有一个独立的国际法地位：基于国际法义务充分考虑跨界环境影响。

　　国内环境影响评价制度的全球化是否一定会产生跨界环境影响评价的国际条约或准则？事实上，跨界环境影响评价的国际条约或准则的产生并不完全取决于国内环境影响评价制度的全球化，还受制于多种因素。例如，一国国内环境影响评价立法在处理跨界环境影响时的实际效果、相邻国家间国内环境影响评价立法的差异性大小、区域或相邻国家是否有国际合作和开展跨界环境影响评价立法的意愿等。

　　此外，通过国内环境影响评价立法的全球化而达成的跨界环境影响评价的国际法，很大程度上仅解决国家管辖或控制下的可能对其他国家管辖下的领域产生影响的拟议活动，很少或几乎不考虑对国家管辖以外的区域造成的影响。因此，就海洋环境影响评价而言，国家间的跨界环境影响评价规则，如对内水、

---

① International Court of Justice. Case Concerning Pulp Mills on the River Uruguay: Argentina v. Uruguay [EB/OL]. icj-cij. org, 2010-04-20.

领海、专属经济区、大陆架等处于国家管辖范围以内的区域的环境影响评价的国际法，多是这种发展路径。而国际公域，如公海和区域的环境影响的国际法则无法适用这种发展路径。

二、国际法中跨界环境影响评价制度的全球化

跨界环境影响评价制度的建立主要有两种路径：一种是依据不歧视原则而发展起来的，国内法中环境影响评价制度的全球化（扩大化适用）路径；另外一种就是依据预防损害原则而发展起来的，国际法中跨界环境影响评价的全球化路径。相比第一种路径，第二种路径更能解决国家管辖范围以外区域（国际公域）的环境影响评价问题。在国际公域，不受任何国家的国内法的管辖，因此需要各国采取更广泛的合作。例如，依据《南极条约》，南极属于人类共同所有的区域，不受任何国家国内法的管辖。南极的活动对环境的影响受《南极条约》《关于环境保护的南极条约议定书》等国际法的约束。基于这些国际法，现今南极环境影响评价已经发展出了独立的制度。三级评价制度、南极条约协商会议以及环境保护委员会讨论全面环境影响评价草案的做法都已经超越了国内环境影响评价立法的局限。

国际公域资源的获取和国际公域环境的敏感性是一对越来越严峻的矛盾。由于陆地资源和空间的有限性，叠加经济的发展需要，国际公域成为人类未来获取资源的新战场。随着科学技术的进步，新的海底矿场资源的发现，国际公域的开发利用现今已经成为可能。除了传统的公海捕捞活动，北极新航道已经开辟，南极旅游已经初具规模，深海海底矿场资源开发已经提上日程。如果没有国际协定，仅依靠各国自觉，保护和保全公海和"区域"环境的可能性微乎其微。这就需要对那些具有区域性或全球性的环境问题，采取更广泛的国际合作，制定国际法规则，并建立国际机构为人类共同利益服务。

在全球环境面临越来越多挑战的情况下，通过国内立法管制拟议活动的跨界环境影响存在局限性。除了对国际公约的环境保护和保全无能为力之外，对私人主体，特别是跨国公司，可能对环境造成的影响的行为的管制也存在困难。跨国公司可以较为容易地将活动和影响转移到其他地方。经济的全球化和环境问题的复杂性都要求建立更广泛的全球合作伙伴关系，国际协议就是最好的开

展国际合作的方式。从 1972 年的《斯德哥尔摩宣言》起，国际环境法的许多国际文件都强调要进行国际合作以保护环境。

国际法中跨界环境影响评价的义务最早是源于预防损害原则，被视为预防损害原则的一部分。而今，跨界环境影响评价已经成为独立的习惯国际法规则。跨界环境影响评价不仅仅是预防损害原则的程序性义务，还可以产生相应的法律后果。接受跨界环境影响评价为独立的习惯国际法规则，意味着当显著环境影响已然发生，而起源国未履行跨界环境影响评价的义务时，潜在的受影响国原则上可以采取反措施等对等的应对措施①。

国际法中跨界环境影响评价的全球化不仅体现在出现了大量的有关跨界环境影响评价的国际条约，还体现在出现了大量的具有程序性内容的准则和技术规范。国际法院和国际海洋法法庭的司法实践也表明各国承认跨界环境影响评价是一般国际法义务。

三、海洋环境影响评价制度的全球化

海洋环境影响评价制度是以对海洋的环境影响为研究对象，既包括国家间的跨界环境影响评价，也包括国际公域的环境影响评价。《联合国海洋法公约》第 204—206 条已经建立了海洋环境影响评价的全球框架。当拟议活动可能对海洋造成重大环境影响时，各国有进行跨界环境影响评价的义务，不论是对国家管辖范围内的水域还是国家管辖范围外的水域造成的影响，都应该依据跨界环境影响评价的相关国际法进行跨界环境影响评价。在《联合国海洋法公约》的框架下，《生物多样性的环境影响评价准则》的制定、《渔业种群协定》以及渔业组织的区域实践、南极和"区域"为代表的国际公域的环境影响评价制度，使得整个海洋都处于环境影响评价制度的保护之下。可以说，全球性海洋环境影响评价制度已经初步建立。同时我们也应该认识到，在海洋领域还没有统一适用的专门性海洋环境影响评价的协定。海洋环境影响评价制度还呈现出碎片化和区域性的特点。

---

① See BASTMEIJR K, KOIVUROVA T. Theory and Practice of Transboudary Environmental Impact Assessment［M］. Leiden：Koninklijke Bill NV, 2008：355.

从海洋环境影响评价的区域实践可以看出，目前除北极区域之外的区域海洋项目的基础文件，要么是有法律约束力的协议或议定书，要么是不具有法律约束力的行动计划。可见，"软法"文件在海洋环境影响评价中发挥了重要的作用。其中一个重要的功能是，能确保在国家之间尚未达成一项具有法律约束力的协议的情况下，促使各国阐明它们之间有关海洋环境保护和影响评价的合作方向。在南极和里海区域的海洋实践就是先采用了软法文件，后才形成了有法律约束力的文件①。然而，归根结底，创建海洋环境影响评价最好的方案应该是形成有法律约束力的条约。因为条约具有确定力和约束力，能为缔约各国和区域的实践带来稳定性，抵消国家一级面临的变数，特别是在面临政治冲突或武装冲突的区域尤其重要。如前所述，北极至今没有形成有约束力的国际法文件。其原因是作为"软法"文件的《北极环境影响评价纲要》完全没有得到区域国家的重视，也没有影响区域内国家有关跨界环境影响评价的实践。尽管各国都有国内的环境影响评价立法，但并未与《北极环境影响评价纲要》建立任何的联系。区域实践仍然是遵守各国的国内环境影响评价立法。参与北极活动的企业和北极的土著社区、居民对《北极环境影响评价纲要》知之甚少。这表明，从"软法"文件转变到更严格的"硬法"不是一个自动的过程。如果缺少国家合作的意愿，"软法"文件无法自动转变成对各国有约束力的"硬法"。

如果国家有意开展区域海洋保护的合作，也可以选择"软法"性的建议、纲要或准则作为开展跨界环境影响评价的先行步骤，因为软法文件的修改和试错程序比较便利。当然，"软法"文件也可以作为细化海洋环境影响评价相关协议或议定书内容的方法。许多时候，协议或议定书只提供了关于权利和义务的一般规定，其具体内容则用"软法"文件进行补充。以《埃斯波公约》为例，缔约国会议和附属机构都试图就如何适用和执行公约提供"软法"建议。里海区域的《跨界环境影响评价议定书》将如何组织缔约国之间进行协商的具体问题留给了"软法"文件予以规定。"软法"文件更具有灵活性，可以给缔

---

① See BASTMEIJR K, KOIVUROVA T. Theory and Practice of Transboudary Environmental Impact Assessment [M]. Leiden: Koninklijke Bill NV, 2008: 53-70, 175-220.

约国更多的选择空间。

这些区域实践表明海洋环境影响评价制度的基本沿着"软法"文件（宣言、纲要、行动计划等）向"硬法"文件（具有法律约束力的协议、议定书等）发展的趋势。虽然不同区域海洋项目处于不同的发展阶段，但整体来说海洋环境影响评价的相关立法处于演进之中。我们依据国家在不同的海洋区域是否拥有管辖权将海洋划分为国家管辖范围以内的区域和国家管辖范围以外的区域，前者可以沿用陆地国家间的环境影响评价制度，后者则需要建立新的统一的国际法规则。无论是前者还是后者，未来都将朝向具有法律约束力的专门性国际协议的方向发展。

第二节　国家管辖范围以内的环境影响评价制度的展望

一、国家间跨界环境影响评价全球公约的制定

随着国内环境影响评价制度的全球化和国际法中跨界环境影响评价制度的大量出现，是否应该制定一项关于国家间跨界环境影响评价的全球公约呢？早在 2003 年诺克斯就认为没有环境影响评价的全球公约是国际法中一个明显的缺陷。他认为跨界环境影响评价已经成为《斯德哥尔摩宣言》原则 21 的一部分，并且国内和国际跨界环境影响评价的全球化为建立一个全球公约奠定了基础。同时，诺克斯也讨论了建立全球公约面临的困难。第一，原则 21 条过于笼统和模糊，没有给出具体的要求。第二，虽然各国都要求考虑环境影响，但在多大程度上考虑，各国国内法的差异很大。第三，各国通常专注于通过双边协定来解决与邻国之间的环境问题而不是借由全球公约解决区域乃至全球环境问题。而后诺克斯分析了国际法委员会的《预防损害条款草案》和《埃斯波公约》作为全球跨界环境影响条约的可能性，得出《埃斯波公约》是全球跨界环

境影响评价条约最好的备选方案①。

　　诺克斯的分析和结论至今仍然可以适用。《预防损害条款草案》虽然是作为全球条约制定的，但草案至今都没有开放签署或有下一步的任何动议。加之草案本身采用国际法路径，对国家的要求过多，相比《埃斯波公约》以国内环评立法的扩大适用为路径，被接受的可能性较低。这种以国际法为路径制定的国际条约在实践中并不受欢迎，例如，国际法委员会制定的《联合国国际水道非航行使用公约》仅受到了少数几个国家的批准。《埃斯波公约》在理论和实践上更有成为全球公约的可能性。理论上，《埃斯波公约》已经通过第一修正案向欧洲经济委员会以外的国家开放，具备成为全球公约的条件。实践中，《埃斯波公约》已经对其他区域的跨界环境影响评价立法产生了影响，例如，里海区域海洋项目就受到了《埃斯波公约》的影响。此外，该公约还可以在非缔约国之间经选择而得到扩大适用，例如对从俄罗斯到德国穿越波罗的海的天然气管道的铺设活动的海洋环境影响评价就是选择适用了《埃斯波公约》。

　　一般法律原则和习惯国际法只是建立了跨界环境影响评价的一般义务，仍缺少具体的程序性规则。在这种情况下，将《埃斯波公约》发展为一项全球条约，从长远看能协调各区域的环境影响评价的立法。它可以借由缔约国在其他区域协定中纳入跨界环境影响评价的最低标准，并通过区域议定书的方法增加该区域环境影响评价的灵活性。这种方法可以促进区域海洋项目的协调发展，弥补区域海洋项目发展程度参差不齐，区域协议或议定书缺少公众参与、通知、信息交换等程序性义务的弊端。

　　将《埃斯波公约》发展为一项全球条约是否具有可行性？因为一个国际公约要想得到实施对其他国家和区域产生影响，必须具备三个要素：1. 公约本身是"良法善治"；2. 拥有多种的实施机制可以保证公约内容能流入国内或区域立法中；3. 国家和区域有意愿通过合作解决区域环境问题。诺克斯论述了《埃斯波公约》作为全球条约的自身优点，但没有指出另外两个要素。笔者认为除极少数国家以外，大部分的国家都有合作解决区域环境问题的意愿。例如，即

---

① See KNOX J. Assessing the Candidates for a Global Treaty on Transboundary Environmental Impact Assessment [J]. New York University Environmental Law Journal (2003—2005), 2003 (12): 153-168.

便是在西非和中非这样受政治冲突影响严重的区域，各国也在转变区域治理的态度，积极和 OSPAR 海洋项目开展合作。随着越来越多的国家熟悉《埃斯波公约》，它们将更愿意成为公约的缔约国。

不仅要考虑公约本身的先进性和接受度、各国区域环境治理的意愿，还需要考虑是否有机构保证各国将跨界环境影响评价的最低标准纳入国内和区域环境影响评价立法。这涉及跨界环境影响评价的国际法的实施机制问题。换而言之，公约是否存在保证实施的机构和程序呢？一般情况下跨界环境影响评价的国际法的实施的具体途径包括条约机构的监督、遵约和履约程序、缔约国之间的集体协助、争端解决和能力建设。

二、国家间跨界环境影响评价实施机制的建立

《埃斯波公约》拥有比较全面的实施机制，可以应对在实施过程中存在的问题，并快速做出反应。公约一些比较重要的问题可以通过缔约方大会以决议的形式予以修订，并成为公约的修正案。公约已经先后进行了两次重大修订。第一次修订案允许公约向欧洲经济委员会以外的国家开放，第二次修订案增加了公约的遵约审查内容。这种缔约方大会的修订是非常重要的，因为长期的温和的缔约方大会的施压，可以使缔约国更好地实施公约。

《埃斯波公约》第 1 次缔约方大会还成立了环境影响评价的工作组，专门负责支持公约的实施和公约工作计划的管理。第 2 次缔约方大会成立了遵约委员会，负责审查缔约国的遵约情况并帮助缔约国充分履约。遵约委员会由 8 个缔约国的代表组成，就公约的遵约和履约问题向缔约方大会负责。截至 2014 年，共出台了 4 次履约报告。第 4 次履约报告于 2015 年 8 月发布。缔约方大会和遵约委员会对缔约国的审查，能帮助缔约国履约。

另外，公约还通过召开会议、资金资助等方式提高缔约国的履约能力。2020 年 4 月 2 日在阿塞拜疆举行了关于阿塞拜疆环境影响评价和战略环境影响评价立法发展的圆桌会议，通过会议的方式帮助阿塞拜疆制定和修改国内法。欧洲经济委员会和欧盟通过欧盟资助的区域方案"欧洲环境联盟"（European Union for Environment，EU4Environment）帮助缔约国摩尔多瓦当局履行国际承诺，修订其国内立法和实践。"欧洲环境联盟"项目提供了近 2000 万欧元的资

金来帮助亚美尼亚、埃塞拜疆、白俄罗斯、格鲁吉亚、摩尔多瓦共和国和乌克兰这6个伙伴国家实现经济的绿色发展①。

当然，随着非欧洲经济委员会成员国加入《埃斯波公约》，公约机构的执行力、处理跨区域问题的能力以及资金支持都将面临严峻挑战。特别是目前公约的促进措施都是在欧洲经济委员会和欧盟的支持下展开的，这些措施能否以及如何适用于非欧洲经济委员会成员国，以及欧洲经济委员会和欧盟如何承担如此大的经费开销都是今后面临的重大问题。

我们必须承认，《埃斯波公约》具有成为全球公约的可能。摩尔多瓦已经加入《埃斯波公约》，伊朗、俄罗斯等国也有加入或适用公约的意愿。随着发展中国家对跨界环境影响评价的重视不断提高和对《埃斯波公约》的熟悉，今后会有越来越多的国家加入公约，但也应该认识到，随着其他国家的加入，公约将会面临机构重组、能力建设和资金来源等问题。尽管如此，《埃斯波公约》设立的跨界环境影响评价制度仍是目前最为先进的制度，而且里海的海洋项目的实践也表明，《埃斯波公约》将会成为国家间跨界环境影响评价制度的基本标准，对其他区域的立法产生参照作用。

第三节　国家管辖范围以外的环境影响评价制度的展望

一、国家管辖范围以外环境影响评价协议的制定

（一）制定的原因

国家管辖范围以外区域（ABNJ）几乎覆盖了地球表面的一半，并拥有地球生物多样性的很大部分。过去由于缺乏对深海的认知，这些区域不是人类活动的主要领域。近几十年来，科学和技术的进步，加上人类对深海资源日益增长

---

① UNECE. EU4Environment Supports Moldova's Commitment to Addressing Environmental Impacts of Its Economic Growth [EB/OL]. unece. org, 2019-03-27.

的需求，人类在深海的活动越来越频繁。到 21 世纪，海洋资源的勘探开发活动已经达到空前的水平①。由于人类活动的增加，海洋生态环境面临着巨大的压力。"研究表明所有的海洋区域都受到了人类活动的影响，已经不存在不受人类影响的区域，并且其中 41% 的区域深受人类活动的影响。"② 海洋生物多样性的丧失正在因为过度捕捞、破坏性捕捞、污染和气候变化等人类活动③而加剧。海洋环境影响评价作为 ABNJ 海洋生物资源养护和利用的重要工具，不仅帮助科学决策，而且也逐渐成为决策的一部分。"区域"实践表明，ABNJ 环境影响评价已经构成海底矿产勘探或开发项目申请书的一部分，也是得到项目批准的关键因素。因此，制定一项能够统一适用的 ABNJ 环境影响评价协定是从根本上保护 ABNJ 海洋环境的方法。

如前所述，国际社会已经有了许多 ABNJ 海洋生物多样性保护的国际性、区域和专门性的国际法文件。这些文件共同构成了 ABNJ 环境影响评价的法律框架。然而 ABNJ 的环境影响评价并没有得到很好的执行，其主要原因有两个：一是既存的关于 ABNJ 的环境影响评价的法律文件存在漏洞，二是缺乏对 ABNJ 区

---

① See STOJANOVIC T A，FARMER C J Q. The Development of World Oceans & Coasts and Concepts of Sustainability［J］. Marine Policy，2013，42：157-165.

② HALPERN B S，WALBRIDGE S，SELKOE K A，et al. A Global Map of Human Impact on Marine Ecosystems［J］. Science，2008，319（5865）：948-952.

③ 人类活动可以分为三类：传统活动、新兴活动和未来活动。传统活动，包括海洋捕捞、航运、铺设海底管道电缆、海洋科学研究、倾倒废物和军事活动。新兴活动，包括深海采矿、海洋养殖、碳封存、海洋生物勘探和深海旅游。See MERRIE A，DUNN D C，METIAN M，et al. An ocean of surprises－trends in human use，unexpected dynamics and governance challenges in areas beyond national jurisdiction［J］. Global Environmental Change，2014，27：19-31.

域的科学认知。对第一个问题，许多学者都做出了详细的分析①。概括来说，这些漏洞主要有：

1. 缺少具有可操作性的全球性条约。《联合国海洋法公约》只是规定各国有进行海洋环境影响评价的一般义务，并没有定义何为"海洋环境的实质性污染或者重大和有害变化"，也没有说明"合理依据"的具体含义。事实上，"在实际可行的范围内"的表述正好成为国家拒绝在 ABNJ 进行环境影响评价的理由。依据《生物多样性公约》第 22 条："缔约国在海洋环境方面实施本公约不得抵触各国在海洋法下的权利和义务。"因此，《生物多样性公约》及其《生物多样性的环境影响评价准则》都只是《联合国海洋法公约》的补充，不能对抗《联合国海洋法公约》关于"区域"和公海的规定。《埃斯波公约》不涉及 ABNJ 的环境影响评价问题，其以国内环境影响评价扩大适用于跨界环境影响的路径无法解决 ABNJ 的环境影响问题。

2. 无法协调的区域环境影响评价制度。由于缺少具有可操作性的全球性条约，目前海洋环境影响评价主要依据区域或专门性的条约。然而这些条约主要针对区域或分事项做出具体的规定，条约之间存在交叉和不一致的内容，这严重影响了 ABNJ 环境影响评价制度的协调统一。更糟糕的是，有些地区根本没有进行 ABNJ 环境影响评价的要求，例如，北极地区至今还没有形成有法律约束力

---

① See GJERDE K M, DOTINGA H, HART S, et al. Regulatory and Governance Gaps in the International Legal Regime for the Conservation and Sustainable Use of Marine Biodiversity in Areas Beyond National Jurisdiction [R]. Gland：IUCN, 2008；ELFERINK A G O. Environmental Impact Assessment in Areas Beyond National Jurisdiction [J]. The International Journal of Marine and Costal Law, 2012, 27：449-480；WARNER R. Tools to Conserve Ocean Biodiversity：Developing the Legal Framework for Environmental Impact Assessment in Marine Areas beyond National Jurisdiction [J]. Ocean Yearbook Online, 2012, 26（1）：317-341；WARNER R. Oceans beyond Boundaries：Environmental Assessment Frameworks [J]. The International Journal of Marine and Coastal Law, 2012, 27：481-499；DRUEL E. Environmental Impact Assessments in Areas Beyond National Jurisdiction：Identification of Gaps and Possible Ways Forward [M]. Paris：IDDRI, 2013；WRIGHT G, ROCHETTE J, GJERDE K, et al. The Long and Winding Road：Negotiating a Treaty for the Conservation and Sustainable Use of Marine Biodiversity in Areas Beyond National Jurisdiction [M]. Paris：IDDRI, 2018；MA D, FANG Q, GUAN S. Current Legal Regime for Environmental Impact Assessment in Areas Beyond National Jurisdiction and Its Future Approaches [J]. Environmental Impact Assesment Review, 2016, 56（1）：23-30.

的环境影响评价文件，而且北极各国也不关心北极 ABNJ 的环境影响评价问题。专门性的条约多集中于跨界鱼类和高度洄游鱼类种群的保护、打击 IUU 捕捞、防止漏油或石油污染、深海采矿等传统人类活动，对新兴的人类活动涉及较少。例如，铺设海底管道电缆、海底建设、海洋科学研究、生物探勘、深海旅游、海洋碳汇等的规定较少。因此，需要建立一个新的全球性的条约涵盖所有在 ABNJ 的人类传统活动、新兴活动和未来可能开展的活动。

3. 缺少全球性的遵约和履约机制。在海洋领域 ABNJ 主要包括"区域"和公海两大区域。"区域"适用人类共同继承财产制度，国际海底管理局代表全人类可以监督缔约国和申请者履行海洋环境保护的义务。公海适用公海自由原则，但是《鱼类种群协定》《关于环境保护的南极条约议定书》已经对公海自由原则进行了适当修正。它们要求缔约国乃至非缔约国履行海洋环境保护的义务。虽然可以依据这些条约要求各国履行 ABNJ 环境影响评价的义务，但是由于缺少监督和促进国家遵约和履约的措施，既存的法律文件的实施效果并不好。这些监督和促进国家遵约和履约的措施包括：国家 ABNJ 环境影响评价的报告、审查和公布程序，ABNJ 环境影响评价相关技术和科学信息的转让和共享机制以及国家不能遵约和履约时的申诉程序和惩罚措施等。全球性的遵约和履约机制对于 ABNJ 环境影响评价的实施具有重要的意义，应该纳入新的国际协定的考虑范围。

4. 缺少统筹 ABNJ 环境影响评价的国际机构。目前，可供选择的国际机构有 UNEP、国际海底管理局、南极缔约方协商会议、区域渔业组织。UNEP 是联合国下属的一个机构，其本身就有负责海洋环境保护和保全的职责，但是其并非只负责 ABNJ 环境影响评价工作。国际海底管理局的海洋环境保护的职能只限于与"区域"矿产资源勘探和开发活动有关的海洋环境保护。南极缔约方协商会议是南极条约体系下由缔约国组成的就南极环境保护问题展开协商的非常设性机构。区域渔业组织仅对区域内渔业资源的养护和管理负责，难以扩展到所有影响海洋环境的活动。此外，这些机构本身也面临着是否有足够的能力承担起统筹 ABNJ 环境影响评价的责任的质疑。所以说，这些备选的国际机构都不是 ABNJ 环境影响评价最理想的选择。最好的选择应该是基于新制定的国际文书建立新的条约机构，由其专门负责协调各区域、各领域的海洋环境影响评价制度。

2023 年 3 月 4 日，BBNJ 协定的案文达成。根据案文，可以发现，协定成立了科学和技术机构，来专门负责协调相关法律文书和框架以及相关全球、区域、次区域和领域机构的环境影响评价进程。并致力于通过制定环境影响评价的标准和（或）指南来促进各缔约国采纳以便推动全球环境影响评价的进程①。

（二）制定的历程

为了保护 ABNJ 的海洋生物多样性，2004 年联合国成立了研究和保护 ABNJ 海洋生物多样性保护和可持续利用的特设不限成员名额的非正式工作组②。工作组自 2006 年至 2015 年共召开 9 次会议。经过 10 余年的谈判和协商，国际社会在 ABNJ 的海洋生物多样性保护和可持续利用方面取得了重要的进步。各国在 2012 年 6 月举行的联合国可持续发展大会上（Rio+20），商定在 2015 年 9 月之前是否根据《联合国海洋法公约》制定一项新文书以处理 ABNJ 的海洋生物多样性保护和可持续利用问题作出决议③。2015 年 6 月，各国决定根据《联合国海洋法公约》制定一项新的具有法律约束力的文书，以保护和可持续利用 ABNJ 的海洋生物多样性，同时设立了准备委员会专门负责文书的制定④。准备委员会共召开 4 次会议，并于 2017 年 7 月将实质性审议意见提交联合国大会。同年 12 月联合国大会作出 72/249 号决议，决定在 2018—2020 年召开 4 次政府间会议⑤。第 1 届会议于 2018 年 9 月 4 日至 17 日召开，第 2 届会议于 2019 年 3 月 25 日至 4 月 5 日召开，第 3 届会议于 2019 年 8 月 19 日至 30 日召开。第 4 届会议因疫情原因由 2020 年上半年推迟到 2022 年 3 月 7 日至 18 日召开，会议确认采取 2011 年达成的一揽子协议，并将会议主体分为：海洋遗传资源（MGRs）；划区管理工具（ABMTs），包括海洋保护区（MPAs）；环境影响评价（EIA）；能力建设及海洋技术转让等措施。根据大会第 76/564 号决定（可称为 A/76/

---

① 参见联合国会议文件 A/CONF. 232/2023/L. 3.

② See United Nations General Assembly. Oceans and the Law of the Sea，Resolution 59/24 of 17 November 2004.

③ See United Nations General Assembly. Resolution 66/288 of 27 July 2012.

④ See Letter A/69/780 dated 13 February 2015 from the Co-Chairs of the Ad Hoc Openended Informal Working Group to the President of the General Assembly；United Nations General Assembly. Resolution 69/292 of 19 July 2015.

⑤ See United Nations General Assembly. Resolution 72/249 of 24 December 2017.

L.46)，2022 年 8 月 15 日至 26 日召开第 5 届会议①。在 BBNJ 协定案文出台之前，虽然国际社会已经认识到建立 ABNJ 的环境影响评价统一制度的重要性，但是如何平衡主权国家以及国际组织的权力、如何有效实施 ABNJ 的环境影响评价、如何实现海洋环境保护与保全与海洋资源开发利用之间的关系等问题上仍然存在分歧。

（三）新协定的定位

1. 协调和促进既有规则

ABNJ 环境影响评价协定并非为了取代区域性国际组织、专门性国际组织、国家和其他非国家行为体在 ABNJ 环境影响评价制度中的作用，而是协调和促进这些主体的行为。根据联合国大会第 69/292 号和第 72/249 号有关的规定，协定的谈判过程及其结果不损害现有相关法律文书和框架以及相关全球、区域和部分机构。在尊重和不损害既有的国际规则前提下，必须避免重复现有的环境影响评价义务②。BBNJ 协定谈判不是为了重建一套有关环境影响评价的机制，而是在现有的法律文书和机构的基础上进行协调，但是如何尊重和协调既有的文书、机构和机制存在多种方案，其中包括：（1）设立法律文书的最低标准辅之以区域和部门协商机制；（2）现有区域和部门机构的规定优先，凡是按照区域和部门机构的规定开展的活动，无论根据 BBNJ 协定是否需要进行环境影响评价，均不需要进行 BBNJ 协定下的环境影响评价；（3）若负责在国家管辖范围外区域进行这种评估的相关部门或区域机构已经存在，则 BBNJ 协定将不要求进行环境影响评价；（4）在另一框架下功能等同的环境影响评价可符合 BBNJ 协定的要求。

2. 继承和发展《联合国海洋法公约》

这一新协定应作为《联合国海洋法公约》的新的执行协定，在《联合国海洋法公约》的基础上展开 ABNJ 海洋生物资源的保护和可持续利用的相关谈判。《联合国海洋法公约》建立的共同但有区别的责任、国际合作、风险预防等原则，海洋环境影响评价、监测和报告的一般义务以及国际争端解决的多种途径

---

① 海洋生物多样性条约第五次政府间会议［EB/OL］. 澎湃新闻客户端，2022-08-23.

② 参见联合国会议文件 A/CONF.232/2018/7.

都是新协定制定的基础。

新协定作为《联合国海洋法公约》的执行协定，不仅应该继承《联合国海洋法公约》，而且还应该发展出更具操作性的程序性规则。具体做法可以参照2012年《生物多样性的环境影响评价准则》，确定ABNJ的程序。这一程序应该包括"筛查—确定范围—采用现有的最佳科学资料，包括传统知识，对影响进行预测和评价—公告和协商—发布报告和向公众提供报告—审议报告—发布决策文件—获取资料—监测和审查"①。此外，还应该建立以国际机构为主导的公众参与机制（通过国际机构提供公众意见的反馈和协商程序）、机构监测、报告和审查机制（MRV机制，如设立决策机构、科学机构或遵约委员会，对监测、报告和审查进行监督）。

需要指出，《联合国海洋法公约》采用了较高的损害标准，而南极和"区域"的实践已经发展出了更低的损害标准。因此，新协定中规定的启动门槛不应损害现有的环境影响评价要求，应该采用更低的门槛。为了说明何为"重要或显著"损害，可以通过列表的方式引导各国和国际组织制定具体的判定标准。例如，在环境影响评价中应当考虑累积的影响和具有重要生态或生物意义或脆弱性的区域的环境影响，也可以列出通常应该进行环境影响评价的活动。

在确定海洋环境影响评价的具体内容方面可以给出环境影响评价报告应该具有的最低程度的内容。《关于环境保护的南极条约议定书》《埃斯波公约》《里海区域的跨界环境影响评价议定书》都有类似的规定。新协定可以综合考虑ABNJ的特点和既有的规定，给出符合ABNJ环境保护特点的内容。在2018年9月召开的第1次政府间会议中，各国代表对环境影响评价报告的内容达成了共识，应该包含的内容主要有："说明计划开展的活动；说明可以替代计划活动的其他选择，包括非行动性选择；说明范围研究的结果；说明计划活动对海洋环境的潜在影响，包括累积影响和任何跨边界的影响；说明可能造成的环境影响；说明任何社会经济影响；说明避免、防止和减轻影响的措施；说明任何后续行

---

① 参见2017年7月20日，BBNJ问题第4次预备委员会向联合国大会提交《海洋生物多样性养护和可持续利用的具有法律约束力的国际文书建议草案》（A/AC. 287/2017/PC. 4/2）。

动，包括监测和管理方案；不确定性和知识缺口；一份非技术摘要。"①

二、国家管辖范围以外区域国际机构的选择

在准备委员会的会议期间，关于 ABNJ 国际机构的选择主要存在三种模式之争：第一种是全球模式，建立具有决策机制的新的全球机构；第二种是区域和部门模式，以现有区域机构利用区域管理工具进行决策、监测和审查为基础，并以国际法律文书提供促进合作的一般政策指引；第三种是混合模式，通过包括建立全球监督和审查机制在内的全球治理来加强区域和部门机构的职责。由于支持全球模式与支持区域和部门模式的国家意见相持不下，人们普遍认识到，也许混合模式是一种可行的折中办法。然而，混合模式似乎对不同的代表团意味着不同的内容，因此对混合模式的讨论需要对每一个议案进行个案讨论。笔者认为从长远来说，第一种全球模式是最理想的模式，第二种模式是短期内最有可能实现的模式，第三种模式是基于前两种模式做出的一种变通，是最为务实的模式。由 2023 年 3 月 4 日 BBNJ 协定的案文分析，案文采用可第三种模式，在不改变既有的全球、区域的法律文书和区域机构的基础上，成立科学和技术机构负责相关的协调事宜，并通过制定国际标准和指南的方式，促进海洋环境影响评价制度的全球化②。

（一）全球模式

ABNJ 国际机构是 ABNJ 环境影响评价协定得以实施的机构保障。如前所述，ABNJ 国际机构最好的选择应该是基于新制定的协定建立条约机构，由其专门负责协调各区域、各领域的海洋环境影响评价。基于对相似的其他多边协议条约机构的研究，这一新设条约机构应该具备：1. 缔约方大会。缔约方大会是最高权力机构，能够将所有各方聚集在一起讨论协议项下的所有问题，并能就履约、审查等问题作出决议。2. 科学机构。科学机构负责就科学和技术问题提供建议。3. 履约机构。负责解决解纷和促进协议条款的遵守。4. 秘书处。负责

---

① 参见 2017 年 7 月 20 日，BBNJ 问题第 4 次预备委员会向联合国大会提交《海洋生物多样性养护和可持续利用的具有法律约束力的国际文书建议草案》（A/AC. 287/2017/PC. 4/2）。

② 参见联合国会议文件 A/CONF. 232/2023/L. 3.

协议有关的日常工作，为缔约方和其他机构提供支持①。

然而，新的条约机构要想协调既有的区域国际组织，在纵横复杂的海洋管理或管辖权中抢夺最高权力，是非常困难的。正如 UNEP 多年的区域海洋项目的实践表明，UNEP 并不是为了统领区域国际组织或者向区域国际组织施加机构指令，而为区域国际组织提供建议和帮助。新的条约机构要想实现统筹 ABNJ 环境影响评价不是一蹴而就的事情，不仅需要各国和各区域国际组织做出重大的让步，而且还需要条约机构拥有超高的协调能力。即便具备了这两个条件，这一协调过程也将是漫长的②。

（二）区域和部门模式

退而求其次，也许加强现有的国际机构的职能是短期内可行的方法。在特设不限成员名额的非正式工作组讨论期间，许多国家的代表认为既存的法律框架不存在问题，但是规则和义务需要通过既存的国际协定和机构更好地实施③。目前既存的一些国际机构在 ABNJ 的环境影响评价方面拥有一些成功的经验。如果将这些国际机构的管辖范围扩大到整个 ABNJ，可以推广这些成功的经验，降低成立一个新的国际机构的难度和经济成本。这些可供考虑的国际机构有国际海底管理局、南极条约协商会议和区域渔业组织。

1. 国际海底管理局

国际海底管理局拥有对海洋环境影响评价的监督和管辖职责。1994 年《关于执行〈联合国海洋法公约〉第十一部分的协定》指出："请求核准工作计划的申请，应按照管理局所制定的规则、规章和程序，附上对所拟提议的活动可能造成的环境影响的评估，和有关海洋学和基线环境研究方案的说明。"④ 根据

---

① See MACE M J, RAZZAQUE J, FRANCHI S L, et al. Guide for Negotiators of Multilateral Environmental Agreements [M]. Nairobi: UNEP, 2006.

② See BOYES A. Environmental Impact Assessment in Areas beyond National Jurisdiction [R]. Florida: Mote Marine Laboratory, 2014; CRAIK N. The International Law of Environmental Impact Assessment: Process, Substance and Integration [M]. New York: Cambridge University Press, 2008: 279.

③ United Nations. Oceans and the Law of the Sea: Report of the Secretary-General [R]. New York: United Nations, 2011.

④ 《关于执行〈联合国海洋法公约〉第十一部分的协定》附件第 1 节第 7 条。

《联合国海洋法公约》第 165（2）条，国际海底管理局法律和技术委员会应就"区域"内活动对环境的影响评价进行准备，还可以在存在实质性证据证明存在对海洋环境严重损害风险时，就是否停止拟议的勘探或开发活动向海底管理局理事会提出建议。"区域"的三个矿产资源勘探规章和开发规章草案都有环境影响评价的要求。

　　根据《联合国海洋法公约》第 145 条和 2011 年海底争端分庭的咨询意见案，国际海底管理局拥有海洋环境保护和保全的职责，并且要求所有在 ABNJ 拟进行的活动进行环境影响评价，即使该活动与矿产资源的勘探和开发无关①。因此，虽然国际海底管理局主要是为了保证"区域"资源的人类共产继承财产的地位并公平处理"区域"资源的勘探和开发事宜，但其在"区域"海洋环境保护和保全中发挥了无可替代的作用，可以将国际管理局的职能扩展到包括"区域"和公海在内的 ABNJ。

　　国际海底管理局本身具有规则、规章和决定制定的权限，能够及时就海洋环境保护和保全问题做出应对。正如前述在海洋环境影响评价的区域实践中介绍的，国际海底管理局先后制定了多个勘探规章和开发规章草案。这些规章的制定和修改比较及时，充分反映了新近的"区域"人类活动。例如，《"区域"矿产资源开发规章草案》从 2014 年开始到 2016 年草案的公布只经过了 2 年，其后 2017 年、2018 年又更新了草案，这一反应速度是相当的迅速的。此外，国际海底管理局的秘书长在海洋环境面临严重损害的情况或风险的时候，可以采取"切合情况需要的实际而合理的暂时性措施"，这些措施以 90 天为限。理事会考虑到委员会的建议、秘书长的报告、承包者提交的任何资料及任何其他相关资料，可发布紧急命令，其中包括暂停或调整作业的必要合理命令，以防止、控制和减轻"区域"内活动对海洋环境的严重损害或可能的严重损害。这种紧急措施是需要承包者遵守的，如果承包者不遵守，理事会可以采取强制措施，并且可以要求担保国承担环境损害的赔偿责任②。国际海底管理局和理事会在处理环境损害方面采取强有力的措施。这对各国的遵约和履约形成了机构压力。

---

①　ITLOS. Responsibilities and obligations of states sponsoring persons and entities with respect to activities in the area：Advisory Opinion of ITLOS［EB/OL］. itlos. org，2011-02-01.

②　参见《区域多金属结核探矿和勘探规章》第 35 条。

国际海底管理局已经与其他国际组织展开了多项国际合作，具有一定的协调能力。国际海底管理局和其他一些国际组织或者机构通过签订谅解备忘录的形式，加强国际合作。《教科文组织政府间海洋学委员会与国际海底管理局之间的谅解备忘录》是为了加强在科学研究或者研究数据的共享和沟通；《国际电缆保护委员会与国际海底管理局之间的谅解备忘录》是为了通过明确合作的范围，减少各自管辖的活动的冲突以及为保护海洋环境免受其管辖的活动影响；《奥斯陆委员会与国际海底管理局之间的谅解备忘录》在 ABNJ 海洋生物资源的养护、科学研究、保护海洋环境等领域加强合作；《太平洋社区与国际海底管理局之间的谅解备忘录》是为了明确两者在促进区域和国家层面规则方面的合作；还有《国际海事组织与国际海底管理局之间的合作协定》和《国际航道组织与国际海底管理局之间的合作协定》等。

从地理区域来看，"区域"和公海的范围在一定程度上存在重合，"区域"主要是指 200 海里以外的大陆架，公海主要是指 200 海里以外的大陆架的上覆水域。人类在"区域"的活动必然涉及公海，所以"区域"环境的保护和保全必然涉及公海环境的保护和保全。因此，将国际海底管理局的职责其扩大到 ABNJ 区域是有一定的可行性的。

目前，由国际海底管理局担任 ABNJ 国际机构的最大问题在于"区域"和公海的国际法地位的不同。"区域"是人类共同继承的财产，而公海则是人类共同财产。前者强调为全人类的利益而实现惠益的分享，后者强调各取所需多劳多得。国际海底管理局实行的环境影响评价制度是为了维护海洋环境和海洋资源的可持续发展，其建立的平行开发制度也特别强调惠益的公平分享。如果将国际海底管理局的职责其扩大到公海，必然会对公海自由原则造成一定的冲击。事实上，这一担心是多余的，公海自由原则自从 1994 年《鱼类种群协定》通过以后，就已经变成了相对的自由。近些年随着区域渔业组织和公海保护区的发展，不接受管理的国家是不能在公海进行捕捞活动的。可以说，将国际海底管理局的职责扩大到 ABNJ 区域是顺应时代发展的。

2. 南极条约协商会议

南极区域整体作为自然保护区实行最为严格的环境保护措施，其设立的三级环评制度、南极条约协商会议为主导的环境影响评价制度对整个 ABNJ 的环境影响评价制度的建立具有重要的参考作用。南极条约协商会议的目的不是南极资源的开发利用，相比国际海底管理局需要兼顾矿产资源开发和海洋环境保护，南极条约协商会议只需要保护南极环境即可。可以说，南极条约协商会议的职能更切合海洋环境保护目的，如果将南极条约协商会议的模式扩大，使其适用于 ABNJ，也是一种可行的方法。

　　首先，南极协商会议有权制定全面保护南极环境及其生态系统的政策和执行《关于环境保护的南极条约议定书》的措施。这些措施包括审议全面环境影响评价草案和处理环境保护有关的紧急情况的措施。

　　其次，南极协商会议拥有较为完善的机构。南极协商会议为了吸取现有最佳科学技术建议，成立了环境保护委员会。环境保护委员会的职能是就议定书的执行向缔约国提供咨询和建议，以供南极条约协商会议审议。委员会应特别提供咨询的事项包括："第八条和附件一规定的环境影响评价程序的适用和实施以及减少或减轻在南极条约地区的各类活动造成环境影响的办法。"[①] 委员会在提供咨询时应与南极研究科学委员会，保护南极海洋生物资源科学委员会和其他有关的科学、环境和技术组织进行合作，适时听取这些委员会的意见。

　　再次，南极协商会议通过缔约国之间的协作较好地实现了区域环境的保护。这些集体协作包括：（1）通过南极条约协商会议提请非缔约国注意其管辖或控制下的对南极造成影响的活动；（2）要求各缔约国保证包括非缔约国在内的任何人不得从事违反议定书的活动；（3）为促进对南极环境和其生态系统的保护，建立南极条约协商国应单独或集体安排的观察员视察制度；（4）为应对南极条约地区的环境紧急事件，采取紧急反应行动；（5）拥有较好的报告、审议和监督（MRV）机制。缔约国应每年就议定书的实施情况提交报告，由南极条约协商会议审议并予以公开。

　　最后，《关于南极环境保护的南极条约议定书》虽然以起源国为环境影响评价的实施主体，但增加了机构审查程序。环境保护委员会审议缔约国的全面环境影响评价草案，南极协商会议按照环境保护委员会的建议决定是否审议全面环境影响评价草案，在南极协商会议审议决定之前，缔约国不得作出在南极条

---

① 《关于环境保护的南极条约议定书》第 12 条。

约地区进行拟议活动的决定。许多缔约国依据议定书的设定程序将拟议活动能否进行和环境影响评价的结果相挂钩。这些缔约国有荷兰、瑞典和英国。当然也有例外，如美国虽然是缔约国但并没有将环境影响评价的结果与拟议活动是否能够进行挂钩。

南极条约协商会议在环境保护问题上的专一性以及组织机构的合理性，使它具备了扩大适用的可能性。然而，根据《南极条约》第 6 条和议定书的规定，该议定书适用于南纬 60°以南的地区，包括一切冰架和海域。如果将适用于南极的协商会议制度适用于包括北极公海在内的所有公海，可能会遭到北极国家的反对。故而，在 ABNJ 可以适当推广南极条约协商会议的经验，特别是集体协助的经验，但是将其扩大适用于 ABNJ 几乎是不可能的。

3. 区域渔业组织

渔业捕捞活动是公海人类进行的主要活动，几乎所有的国家都有公海捕鱼活动。过度的捕捞活动已经导致海洋环境快速退化。《联合国海洋法公约》确定的公海自由，并不意味着所有的捕捞活动都是合法的。所有的公海捕捞活动都应该遵循《联合国海洋法公约》和其他国际法的规定，当然包括有关海洋环境保护和保全的规定。各缔约国有义务就海洋环境的保护和保全直接或者通过有关的国际组织展开国际合作。《鱼类种群协定》（UNFSA）和区域渔业组织在保护海洋环境以及避免非法的或者过度的捕捞方面发挥了重要的作用。

UNFSA 提供了鱼类管理的基本原则，并多次提及环境影响评价，例如第 5（d）条要求各国"评估捕鱼、其他人类活动及环境因素对目标种群和属于同一生态系统的物种或从属目标种群或与目标种群相关的物种的影响"，在第 6（6）条中要求各国"就新渔业或试捕性渔业而言，各国应尽快制定审慎的养护和管理措施，其中应特别包括捕获量与努力量的极限。这些措施在有足够数据允许就该渔业对种群的长期可持续能力的影响进行评估前应始终生效，其后则应执行以这一评估为基础的养护和管理措施。后一类措施应酌情允许这些渔业逐渐发展"。该条与其他环评义务不同点在于其要求在捕捞活动开始后对捕鱼活动进行持续的评估。此外，UNFSA 还呼吁各国对鱼类资源继续科学评估，并经由区域或次区域渔业管理机构开展科学评估。

虽然该项协议具体涉及高度洄游和跨界鱼类，但有关的环境影响评价制度已经在深海渔业领域建立和发展起来，特别是强调深海海底渔业活动对环境的影响评估。2006 年联合国大会通过了可持续渔业，包括执行 UNFSA 及其他文件的决议（Res A/Res/61/105），号召各国就深海海底渔业活动实施环境影响评价。该决议是第一个就 ABNJ 的捕捞活动要求环境影响评价的文件。必须指出，尽管联合国大会要求各国进行这些环境影响评价，以保护脆弱的海洋环境（vulnerable marine environment，VMEs），但这项要求并没有得到协调一致的执行①。

各国进行环境影响评价的差别很大。尽管联合国大会呼吁对公海所有的深海海底渔业活动进行影响评估，但是一些渔业组织的缔约方无一按要求进行环境影响评价，例如东北大西洋渔业委员会和西北大西洋渔业组织。而另外一些渔业组织的缔约国则全部提交了要求的环境影响评价，例如南极生物资源养护委员会、北太平洋渔业委员会。还有一些渔业组织只有部分缔约国按要求进行了相关的环境影响评价，例如南太平洋区域渔业管理组织。即便是已经按要求进行环境影响评价的缔约国所进行的评估范围也各不相同。有些国家进行了全面的风险评估，评估的范围非常宽泛，包括捕捞活动的具体历史情况、拟议的捕捞措施、待用的捕捞工具、可能遇到的 VMEs 的界定以及拟议捕捞活动潜在影响，而且评估程序必须与科学家、管理者和企业充分磋商。也有一些影响评估因缺乏关于拟议捕捞方式的充分信息或者建立在对现状错误的假设基础上，再或者缺乏对 VMEs 的认知，而没有进行全面的环境影响评价。另外，尽管联合国大会决议要求对所有深海海底渔业进行评估，但区域渔业管理组织并没有要求对新区域和现有渔区的勘探渔业进行影响评估②。

---

① See ROGERS A D, GIANNI M. The Implementation of UNGA Resolutions 61/105 and 64/72 in the Management of Deep-Sea Fisheries on the High Seas [R]. London：Deep-Sea Conservation Coalition, 2010.

② See BOYES A. Environmental Impact Assessment in Areas beyond National Jurisdiction [R]. Laws528 Law of the Sea Research Paper, 2014.

因此，区域渔业组织并不适合作为国际层面统筹 ABNJ 环境影响评价的机构。虽然并非所有的区域渔业都要求进行海洋环境影响评价，但是区域渔业组织在区域渔业资源管理和海洋环境保护方面有一定的便利性。如果新协议新设了一个条约机构负责协调区域渔业组织的活动，帮助和促进区域海洋环境影响评价制度的形成和实施，那么区域渔业组织可以在区域层面强化和落实海洋环境影响评价的全球规则和标准。它们可以通过向区域国家提供信息交换、能力建设和技术转让的平台加强区域国家之间的合作。区域渔业组织通常设有自己的科学技术和法律机构，并且拥有适合区域的实施机制。这些机构或机制能够制定区域环境影响评价制度、建立区域利益相关方之间的对话和合作，将国际、区域和国内三个层面的环境影响评价贯通起来。

4. 既有国际机构+政策指引

鉴于目前的机构都是针对区域或专门事项而建立的，其管辖范围和缔约国数量都是有限的，如果承担全球性国际机构的职责，可能会面临诸多的挑战。除了国际海底管理局具有扩大适用于 ABNJ 的可能性之外，南极条约协商会议和区域渔业组织都不具有扩大适用的可能性。南极条约协商会议和区域渔业组织地域特色比较明显，主要服务于区域国家，难以扩大适用于 ABNJ。虽然不能直接适用，但是这些机构在区域的经验值得借鉴和推广。此外，第 72/249 号决议指出，谈判进程及其结果"不应损害现有的相关法律文书和框架以及相关的全球、区域和部门机构"。故而，依托这些区域机构，并通过制定统一 ABNJ 环境影响评价的法律文书或政策对这些区域机构进行引导，也是一种可行的模式。

国际法律文书通过制定法律义务和原则、科学标准和最佳做法等方法起到明确和规范 ABNJ 环境影响评价的作用。具体来说，应该具有以下作用：（1）制定共同的原则和目标，以帮助确保在 ABNJ 的所有组织都朝着相同的总体目标努力；（2）提供一个在区域机构缺失或失效情况下的纠错机制；（3）制定一个规则或机制，允许非现有组织的成员方能够参与 ABNJ 的管理活动；（4）通过加强合作与协调、提供咨询、整理和交流信息以及制定建议，支持现有机构；（5）呼吁各方根据国际法律文书中的优先事项和原则加强现有机构；（6）要求缔约国直接或通过参加有关的国际组织实施国际法律文书中的义务①。

区域国际机构则可以利用既有的区域优势细化规则、增进信息交换、科技合作、提高履约能力以及惠益分享等多种途径将 ABNJ 的国际法融入缔约国的国内法，最终实现国际、区域和国家三个层级的协调履约。

（三）混合模式

混合模式主要是指通过包括全球监督和审查机制在内的全球治理来加强区域和部门机构职责的模式。可以说，这种模式是在第二种区域和部门模式的基础上的变通。一方面仍然以区域和部门机构为基础，另一方面采取比政策指引或法律文书约束更加有力的全球监督和审查机制。然而，全球监督和审查机制是一个比较宽泛的概念。在此可以理解为除制定国际法律文书或政策进行引导之外的其他方法。虽然不能详尽地罗列所有的其他方法，但有两种可能的方法值得注意：加强国内实施机制和完善国家责任制度。

1. 加强国内实施机制

目前 ABNJ 环境影响评价制度的国际实施机制主要是缔约国向缔约方大会或秘书处的报告制度，但报告制度的实施和监督效果不甚理想。正如在区域海洋项目中，虽然多数区域海洋协定或议定书有进行环境影响评价的要求，但并非所有的国家都遵守了要求并提交履约报告。对于那些没有遵约或提交履约报告的国家也缺少惩罚性的措施。缔约国的报告制度不仅完全流于形式，而且缔约方大会或秘书处也不享有对报告进行实质性审查的权力。缔约方大会或秘书处仅对报告进行形式审查，至于缔约国报告的真实性是无从查证的。从国家内部的原因分析，国家不能或不愿提交报告的原因是其国内缺少对 ABNJ 环境影响评价进行规制的法律或法规。或者说，这些国家欠缺有效的国内实施机制。

国内实施机制是指通过国内的立法、行政和司法等途径将国际法义务转化为国内法予以落实的机制。虽然国际法的遵约和履约的对象主要是国家，但国家作为一个集合体能做的仅仅是通过立法将国际法义务转换为能约束个人、法人、非政府间国际组织的活动的国内法，并通过国家机器保证国内法主体能够

---

① See WRIGHT G, ROCHETTE J, GJERDE K, et al. The long and winding road：negotiating a treaty for the conservation and sustainable use of marine biodiversity in areas beyond national jurisdiction［M］. Paris：IDDRI, 2018：26.

遵守法律和法规，并通过民事处罚、行政处罚和刑事处罚等多种惩罚性措施纠正国际法主体的违法或违约行为。所以说，增强国内实施机制是最为有效的落实国际法义务的方法。

在公海或"区域"不属于任何国家管辖的范围内的活动主要依据的是属人管辖权。航空器、船舶、从事深海作业的企事业和个人由其国籍国管辖。因而船旗国或国籍国应该就其管辖或控制下的这些主体的活动负责，制定有关 ABNJ 活动的国内法，并通过国内实施机制保证这些活动不违反 ABNJ 环境保护的一般国际法义务。以《关于环境保护的南极条约议定书》为例，议定书要求国家确保南极旅游的运营方在进行有关南极的商业旅游活动时确保遵守南极议定书中的环境影响评价要求。结果就是各国依照议定书制定了独立于国内环境影响评价的南极环境影响评价法。例如，加拿大 2003 年出台了《南极环境保护法案》，美国 1978 年制定了《南极保护法案》，中国海洋局 2018 年出台了《南极活动环境保护管理规定》。制定专门针对 ABNJ 活动的国内法，也是国家担保责任的一部分。一个国家如果没有专门针对"区域"活动的国内法，很难主张自己已经尽到了担保国责任。中国适时出台《中华人民共和国深海海底区域资源勘探开发法》就是履行《联合国海洋法公约》义务、"区域"矿产资源勘探和开发规章中义务的体现，彰显了中国严格遵守国际法规则的负责任大国形象①。

加强国内实施机制的方法必须以存在统一的国际法为前提。无论是南极还是"区域"国内实施机制都是以落实已存在的国际法为目的。如果缺少可以统一适用的国际法，那么加强国内实施机制也无法达到保护 ABNJ 海洋环境的目的。例如，北极区域最迫切的任务是建立统一的北极环境影响评价协定或议定书，而非加强国内实施机制。

2. 完善国家责任制度

1941 年美加之间的特雷尔冶炼厂案以及 1972 年《人类环境宣言》确立了禁止损害原则。这一原则被细分为预防损害原则和损害赔偿原则。前者强调运用风险预防的办法防范损害的发生，后者强调损害发生之后要承担相应的损害赔

---

① 2016 年 2 月 26 日，《中华人民共和国深海海底区域资源勘探开发法》经第十二届全国人大常委会第十九次会议审议通过，并于 2016 年 5 月 1 日正式实施。

偿责任。禁止损害原则的这两方面体现了国际环境法争端解决方式的两种不同思维模式，事先预防模式和事后救济模式。然而，两个路径的发展速度相差甚远。由于事先预防模式需要国家做出的改变较小，付出的成本较低，且效果明显，发展迅速。后者由于要追究国家的环境损害责任需要国际社会建立强有力的追责机制，并且需要对国家的主权进行较大的限制，对国家追责的难度很大。目前的环境损害责任追究主要集中于民事、刑事的责任追究，国家责任的追责机制还未完全建立起来。

如果能完善目前的国家责任制度，将为国际法（包括国际环境法）添上强有力的"牙齿"。国家违反国际法的行为将会受到制裁，受到影响的国家可以据此主张损害赔偿。国际法的履约不再完全取决于国家的自愿，国际组织的报告、监督和审查机制或区域的国家之间的集体协助，而将变得可以依法追责和获得赔偿。国家不遵约和履约行为必然会承担国际法下的不利后果，从而促进国家的遵约和履约行为。这一"牙齿"主要包括国家不法行为责任和损害赔偿责任。

从 1949 年国际法委员会将国家责任列为专题到 1996 年通过《国家责任条款草案》历时将近半个世纪，充分反映了国际社会反对帝国主义、殖民主义的要求和呼声①。"该草案打破了传统国家责任范围的局限性，把国家责任从原来的仅指外国侨民的人身和财产遭受损害所引起的国家责任扩展到包括一般国际不法行为和国际罪行的所有国际不当行为的国家责任。"② 依据该草案，国家责任规则只需要具备两个要件：行为可以归因于国家和违反国际法义务。在 ABNJ 中如果国家的直接行为和受国家管辖或控制的主体的行为违反了国际法中有关

---

① 国际法委员会于 1949 年 4 月举行的第一届会议上经过讨论确定了可供编纂的 14 个专题：国家和政府的承认；国家和政府的继承；国家及其财产的管辖豁免；对于在国家领土以外所从事的犯罪行为的管辖权；公海制度；领水制度；国籍，包括无国籍；外国人的待遇；庇护权；条约法；外交交往与豁免；领事交往与豁免；国家责任和仲裁程序。1953 年联合国大会通过第 799（VIII）号决议，敦请委员会在认为可行时立即着手编纂关于国家责任的国际法原则。为响应这一决议，国际法委员会在 1955 年的第七届会议上决定开始研究国家责任专题。国际法委员会最终于 1996 年 7 月 12 日第 2459 次会议上完成了《国家责任条款草案》的一读。

② 林灿铃. 跨界损害的归责与赔偿研究 [M]. 北京：中国政法大学出版社，2014：35.

海洋环境保护和保全义务，那么该国就应该承担赔偿责任①。在 2001 年海底争端分庭的咨询意见中认为缔约国在担保"区域"内活动方面负有法律责任和义务。按照《联合国海洋法公约》和有关法律文件的规定，缔约国的责任包括确保被担保的承包者遵守合同条款、《联合国海洋法公约》和有关法律文件所规定的义务。这是一种尽职义务，必须在其国内法中采取对应的措施，还包括协助国际海底管理局、履行预防损害的义务等其他义务②。

损害赔偿责任是指不为国际法所禁止的活动所导致的跨界损害赔偿责任。例如依据国际法在其管辖领域内进行的工业生产、海洋捕捞、深海开发和海上核试验等活动对海洋、邻国造成财产或环境损害时的赔偿责任。据此，基于《联合国海洋法公约》海洋环境保护和保全的一般义务，各国在海洋中不加禁止的活动如果对海洋或者邻国造成了严重的损害，那么应该承担恢复海洋环境的相关费用。即便是在奉行公海自由原则的公海，只要造成了海洋的严重损害，相关国家也要承担损害赔偿责任。虽然"不为国际法所禁止的活动"随着国际法和国际实践的发展，也可能会变成"违反国际法的活动"，但损害赔偿责任填补了因国际法的滞后或空缺而导致的损害赔偿问题。这对于海洋环境的保护和保全非常重要。在 ABNJ 缺乏明确的受影响国和公众的情况下，对船旗国施加损害赔偿的责任，意味着任何国家都有权就 ABNJ 的环境损害主张赔偿。因此，对于那些没有尽到海洋环境影响评价义务的国家，其他国家或国际组织可以据此将其诉诸国际海洋法法庭。国家起诉只需证明海洋环境损害是国家的行为以及发生了严重的海洋环境损害，无须证明起诉国和被起诉国之间存在共同适用的国际法。值得注意的是，《联合国海洋法公约》和区域国际法中一般都含有海洋环境保护和保全的条款，损害赔偿责任正在演变为国家不法行为责任。

构建完善的国家责任制度不仅是在区域和部门模式下增强全球海洋制度的

---

① 在 ABNJ 进行活动的主体主要有：国家、国际组织、正在争取独立的民族、非政府间国际组织、法人和自然人。国际法主要规制的对象是国家。"区域"的矿产资源勘探和开采的规章对承包人和申请人也施加了海洋环境保护的责任。

② 参见高之国，贾宇，密晨曦. 浅析国际海洋法法庭首例咨询意见案［J］. 环境保护，2012（16）：51–53；诺德奎斯特. 1982 年《联合国海洋法公约》评注：第 4 卷［M］. 吕文正，毛彬，译. 北京：海洋出版社，2018：117.

方法，也应该是 ABNJ 国际文书的重要内容。从长远来看，ABNJ 国际文书也将面临遵约和履约问题，完善国家责任制度是保证新协定得以实施的有效工具。

本章小结

海洋环境影响评价制度的全球化和区域化共存。一方面，海洋环境影响评价制度是国内环境影响评价制度和国际法中跨界环境影响评价制度全球化的一部分。跨界环境影响评价不仅是世界绝大多数国家国内政策或法律，而且也是独立的国际法义务。全球性海洋环境影响评价制度已经初步建立，其以《联合国海洋法公约》为框架，区域或部门海洋环境影响评价的协议或议定书为基准，各种"软法"文件和一般国际法原则为补充。另一方面，海洋环境影响评价制度也呈现出区域化的特点，其中以南极和"区域"的海洋环境影响评价制度较为完善，大部分的区域海洋项目要么有具有法律约束力的区域公约或议定书，要么有不具有法律约束力的行动计划。只有少数区域，例如北极区域，没有全面的国际文件。每一个区域方案都反映了该地区所面临的特殊环境挑战，并有专门针对其特定区域的国际文书。无论如何，海洋环境影响评价制度处于向制定有法律约束力的国际协议或议定书的方向发展中。在国家管辖范围内的海洋环境影响评价的可以适用国家间跨界环境影响评价制度。《埃斯波公约》有望成为国家间跨界环境影响评价制度的统一规范，特别是公约已经对里海区域海洋项目和其他非缔约国产生了影响，并且已经通过修正案向非缔约国开放。《埃斯波公约》自身拥有较为合理的机构设置，但也面临着大量国家加入之后的资金和机构调整的挑战。在 ABNJ，国际社会已经达成制定一项包括环境影响评价在内的 ABNJ 生物多样性保护和利用的国际文书的决议。这一国际文书将作为《联合国海洋法公约》新的执行协议对既有的国际规则进行协调。虽然这一国际文书不会像《联合国海洋法公约》制定时面临那么大的困难，但短期内这一协定的出台还存在困难。因此，ABNJ 国际机构的选择除了依托新的国际文书设立条约机构全球模式以外，还可以选择采用统一的政策引导的方式对加强既有的区域和部门国际机构的职能的区域和部门模式。此外，还可以对两种模式进行综合，采用更广泛的全球监督和审查机制，例如，加强国内实施机制和完善国家责任制度。总而言之，海洋环境影响评价制度正在向着体系化的方向发展。

结　语

　　科学已经证明人类活动是导致海洋环境退化的主要原因。环境影响评价作为保护和保全海洋环境的重要工具被国内法和国际法广泛采纳。几乎所有的国家国内立法和涉及海洋环境保护和保全的国际文件都有环境影响评价的内容。国家管辖或控制下的拟议活动可能对海洋环境造成严重损害的情况下，要进行环境影响评价已经成为一项习惯国际法义务。有关海洋环境影响评价的司法实践和区域实践表明各国认可海洋环境影响评价的习惯国际法地位，但是对海洋环境影响评价的内涵和具体实施不甚相同，进而导致海洋环境影响评价的效果大打折扣。当前海洋环境影响评价制度碎片化主要表现在立法的碎片化、司法的个案化和实施的区域化。这是因为跨界环境影响评价存在的国际国内多元立法、环境影响评价现行立法滞后以及区域海洋环境和治理的不同。要解决跨界环境影响评价的碎片化问题，就需要整合有关海洋环境影响评价的规则，审视海洋环境影响评价制度的基本要素，建立强有力的实施机制。

　　当前海洋环境影响评价制度虽然已经初步建立，但是仍然存在碎片化的特点。其以《联合国海洋法公约》为框架，区域或部门海洋环境影响评价的协议或议定书为基准，各种"软法"文件和一般国际法原则为补充。但是，《联合国海洋法公约》仅仅提供了海洋环境影响评价的框架，区域或部门的协议或议定书仅适用于区域或部门，各种"软法"文件并无法律约束力。因缺乏统一的具有法律约束力的全球公约，海洋环境影响评价制度流于形式。加之海洋的流通性，海洋环境的损害将会影响多个海洋区域。目前国际社会已经达成制定统一的具有法律约束力的全球公约的共识。国家管辖范围以内的区域，《埃斯波公约》已经发挥了典范作用，对里海等其他区域的环境影响评价协定或议定书的形成产生了重要的影响。未来《埃斯波公约》有望成为国家间环境影响评价的全球公约。ABNJ 生物多样性保护和利用的国际文书的案文已于 2023 年 3 月 4 日达成。新制定的国际文书作为《联合国海洋法公约》的新的执行协定，将会发挥协调区域、国内跨界环境影响评价规则的作用。

国际法院和国际海洋法法庭的司法实践表明各国均认可有进行跨界环境评价的国际法义务，但对具体的内容存在争议。《联合国海洋法公约》将海洋环境影响评价的评估范围限于国家管辖或控制下的活动，损害的标准采用较为严格的实质性损害标准，评估的内容留给各国"在实际可行的范围内"自由裁量，在利益相关者参与领域只提及国家的参与，未提及公众的参与，且参与的程序仅局限于报告的公开。这些框架性的规定并不能为各国进行海洋环境影响评价提供可操作性的规则。涉及跨界环境影响评价的一般国际法的规定出现了评估范围逐渐扩大、损害标准逐渐降低、评估内容逐渐国际化和利益相关者的程序参与逐渐细化的趋势。最近的海洋环境影响评价的实践，特别是"区域"和南极的实践，出现了诸多的创新。首先，扩大评估范围，拟议活动的范围从海洋污染活动扩大到所有涉海的拟议活动。其次，采用了三级环境影响评价和降低损害标准的做法，排除了国家的裁量空间，使得海洋环境影响评价的启动更加容易。再次，详细列举环境影响评价报告的内容或给出环境影响评价报告模板的做法，明确了海洋环境影响评价的基本评估内容。此外，对海洋环境影响评价内容的深度做出了一些规定，如采用生物多样性的标准，事先的环境影响评价、持续环境影响评价和累积环境影响评价的要求对何为充分的海洋环境影响评价做出了阐释。最后，在利益相关者参与方面，不仅规定了国家参与的规则，还罗列了公众参与的内容。在国家管辖范围内的区域，公众参与环境影响评价仍以国家为主导，但在 ABNJ 公众参与以国际机构为主导。公众参与也从通知告知向信息交换，乃至磋商和谈判的深层次发展。在海洋法中，国家间的环境影响评价中利益相关者的参与仅仅是为了帮助发起国充分考虑环境影响并采取减缓环境影响的措施，并没有赋予利益相关者参与决策的权利。国际公域的环境影响评价中利益相关者参与对决策有了实质性的影响。整体来说，海洋环境影响评价的基本要素逐渐明晰。

目前海洋影响评价制度仍然采用以程序为导向的实施方式。海洋环境影响评价的实施，并不是选择适用哪个或哪条法律的问题，而是通过国内程序和国际程序解释和适用规则的问题。海洋环境影响评价的实施过程就是规则的解释过程。一项具有普遍性和合法性的国际法要对国内法产生影响，需要经由多种实施路径实现法治的扩散，并且通过自愿或强制的方法使得国家接受，从而实现法治的转化。海洋环境影响评价国际法主要经由两种实施路径流入国家的国内法，一种是以国内程序为主的路径，一种是以国际程序为主的路径。目前这两种路径逐渐融合，所有的实施程序根本上来说都是国内程序，所有的海洋环境影响评价均须遵守国际最低标准。海洋环境影响评价制度正在制定统一的国际最低标准——全球公约。无论全球公约是否能够顺利制定并生效，建立一个强有力的实施机制不仅是全球公约得以遵约和履约的保证，也是协调各区域、各部门和各国跨界环境影响评价规则的根本。这个强有力的实施机制可能是一个强有力的国际机构对缔约国是否履约进行审查和监管，可能是建立一个类似于联合国安理会的集体协助机制，可能是一个完善的国家不法责任和损害赔偿责任制度。在国家管辖范围以内区域，《埃斯波公约》拥有较为完善的条约机构可以起到审查和监督的作用。在 ABNJ，全球模式是未来最理想的国际机构模式，区域和部门模式是近期比较易行的模式，而混合模式则是比较务实的模式。总之，海洋环境影响评价制度正在全球化：全球公约正在制定中，基本要素逐渐明晰，强有力的实施机制也正在形成中。

参考文献

一、中文部分

（一）著作类

［1］ 国际法院. 国际法院判决、咨询意见和命令摘要：1948—1991 年 ［M］. 纽约：联合国，1993.

［2］ 国际法院. 国际法院判决、咨询意见和命令摘要：1992—1996 年 ［M］. 纽约：联合国，1997.

［3］ 国际法院. 国际法院判决、咨询意见和命令摘要：1997—2002 年 ［M］. 纽约：联合国，2005.

［4］ 国际法院. 国际法院判决、咨询意见和命令摘要：2008—2012 年 ［M］. 纽约：联合国，2014.

［5］ 梁西. 国际法 ［M］. 3 版. 武汉：武汉大学出版社，2011.

［6］ 林灿铃. 国际环境法 ［M］. 北京：人民出版社，2011.

［7］ 林灿铃. 跨界损害的归责与赔偿研究 ［M］. 北京：中国政法大学出版社，2014.

［8］ 秦天宝. 生物多样性国际法原理 ［M］. 北京：中国政法大学出版社，2014.

［9］ 邵津. 国际法 ［M］. 5 版. 北京：北京大学出版社，2014.

［10］ 沈宗灵. 法理学 ［M］. 北京：北京大学出版社，2003.

［11］ 万鄂湘. 国际法与国内法的关系研究 ［M］. 北京：北京大学出版社，2011.

［12］ 王铁崖，周忠海. 周鲠生国际法论文选 ［M］. 深圳：海天出版

社，1999.

[13] 王曦. 国际环境法 [M]. 2版. 北京：法律出版社，2005.

[14] 中国政法大学国际法教研室. 国际公法案例评析 [M]. 北京：中国政法大学出版社，1995.

（二）译著类

[1] 劳特派特. 奥本海国际法：上卷：第一分册 [M]. 王铁崖，陈体强，译. 北京：商务印书馆，1971.

[2] 诺德奎斯特. 1982年《联合国海洋法公约》评注：第4卷 [M]. 吕文正，毛彬，译. 北京：海洋出版社，2018.

[3] 麦克因泰里. 国际法视野下国际水道的环境保护 [M]. 秦天宝，蒋小翼，译. 北京：知识产权出版社，2014.

[4] 波尼，波义尔. 国际法与环境 [M]. 2版. 那力，王彦志，王小钢，译. 北京：高等教育出版社，2007.

[5] 诺德奎斯特. 1982年《联合国海洋法公约》评注：第1卷 [M]. 吕文正，毛彬，唐勇，译. 北京：海洋出版社，2009.

[6] 南丹，罗森. 1982年《联合国海洋法公约》评注：第2卷 [M]. 吕文正，毛彬，编. 北京：海洋出版社，2014.

[7] 南丹，罗森. 1982年《联合国海洋法公约》评注：第3卷 [M]. 吕文正，毛彬，编. 北京：海洋出版社，2016.

[8] 布朗利. 国际公法原理 [M]. 曾令良，余敏友，等译. 北京：法律出版社，2007.

（三）期刊类

[1] 麦克因泰里，秦天宝，蒋小翼. 跨界水道环境影响评价的法律与实践 [J]. 江西社会科学，2012，32（2）：251-256.

[2] 边永民，陈刚. 跨界环境影响评价：中国在国际河流利用中的义务 [J]. 外交评论（外交学院学报），2014，31（3）：17-29.

[3] 边永民. 跨界环境影响评价的国际习惯法的建立和发展 [J]. 中国政

法大学学报，2019（2）：2-47，206.

　　[4] 陈力．论南极条约体系的法律实施与执行 [J]．极地研究，2017，29
（4）：531-544.

　　[5] 邓华．国际法院对环境影响评价规则的新发展：基于尼加拉瓜和哥斯
达黎加两案的判决 [J]．中山大学法律评论，2018，16（1）：3-14.

　　[6] 高之国，贾宇，密晨曦．浅析国际海洋法法庭首例咨询意见案
[J]．环境保护，2012（16）：51-53.

　　[7] 古祖雪．现代国际法的多样化、碎片化与有序化 [J]．法学研究，
2007（1）：135-147.

　　[8] 侯芳．联合国非会员国义务的多维分析 [J]．周口师范学院学报，
2017，34（6）：101-104.

　　[9] 侯芳．分割的海洋：海洋渔业资源保护的悲剧 [J]．资源开发与市
场，2019，35（2）：209-215.

　　[10] 胡德胜．国际法庭在跨界水资源争端解决中的作用：以盖巴斯科夫-
拉基玛洛项目案为例 [J]．重庆大学学报（社会科学版），2011，17（2）：1-7.

　　[11] 蹇潇．哥斯达黎加境内圣胡安河沿岸的道路修建案法律评论 [J]．湖
南行政学院学报，2017（3）：88-92.

　　[12] 蒋宏国．国际环境影响评价制度初探 [J]．湖南科技学院学报，2008
（8）：142-144.

　　[13] 蒋小翼．《联合国海洋法公约》中环境影响评价义务的解释与适用
[J]．北方法学，2018，12（4）：116-126.

　　[14] 柯坚，高琪．从程序性视角看澜沧江—湄公河跨界环境影响评价机制
的法律建构 [J]．重庆大学学报（社会科学版），2011，17（2）：14-22.

　　[15] 孔令杰．跨界水资源开发中环境影响评价的国际法研究 [J]．重庆大
学学报（社会科学版），2011，17（2）：23-28.

　　[16] 秦天宝，侯芳．国际环境争端解决机制的新进展 [J]．人民法治，2018
（4）：36-39.

　　[17] 秦天宝，侯芳．论国际环境公约遵约机制的演变 [J]．区域与全球发
展，2017，1（2）：54-68，156.

[18] 宋欣．埃斯波公约：跨界环评法律制度的先锋公约 [J]．中国律师，2011（5）：82-83．

[19] 宋欣．浅议北极地区跨界环境影响评价制度 [J]．中国海洋大学学报（社会科学版），2011（3）：7-11．

[20] 田琳．国际环境法中环境影响评价手段的实施问题研究 [J]．世界环境，2005（5）：57-60．

[21] 王超．国际海底区域资源开发与海洋环境保护制度的新发展：《"区域"内矿产资源开采规章草案》评析 [J]．外交评论（外交学院学报），2018，35（4）：81-105．

[22] 王超锋．跨界环境影响评价制度的实施问题研究 [J]．淮海工学院学报（人文社会科学版），2004（4）：13-15．

[23] 王勇．国际海底区域开发规章草案的发展演变与中国的因应 [J]．当代法学，2019，33（4）：79-93．

[24] 赵建文．国际条约在中国法律体系中的地位 [J]．法学研究，2010，32（6）：192-208．

[25] 郑晨骏．浅析国际环境法中环境影响评价制度之程序责任 [J]．法制博览，2016（16）：1-3．

（四）论文类

[1] 金永明．国际海底区域的法律地位与资源开发制度研究 [D]．上海：华东政法学院，2005．

[2] 刘必钰．国际环境法之环境影响评价机制探析 [D]．北京：中国政法大学，2009．

[3] 宋欣．跨界环境影响评价制度研究 [D]．青岛：中国海洋大学，2011．

[4] 王晓丽．国际环境条约遵约机制研究 [D]．北京：中国政法大学，2007．

[5] 肖成．国家管辖范围以外区域环境影响评价筛选机制研究 [D]．厦门：自然资源部第三海洋研究所，2019．

[6] 杨振发．建立澜沧江—湄公河流域跨界环境影响评价制度若干问题的

研究 [D]. 昆明：昆明理工大学，2004.

　[7] 张顺周. 论跨界环境影响评价制度 [D]. 南昌：南昌大学，2011.

二、英文部分

（一）著作类

[1] ABRAM C, ANTONIA C H. The New Sovereignty：Compliance with International Regulatory Agreements [M]. Cambridge：Harvard University Press，1995.

[2] BARTLETT R. Policy Through Impact Assessment：Institutionalized Analysis as A Policy Strategy [M]. New York：Greenwood Press，1986.

[3] BASTMEIJR K, KOIVUROVA T. Theory and Practice of Transboudary Environmental Impact Assessment [M]. Leiden：Koninklijke Bill NV，2008.

[4] CHIRCOP A. The Mediterranean：Lessons Learned [M] // VALENCIA M J. Maritime Regime Building：Lessons Learned and Their Relevance for Northeast Asia. The Hague：Martinus Nijhoff Publishers，2001.

[5] CRAIK N. The International Law of Environmental Impact Assessment：Process, Substance and Integration [M]. New York：Cambridge University Press，2008.

[6] DRUEL E. Environmental Impact Assessments in Areas Beyond National Jurisdiction：Identification of Gaps and Possible Ways Forward [M]. Paris：IDDRI，2013.

[7] DUPUY P M. Overview of the Existing Customary Legal Regime Regarding International Pollution [M] //International law and pollution. Philadephia：University of Pennsylvania Press，1991.

[8] EBBESSON J. Protection of the Marine Environment of the Baltic Sea Area：The Impact of the Stockholm Declaration [M] // NORDQUIST M H, MOORE J N, MAHMOUDI S. The Stockholm Declaration and Law of the Marine Environment. New York：Martinus Nijhoff Publishers，2003.

[9] Environmental Agreements [M]. New York：UNEP Publication，2006.

[10] HENKIN L. How Nations Behave：Law and Foreign Policy [M]. 2th

ed. New York: Columbia University Press, 1997.

[11] KOIVUROVA T. Implementing Guidelines for Environmental Impact Assessment in the Arctic [M] //BASTMEIJR K, KOIVUROVA T. Theory and Practice of Transboudary Environmental Impact Assessment. Leiden: Koninklijke Bill NV, 2008.

[12] KOLHOFF A, et al. Environmental Assessment [M] // SLOOTWEG R, et al. Biodiversity in Environmental Assessment: Enhancing Ecosystem Services for Human Well-Being. New York: Cambridge University Press, 2011.

[13] MACE M J, RAZZAQUE J, FRANCHI S L, et al. Guide for Negotiators of Multilateral Environmental Agreements [M]. Nairobi: UNEPM, 2006.

[14] NORDQUIST M H, ROSENNE S, YANKOV A. A Commentary of United Nations Convention on the Law of the Sea 1982: Volume IV [M]. New York: Martinus Nijhoff Publishers, 1991.

[15] ROBINSON N A. EIA Abroad: The Comparative and Transnational Experience [M] // HILDEBRAND S G, CANNON J B. Environmental Analysis: the NEPA Experience. Boca Raton: CRC Press, 1993.

[16] UN Environment. Global Environment Outlook - GEO - 6: Healthy Planet, Healthy people [M]. New York: UNEP Publication, 2019.

[17] UNEC. Implementation of the Convention on Environmental Impact Assessment in a Transboundary Context (2013—2015) [M]. New York: United Nations Publication, 2017.

[18] UNEP. An Approach to Environmental Impact Assessment for Project Affecting the Coastal and Marine Environment [M]. New York: UNEP, 1990.

[19] VALENCIA M J. Maritime Regime Building: Lessons Learned and Their Relevance for Northeast Asia [M]. The Hague: Martinus Nijhoff Publishers, 2001.

[20] WARNER R. Environmental Assessments in the Marine Areas of the Polar Regions [M] // MOLENAAR E, OUDE ELFERINK A G, ROTHWELL D, et al. Law of the Sea and Polar Regions: Interactions Between Global and Regional Regimes. Leiden: Martinus Nijhoff Publishers, 2013.

[21] WRIGHT G, ROCHETTE J, GJERDE K, et al. The Long and Winding

Road: Negotiating a Treaty for the Conservation and Sustainable Use of Marine Biodiversity in Areas Beyond National Jurisdiction [M]. Paris: IDDRI, 2018.

(二) 期刊类

[1] AFFOLDER N. Contagious Environmental Lawmaking [J]. Journal of Environmental Law, 2019, 31 (2): 187-212.

[2] BOTCHWAY F. The Context of Trans‐Boundary Energy Resource Exploitation: The Environment, the State, and the Methods [J]. Colorado Journal of International Environmental Law and Policy, 2013, 14 (2): 191-240.

[3] BOYLE A. Developments in the International Law of Environmental Impact Assessments and their Relation to the Espoo Convention [J]. Review of European Community and International Environmental Law (RECIEL), 2011, 20 (3): 227-231.

[4] CONNELLY R. The UN Convention on EIA in a Transboundary Context: a Historical Perspective [J]. Environmental Impact Assessment Review, 1999, 19 (1): 37-46.

[5] EBBESSON J. Innovative Elements and Expected Effectiveness of the 1991 EIA Convention [J]. Environmental Impact Assessment Review, 1999, 19 (1): 47-55.

[6] ELFERINK A G O. Environmental Impact Assessment in Areas Beyond National Jurisdiction [J]. The International Journal of Marine and Costal Law, 2012, 27: 449-480.

[7] HALPERN B S, WALBRIDGE S, SELKOE K A, et al. A Global Map of Human Impact on Marine Ecosystems [J]. Science, 2008, 319 (5856): 948-952.

[8] KNOX J. The Myth and Reality of Transboundary Environmental Impact Assessment [J]. The American Journal of International Law, 2002, 96 (2): 291-19.

[9] KNOX J. Assessing the Candidates for a Global Treaty on Transboundary Environmental Impact Assessment [J]. New York University Environmental Law

Journal (2003—2005), 2003, 12: 153-168.

[10] KONG L. EIA under the United Nations Convention on the Law of the Sea [J]. Chinese Journal of International Law, 2011, 10 (3): 651-669.

[11] MA D, FANG Q, GUAN S. Current Legal Regime for Environmental Impact Assessment in Areas Beyond National Jurisdiction and Its Future Approaches [J]. Environmental Impact Assesment Review, 2016, 56 (1): 23-30.

[12] OKOWA P N. Procedural Obligations in International Environmental Agreements [J]. British Yearbook of International Law, 1997, 67 (1): 275-336.

[13] SCANLON Z, BECKMAN R. Assessing Environmental Impact and the Duty to Cooperate Environmental Aspects of the Philippines v. China Award [J]. Asia-Pacific Journal of Ocean Law and Policy, 2018, 3 (1): 5-30.

[14] STOJANOVIC T A, FARMER C J Q. The Development of World Oceans & Coasts and Concepts of Sustainability [J]. Marine Policy, 2013, 42: 157-165.

[15] WARNER R. Oceans beyond Boundaries: Environmental Assessment Frameworks [J]. The International Journal of Marine and Coastal Law, 2012, 27: 481-499.

[16] WARNER R. Tools to Conserve Ocean Biodiversity: Developing the Legal Framework for Environmental Impact Assessment in Marine Areas beyond National Jurisdiction [J]. Ocean Yearbook Online, 2012, 26 (1): 317-341.

(三) 论文和报告

[1] JERVAN M I. The Prohibition of Transboundary Environmental Harm: An Analysis of the Contribution of the International Court of Justice to the Development of the No-harm Rule [D]. Olso: University of Olso, 2014.

[2] SHEEHY B. International Marine Environment Law: A Case Study in the Wider Caribbean Region [D]. Puebla: University of the Americas Puebla, 2003.

[3] BOYES A. Environmental Impact Assessment in Areas beyond National Jurisdiction [R]. Florida: Mote Marine Laboratory, 2014.

[4] FAO. The State of World Fisheries and Aquaculture 2016: Contributing to

food secrity and nutrition for all [R]. Rome: Food And Agriculture Organization of the United Nations, 2016.

[5] GJERDE K M, DOTINGA H, HART S, et al. Regulatory and Governance Gaps in the International Legal Regime for the Conservation and Sustainable Use of Marine Biodiversity in Areas Beyond National Jurisdiction [R]. Gland: IUCN, 2008.

[6] HOEGH - GULDBERG O. Reviving the Oceans Economy: the Case for Action, 2015 [R]. Geneva: WWF International, 2015.

[7] KOSKENNIERNI M. Fragmentation of International Law Difficulties Arising From the Diversification and Expansion of International Law [R]. The Hague: Study Group of the International Law Commission, 2006.

[8] ROGERS A D, GIANNI M. The Implementation of UNGA Resolutions 61/105 and 64/72 in the Management of Deep-Sea Fisheries on the High Seas [R]. London: Deep-Sea Conservation Coalition. , 2010.

[9] WWF. Living Blue Planet Report: Species, habitats and human well - being. [R]. Geneva: WWF, 2015.

(四) 电子资源

[1] Coralcoe. Life and Death After Great Barrier Reef Bleaching [EB/OL]. Coralcoe, 2020-03-29.

[2] ICJ. The Corfu Channel case: The United Kingdom v. Albania [EB/OL]. icj-cij. org, 1949-04-09.

[3] ITLOS. Responsibilities and obligations of states sponsoring persons and entities with respect to activities in the area: Advisory Opinion of ITLOS [EB/OL]. itlos. org, 2011-02-01.

[4] International Court of Justice. The Nuclear Tests I Case: Australia v. France [EB/OL]. icj-cij. org, 1974-12-20.

[5] International Court of Justice. The Nuclear Tests I Case: New Zealand v. France. [EB/OL]. icj-cij. org, 1974-12-20.

［6］ITLOS. The MOX Plant Case： Ireland v. the UK ［EB/OL］. itlos. org，2001-10-25.

［7］PEW. High seas environmental impact assessments： The importance of evaluation in areas beyond national jurisdiction ［R/OL］. pewtrusts. org，2016-03-15.

［8］The Indus Waters Kishenganga Arbitration： Pakistan v. India. Partial Award of Permanent Court of Arbitration ［EB/OL］. pcacpa. org，2013-02-18.

［9］UNECE. EU4Environment Supports Moldova's Commitment' to Addressing Environmental Impacts of Its Economic Growth ［EB/OL］. unece. org，2019-3-27.

［10］UNEP. Why Does Working with Regional Seas Matter? ［EB/OL］. unenvironment. org，2020-03-06.

附　录

附录一　联合国海洋法公约（节选）①

第十二部分　海洋环境的保护和保全

第一节　一般规定

第一九二条　一般义务

各国有保护和保全海洋环境的义务。

第一九三条　各国开发其自然资源的主权权利

各国有依据其环境政策和按照其保护和保全海洋环境的职责开发其自然资源的主权权利。

第一九四条　防止、减少和控制海洋环境污染的措施

1. 各国应适当情形下个别或联合地采取一切符合本公约的必要措施，防止、减少和控制任何来源的海洋环境污染，为此目的，按照其能力使用其所掌握的最切实可行方法，并应在这方面尽力协调它们的政策。

2. 各国应采取一切必要措施，确保在其管辖或控制下的活动的进行不致使其他国家及其环境遭受污染的损害，并确保在其管辖或控制范围内的事件或活动所造成的污染不致扩大到其按照本公约行使主权权利的区域之外。

---

① 来源于联合国官网：https：//www.un.org/zh/documents/treaty/UNCLOS-1982。

3. 依据本部分采取的措施，应针对海洋环境的一切污染来源。这些措施，除其他外，应包括旨在在最大可能范围内尽量减少下列污染的措施：

（a）从陆上来源、从大气层或通过大气层或由于倾倒而放出的有毒、有害或有碍健康的物质，特别是持久不变的物质；

（b）来自船只的污染，特别是为了防止意外事件和处理紧急情况，保证海上操作安全，防止故意和无意的排放，以及规定船只的设计、建造、装备、操作和人员配备的措施；

（c）来自在用于勘探或开发海床和底土的自然资源的设施装置的污染，特别是为了防止意外事件和处理紧急情况，促请海上操作安全，以及规定这些设施或装置的设计、建造、装备、操作和人中配备的措施；

（d）来自在海洋环境内操作的其他设施和装置的污染，特别是为了防止意外事件和处理紧急情况，保证海上操作安全，以及规定这些设施或装置的设计、建造、装备、操作和人员配备的措施。

4. 各国采取措施防止、减少或控制海洋环境的污染时，不应对其他国家依照本公约行使其权利并履行其义务所进行的活动有不当的干扰。

5. 按照本部分采取的措施，应包括为保护和保全稀有或脆弱的生态系统，以及衰竭、受威胁或有灭绝危险的物种和其他形式的海洋生物的生存环境，而有很必要的措施。

第一九五条　不将损害或危险或转移或将一种污染转变成另一种污染的义务

各国在采取措施防止、减少和控制海洋环境的污染时采取的行动不应直接或间接将损害或危险从一个区域转移到另一个区域，或将一种污染转变成另一种污染。

第一九六条　技术的使用或外来的或新的物种的引进

1. 各国应采取一切必要措施以防止、减少和控制由于在其管辖或控制下使用技术而造成的海洋环境污染，或由于故意或偶然在海洋环境某一特定部分引进外来的或新物种致使海洋环境可能发生重大和有害的变化。

2. 本条不影响本公约对防止、减少和控制海洋环境污染的适用。

第二节　全球性和区域性合作

第一九七条　在全球性或区域性的基础上的合作

各国在为保护和保全海洋环境而拟订和制订符合本公约的国际规则、标准和建议的办法及程序时，应在全球性的基础上或在区域性的基础上，直接或通过主管国际组织进行合作，同时考虑到区域的特点。

第一九八条　即将发生的损害或实际损害的通知

当一国获知海洋环境有即将遭受污染损害的迫切危险或已经遭受污染损害的情况时，应立即通知其认为可能受这种损害影响的其他国家以及各主管国际组织。

第一九九条　对污染的应急计划

第一九八条所指的情形下，受影响区域的各国，应按照其能力，与各主管国际组织尽可能进行合作，以消除污染的影响并防止或尽量减少损害。为此目的，各国应共同发展和促进各种应急计划，以应付海洋环境的污染事故。

第二〇〇条　研究、研究方面及情报和资料的交换

各国应直接或通过主管国际组织进行合作，以促进研究、实施科学研究方案、并鼓励交换所取得的关于海洋环境污染的情报和资料。各国应尽力积极参加区域性和全球性方案，以取得有关鉴定污染的性质和范围、面临污染的情况以及其通过的途径、危险和补救办法的知识。

第二〇一条　规章的科学标准

各国应参照依据第二〇〇条取得的情报和资料，直接或通过主管国际组织进行合作，订立适当的科学准则，以便拟订和制订防止、减少和控制海洋环境污染的规则、标准和建议的办法及程序。

第三节　技术援助

第二〇二条　对发展中国家的科学和技术援助

各国应直接或通过主管国际组织：

1. 促进对发展中国家的科学、教育、技术和其他方面援助的方案，以保护和保全海洋环境，并防止、减少和控制海洋污染。这种援助，除其他外，应包括：

（1）训练其科学和技术人员；

（2）便利其参加有关的国际方案；

（3）向其提供必要的装备和便利；

（4）提高其制造这种装备的能力；

（5）就研究、监测、教育和其他方案提供意见并发展设施。

2. 提供适当的援助，特别是对发展中国家，以尽量减少可能对海洋环境造成严重严重污染的重大事故的影响。

3. 提供关于编制环境评价的适当援助，特别是对发展中国家。

第二〇三条　对发展中国家的优惠待遇

为了防止、减少和控制海洋环境污染或尽量减少其影响的目的，发展中国家应在下列事项上获得各国际组织的优惠待遇：

1. 有关款项和技术援助的分配；和

2. 对各该组织专门服务的利用。

第四节　监测和环境评价

第二〇四条　对污染危险或影响的监测

1. 各国应在符合其他国家权利的情形下，在实际可行范围内，尽力直接或通过各主管国际组织，用公认的科学方法观察、测算、估计和分析海洋环境污染的危险或影响。

2. 各国特别应不断监视其所准许或从事的任何活动的影响，以便确定这些活动是否可能污染海洋环境。

第二〇五条　报告的发表

各国应发表依据第二〇四条所取得的结果的报告，或每隔相当期间向主管国际组织提出这种报告，各该组织应将上述报告提供所有国家。

第二〇六条　对各种活动的可能影响的评价

各国如有合理根据认为在其管辖或控制下的计划中的活动可能对海洋环境造成重大污染或重大和有害的变化，应在实际可行范围内就这种活动对海洋环境的可能影响作出评价，并应依照第二〇五条规定的方式提送这些评价结果的报告。

第五节　防止、减少和控制海洋环境污染的国际规则和国内立法

第二〇七条　陆地来源的污染

1. 各国应制定法律和规章，以防止、减少和控制陆地来源，包括河流、河

口湾、管道和排水口结构对海洋环境的污染，同时考虑到国际上议定的规则、标准和建议的办法及程序。

2. 各国应采取其他可能必要的措施，以防止、减少和控制这种污染。

3. 各国应尽力在适当的区域一级协调其在这方面的政策。

4. 各国特别应通过主管国际组织或外交会议采取行动，尽力制订全球性和区域性规则、标准和建议的办法及程序，以防止、减少和控制这种污染，同时考虑到区域的特点，发展中国家的经济能力及共经济发展的需要。这种规则、标准和建议的办法及程序应根据需要随时重新审查。

5. 第1、第2和第4款提及的法律、规章、措施、规则、标准和建议的办法及程序，应包括旨在在最大可能范围内尽量减少有毒、有害或有碍健康的物质，特别是持久不变的物质，排放在海洋环境的各种规定。

第二〇八条　国家管辖的海底活动造成的污染

1. 沿海国应制定法律和规章，以防止、减少和控制来自受其管辖的海底活动或与此种活动有关的对海洋环境的污染以有来自依据第六十和第八十条在其管辖下的人工岛屿、设施和结构对海洋环境的污染。

2. 各国应采取其他可能必要的措施，以防止、减少和控制这种污染。

3. 这种法律、规章和措施的效力应不低于国际规则、标准和建议的办法及程序。

4. 各国应尽力在适当的区域一级协调其在这方面的政策。

5. 各国特别应通过主管国际组织或外交会议采取行动，制订全球性和区域性规则、标准和建议的办法及程序，以防止、减少和控制第1款所指的海洋环境污染。这种规则、标准和建议的办法及程序应根据需要随时重新审查。

第二〇九条　来自"区域"内活动的污染

1. 为了防止、减少和控制"区域"内活动对海洋环境的污染，应按照第十一部分制订国际规则、规章和程序。这种规则、规章和程序应根据需要随时重新审查。

2. 在本节有关规定的限制下，各国应制定法律和规章，以防止、减少和控制由悬挂其旗帜或在其国内登记或在其权力下经营的船只、设施、结构和其他装置所进行的"区域"内活动造成对海洋环境的污染。这种法律和规章的要求的效力应不低于第 1 款所指的国际规则、规章和程序。

第二一〇条 倾倒造成的污染

1. 各国应制定法律和规章，以防止、减少和控制倾倒对海洋环境的污染。

2. 各国应采取其他可能必要的措施，以防止、减少和控制这种污染。

3. 这种法律、规章和措施应确保非经各国主管当局准许，不进行倾倒。

4. 各国特别应通过主管国际组织或外交会议采取行动，尽力制订全球性和区域性规则、标准和建议的办法及程序，以防止减少的控制这种污染。这种规则、标准和建议的办法及程序应根据需要随时重新审查。

5. 非经沿海国事前明示核准，不应在领海和专属经济区内或在大陆架上进行倾倒，沿海国经与由于地理处理可能受倾倒不利影响的其他国家适当审议此事后，有权准许、规定和控制的这种倾倒。

6. 国内法律、规章和措施在防止、减少和控制这种污染方面的效力应不低于全球性规则和标准。

第二一一条 来自船只的污染

1. 各国应通过主管国际组织或一般外交会议采取行动，制订国际规则和标准，以防止、减少和控制船只对海洋环境的污染，并于适当情形下以同样方式促进对划定航线制度的采用，以期尽量减少可能对海洋环境，包括地海岸造成污染和对沿海国的有关利益可能造成污染损害的意外事件的威胁。这种规则和标准应根据需要随时以同样方式重新审查。

2. 各国应制定法律和规章，以防止、减少和控制悬挂其旗帜或在其国内登记的船只对海洋环境的污染。这种法律和规章至少应具有与通过主管国际组织或一般外交会议制订的一般接受的国际规则和标准相同的效力。

3. 各国如制订关于防止、减少和控制海洋环境污染的特别规定作为外国船只进入其港口或内水或在其岸外设施停靠的条件，应将这种规定妥为公布，并通知主管国际组织。如两个或两个以上的沿海国制订相同的规定以求协调政策，在通知时应说明哪些国家参加这种合作安排。每个国家应规定悬挂其旗帜或在其国内登记的船只的船长在参加这种合作安排的国家的领海内航行时，经该国要求应向其提送通知是否正驶往参加这种合作安排的同一区域的国家，如系驶往这种国家，应说明是否遵守该国关于进入港口的规定。本条不妨害船只继续行使其无害通过权，也不妨害第二十五条第 2 款的适用。

4. 沿海国在其领海内行使主权，可制定法律和规章，以防止、减少的控制外国船只，包括行使无害通过权的船只对海洋的污染。按照第二部分第三节的规定，这种法律和规章不应阻碍外国船只的无害通过。

5. 沿海国为第六节所规定的执行的目的，可对其专属经济区制定法律和规章，以防止、减少和控制来自船只的污染。这种法律和规章应符合通过主管国际组织或一般外交会议制订的一般接受的国际规则和标准，并使其有效。

6.（a）如果第 1 款所指的国际规则和标准不足以适应特殊情况，又如果沿海国有合理根据认为其专属经济区某一明确划定的特写区域，因与其海洋学和生态条件有关的公认技术理由，以及该区域的利用或其资源的保护及其在航运上的特殊性质，要求采取防止来自船只的污染的特别强制性措施，该沿海国通过主管国际组织与任何其他有关国家进行适当协商后，可就该区域向该组织送发通知，提出所依据的科学和技术证据，以及关于必要的回收设施的情报。该组织收到这种通知后，应在十二个月内确定该区域的情况与上述要求是否相符。如果该组织确定是符合的，该沿海国即可对该区域制定防止、减少和控制来自船只的污染的法律和规章，实施通过主管国际组织使其适用于各特别区域的国际规则和标准或航行办法。在向该组织送发通知满十五个月后，这些法律和规章才可适用于外国船只；

（b）沿海国应公布任何这种明确划定的特定区域的界限；

（c）如果沿海国有意为同一区域制定其他法律和规章，以防止、减少和控制来自船只的污染，它们应于提出上述通知时，同时将这一意向通知该组织。这种增订的法律和规章可涉及排放和航行办法，但不应要求外国船只遵守一般接受的国际规则和标准以外的设计、建造、人员配备或装备标准；这种法律和规章应在向该组织送发通知十个月后适用于外国船只，但须在送发通知后十二个月内该组织表示同意。

7. 本条所指的国际规则和标准，除其他外，应包括遇有引起排放或放可能的海难等事故时，立即通知其海岸或有关利益可能受到影响的沿海国的义务。

第二一二条　来自大气层或通过大气层的污染

1. 各国为防止、减少和控制来自大气层或通过大气层的海洋环境污染，应制定适用于在其主权下的上空和悬挂其旗帜的船只或在其国内登记的船只或飞机的法律和规章，同时考虑到国际上议定的规则、标准和建议的办法及程序，以及航空的安全。

2. 各国应采取其他可能必要的措施，以防止、减少和控制这种污染。

3. 各国特别应通过主管国际组织或外交会议采取行动，尽力制订全球性和区域性规则、标准和建议的办法及程序，以防止、减少和控制这种污染。

第六节　执行

第二一三条　关于陆地来源的污染的执行

各国应执行其按照第二○七条制定的法律和规章，并应制定法律和规章和采取其他必要措施，以实施通过主管国际组织或外交会议为防止、减少和控制陆地来源对海洋环境的污染而制订的可适用的国际规则和标准。

第二一四条　关于来自海底活动的污染的执行

各国为防止、减少和控制来自受其管辖的海底活动或与此种活动有关的对海洋环境的污染以及来自依据第六十和第八十条在其管辖下的人工岛屿、设施和结构对海洋环境的污染，应执行其按照第二○八条制定的法律和规章，并应制定必要的法律和规章和采取其他必要措施，以实施通过主管国际组织或外交会议制订的可适用的国际规则和标准。

第二一五条　关于来自"区域"内活动的污染的执行

为了防止、减少和控制"区域"内活动对海洋环境的污染而按照第十一部分制订的国际规则、规章和程序，其执行应受该部分支配。

第二一六条　关于倾倒造成污染的执行

1. 为了防止、减少和控制倾倒对海洋环境的污染而按照本公约制定的法律和规章，以及通过主管国际组织或外交会议制订的可适用的国际规则和标准，应依下列规定执行：

（a）对于在沿海国领海或其专属经济区内或在其大陆架上的倾倒，应由该沿海国执行；

（b）对于悬挂旗籍国旗帜的船只或在其国内登记的船只和飞机，应由该旗籍国执行；

（c）对于在任何国家领土内或在其岸外设施装载废料或其他物质的行

为，应由该国执行。

2. 本条不应使任何国家承担提起司法程序的义务，如果另一国已按照本条提起这种程序。

第二一七条　船旗国的执行

1. 各国应确保悬挂其旗帜或在其国内登记的船只，遵守为防止、减少和控制来自船只的海洋环境污染而通过主管国际组织或一般外交会议制订的可适用的国际规则和标准以及各该国按照本公约制定的法律和规章，并应为此制定法律和规章和采取其他必要措施，以实施这种规则、标准、法律和规章。船旗国应作出规定使这种规则、标准、法律和规章得到有效执行，不论违反行为在何处发生。

2. 各国特别应采取适当措施，以确保悬挂其旗帜或在其国内登记的船只，在能遵守第 1 款所指的国际规则和标准的规定，包括关于船只的设计、建造、装备和人员配备的规定以前，禁止其出海航行。

3. 各国应确保悬挂其旗帜或在其国内登记的船只在船上持有第 1 款所指的国际规则和标准所规定并依据该规则和标准颁发的各种证书。各国应确保悬挂其旗帜的船只受就定期检查，以证实这些证书与船只的实际情况相符。其他国家应接受这些证书，作为船只情况的证据，并应将这些证书视为与其本国所发的证书具有相同效力，除非有明显根据认为船只的情况与证书所载各节有重大不符。

4. 如果船只违反通过主管国际组织或一般外交会议制订的规则和标准，船旗国在不妨害第二一八、第二二〇和第二二八条的情形下，应设法立即进行调查，并在适当情形下应对被指控的违反行为提起司法程序，不论违反行为在何处发生，也不论这种违反行为所造成的污染在何处发生或发现。

5. 船旗国调查违反行为时，可向提供合作能有助于澄清案件情况的任何其他国家请求协助。各国应尽力满足船旗国的适当请示。

6. 各国经任何国家的请求，应对悬挂其旗帜的船只被指控所犯的任何违反行为进行调查。船旗国如认为有充分证据可对被指控的违反行为提起司法程序，应毫不迟延地按照其法律提起这种程序。

7. 船旗国应将所采取行动及其结果迅速通知请求国和主管国际组织。所有国家应能得到这种情报。

8. 各国的法律和规章对悬挂其旗帜的船只所规定的处罚应足够严厉，以防阻违反行为在任何地方发生。

第二一八条　港口国的执行

1. 当船只自愿位于一国港口或岸外设施时，该国可对该船违反通过主管国际组织或一般外交会议制订的可适用的国际规则和标准在该国内水、领海或专属经济区外的任何排放进行调查，并可在有充分证据的情形下，提起司法程序。

2. 对于在另一国内水、领海或专属经济区内发生的违章排放行为，除非经该国、船旗国或受违章排放行为损害或威胁的国家请求，或者违反行为已对或可能对提起司法程序的国家内水、领海或专属经济区造成污染，不应依据第 1 款提起司法程序。

3. 当船只自愿位于一国港口或岸外设施时，该国应在实际可行范围内满足任何国家因认为第 1 款所指的违章排放行为已在其内水、领海或专属经济区内发生，对其内水、领海或专属经济区已造成损害或有损害的威胁而提出的进行调查的请求，并且应在实际可行范围内，满足船旗国对这一违反行为所提出的进行调查的请求，不论违反行为在何处发生。

4. 港口国依据本条规定进行的调查的记录，如经请求，应转交船旗国或沿海国。在第七节限制下，如果违反行为发生在沿海国的内水、领海或专属经济区内，港口国根据这种调查提起的任何司法程序，经该沿海国请求可暂停进行。案件的证据和记录，连同缴交港口国当局的任何保证书或其他财政担保，应在这种情形下转交给该沿海国。转交后，在港口国即不应继续进行司法程序。

第二一九条　关于船只适航条件的避免污染措施

在第七节限制下，各国如经请求或出于自己主动，已查明在港口或岸外设施的船只违反关于船只适航条件的可适用的国际规则和标准从而有损害海洋环境的威胁，应在实际可行范围内采取行政措施以阻止该船航行。这种国家可准许该船仅驶往最近的适当修船厂，并应于违反行为的原因消除后，准许该船立即继续航行。

第二二〇条　沿海国的执行

1. 当船只自愿位于一国港口或岸外设施时，该国对在其领海或专属经济内发生的任何违反关于防止、减少和控制船只造成的污染的该国按照本公约制定的法律和规章或可适用的国际规则和标准的行为，可在第七节限制下，提起司法程序。

2. 如有明显根据认为在一国领海内航行的船只，在通过领海时，违反关于防止、减少和控制来自船只的污染的该国按照本公约制定的法律和规章或可适用的国际规则和标准，该国在不妨害第二部分第三节有关规定的适用的情形下，可就违反行为对该船进行实际检查，并可在有充分证据时，在第七节限制下按照该国法律提起司法程序，包括对该船的拘留在内。

3. 如有明显根据认为在一国专属经济区或领海内航行的船只，在专属经济区内违反关于防止、减少和控制来自船只的污染的可适用的国际规则和标准或符合这种国际规则和标准并使其有效的该国的法律和规章，该国可要求该船提供关于该船的识别标志、登记港口、上次停泊和下次停泊的港口，以及其他必要的有关情报，以确定是否已有违反行为发生。

4. 各国应制定法律和规章，并采取其他措施，以使悬挂其旗帜的船只遵从依据第3款提供情报的要求。

5. 如有明显根据认为在一国专属经济区或领海内航行的船只，在专属经济区内犯有第3款所指的违反行为而导致大量排放，对海洋环境造成重大污染或有造成重大污染的威胁，该国在该船拒不提供情况，或所提供的情报与明显的实际情况显然不符，并且依案件情况确有进行检查的理由时，可就有关违反行为的事项对该船进行实际检查。

6. 如有明显客观证据证明在一国专属经济区或领海内航行的船只，在专属经济区内犯有第3款所指的违反行为而导致排放，对沿海国的海岸或有关利益，或对其领海或专属经济区内的任何资源，造成重大损害或有造成重大损害的威胁，该国在有充分证据时，可在第七节限制下，按照该国法律提起司法程序，包括对该船的拘留在内。

7. 虽有第6款的规定，无论何时如已通过主管国际组织或另外协议制订了适当的程序，从而已经确保关于保证书或其他适当财政担保的规定得到遵守，沿海国如受这种程序的拘束，应立即准许该船继续航行。

8. 第3、第4、第5、第6和第7款的规定也应适用于依据第二一一条第6

款制定的国内法律和规章。

第二二一条　避免海难引起污染的措施

1. 本部分的任何规定不应妨害各国为保护其海岸或有关利益，包括捕鱼，免受海难或与海难有关的行动所引起，并能合理预期造成重大有害后果的污染或污染威胁，而依据国际法，不论是根据习惯还是条约，在其领海范围以外，采取和执行与实际的或可能发生的损害相称的措施的权利。

2. 为本条的目的，"海难"是指船只碰撞、搁浅或其他航行事故，或船上或船外所发生对船只或船货造成重大损失或重大损害的迫切威胁的其他事故。

第二二二条　对来自大气层或通过大气层的污染的执行

各国应对在其主权下的上空或悬挂其旗帜的船只或在其国内登记的船只和飞机，执行其按照第二一二条第 1 款和本公约其他规定制定的法律和规章，并应依照关于空中航行安全的一切有关国际规则和标准，制定法律和规章并采取其他必要措施，以实施通过主管国际组织或外交会议为防止、减少和控制来自大气层或通过大气层的海洋环境污染而制订的可适用的国际规则和标准。

第七节　保障办法

第二二三条　便利司法程序的措施

在依据本部分提起的司法程序中，各国应采取措施，便利对证人的听询以及接受另一国当局或主管国际组织提交的证据，并应便利主管国际组织、船旗国或受任何违反行为引起污染影响的任何国家的官方代表参与这种程序。参与这种程序的官方代表应享有国内法律和规章或国际法规定的权利与义务。

第二二四条　执行权力的行使

本部分规定的对外国船只的执行权力，只有官员或军舰、军用飞机或其他有清楚标志可以识别为政府服务并经授权的船舶或飞机才能行使。

第二二五条　行使执行权力时避免不良后果的义务

在根据本公约对外国船只行使执行权力时，各国不应危害航行的安全或造成对船只的任何危险，或将船只带至不安全的港口或停泊地，或使海洋环境面临不合理的危险。

第二二六条　调查外国船只

1.（1）各国羁留外国船只不得超过第二一六、第二一八和第二二〇条规定的为调查目的所必需的时间。任何对外国船只的实际检查应只限于查阅该船按照一般接受的国际规则和标准所须持有的证书、记录或其他文件或其所持有的任何类似文件；对船只的进一步的实际检查，只有在经过这样的查阅后以及在下列情况下，才可进行：（a）有明显根据认为该船的情况或其装备与这些文件所载各节有重大不符；（b）这类文件的内容不足以证实或证明涉嫌的违反行为；或（c）该船未持有有效的证件和记录。

（2）如果调查结果显示有违反关于保护和保全海洋环境的可适用的法律和规章或国际规则和标准的行为，则应于完成提供保证书或其他适当财政担保等合理程序后迅速予以释放。

（3）在不妨害有关船只适航性的可适用的国际规则和标准的情形下，无论何时如船只的释放可能对海洋环境引起不合理的损害威胁，可拒绝释放或以驶往最近的适当修船厂为条件予以释放。在拒绝释放或对释放附加条件的情形下，必须迅速通知船只的船旗国，该国可按照第十五部分寻求该船的释放。

2. 各国应合作制定程序，以避免在海上对船只作不必要的实际检查。

第二二七条　对外国船只的无歧视

各国根据本部分行使其权利和履行其义务时，不应在形式上或事实上对任何其他国家的船只有所歧视。

第二二八条　提起司法程序的暂停和限制

1. 对于外国船只在提起司法程序的国家的领海外所犯任何违反关于防止、减少和控制来自船只的污染的可适用的法律和规章或国际规则和标准的行为诉请加以处罚的司法程序，于船旗国在这种程序最初提起之日起六个月内就同样控告提出加以处罚的司法程序时，应即暂停进行，除非这种程序涉及沿海国遭受重大损害的案件或有关船旗国一再不顾其对本国船只的违反行为有效地执行可适用的国际规则和标准的义务。船旗国无论何时，如按照本条要求暂停进行司法程序，应于适当期间内将案件全部卷宗和程序记录提供早先提起程序的国家。船旗国提起的司法程序结束时，暂停的司法程序应予终止。在这种程序中应收的费用经缴纳后，沿海国应发还与暂停的司法程序有关的任何保证书或其他财政担保。

2. 从违反行为发生之日起满三年后，对外国船只不应再提起加以处罚的司法程序，又如另一国家已在第 1 款所载规定的限制下提起司法程序，任何国家均不得再提起这种程序。

3. 本条的规定不妨害船旗国按照本国法律采取任何措施，包括提起加以处罚的司法程序的权利，不论别国是否已先提起这种程序。

第二二九条　民事诉讼程序的提起

本公约的任何规定不影响因要求赔偿海洋环境污染造成的损失或损害而提起民事诉讼程序。

第二三〇条　罚款和对被告的公认权利的尊重

1. 对外国船只在领海以外所犯违反关于防止、减少和控制海洋环境污染的国内法律和规章或可适用的国际规则和标准的行为，仅可处以罚款。

2. 对外国船只在领海内所犯违反关于防止、减少和控制海洋环境污染的国内法律和规章或可适用的国际规则和标准的行为，仅可处以罚款，但在领海内故意和严重地造成污染的行为除外。

3. 对于外国船只所犯这种违反行为进行可能对其加以处罚的司法程序时，应尊重被告的公认权利。

第二三一条　对船旗国和其他有关国家的通知

各国应将依据第六节对外国船只所采取的任何措施迅速通知船旗国和任何其他有关国家，并将有关这种措施的一切正式报告提交船旗国。但对领海内的违反行为，沿海国的上述义务仅适用于司法程序中所采取的措施。依据第六节对外国船只采取的任何这种措施，应立即通知船旗国的外交代表或领事官员，可能时并应通知其海事当局。

第二三二条　各国因执行措施而产生的赔偿责任

各国依照第六节所采取的措施如属非法或根据可得到的情报超出合理的要求。应对这种措施所引起的并可以归因于各该国的损害或损失负责。各国应对这种损害或损失规定向其法院申诉的办法。

第二三三条　对用于国际航行的海峡的保障

第五、第六和第七节的任何规定不影响用于国际航行的海峡的法律制度。但如第十节所指以外的外国船舶违反了第四十二条第 1 款（a）和（b）项所指的法律和规章，对海峡的海洋环境造成重大损害或有造成重大损害的威胁，海峡沿岸国可采取适当执行措施，在采取这种措施时，应比照尊重本节的规定。

第八节　冰封区域

第二三四条　冰封区域

沿海国有权制定和执行非歧视性的法律和规章，以防止、减少和控制船只在专属经济区范围内冰封区域对海洋的污染，这种区域内的特别严寒气候和一年中大部分时候冰封的情形对航行造成障碍或特别危险，而且海洋环境污染可能对生态平衡造成重大的损害或无可挽救的扰乱。这种法律和规章应适当顾及航行和以现有最可靠的科学证据为基础对海洋环境的保护和保全。

第九节　责任

第二三五条　责任

1. 各国有责任履行其关于保护和保全海洋环境的国际义务。各国应按照国际法承担责任。

2. 各国对于在其管辖下的自然人或法人污染海洋环境所造成的损害，应确保按照其法律制度，可以提起申诉以获得迅速和适当的补偿或其他救济。

3. 为了对污染海洋环境所造成的一切损害保证迅速而适当地给予补偿的目的，各国应进行合作，以便就估量和补偿损害的责任以及解决有关的争端，实施现行国际法和进一步发展国际法，并在适当情形下，拟订诸如强制保险或补偿基金等关于给付适当补偿的标准和程序。

第十节　主权豁免

第二三六条　主权豁免

本公约关于保护和保全海洋环境的规定，不适用于任何军舰、海军辅助船、为国家所拥有或经营并在当时只供政府非商业性服务之用的其他船只或飞机。但每一国家应采取不妨害该国所拥有或经营的这种船只或飞机的操作或操作能力的适当措施，以确保在合理可行范围内这种船只或飞机的活动方式符合本公约。

第十一节　关于保护和保全海洋环境的其他公约所规定的义务

第二三七条　关于保护和保全海洋环境的其他公约所规定的义务

1. 本部分的规定不影响各国根据先前缔结的关于保护和保全海洋环境的特别公约和协定所承担的特定义务，也不影响为了推行本公约所载的一般原则而可能缔结的协定。

2. 各国根据特别公约所承担的关于保护和保全海洋环境的特定义务，应依符合本公约一般原则和目标的方式履行。

附录二　生物多样性公约（节选）①

第十四条　影响评估和尽量减少不利影响

1. 每一缔约国应尽可能并酌情：

（1）采取适当程序，要求就其可能对生物多样性产生严重不利影响的拟议项目进行环境影响评估，以期避免或尽量减轻这种影响，并酌情允许公众参加此种程序；

（2）采取适当安排，以确保其可能对生物多样性产生严重不利影响的方案和政策的环境后果得到适当考虑；

（3）在互惠基础上，就其管辖或控制范围内对其他国家或国家管辖范围以外地区生物多样性可能产生严重不利影响的活动促进通报、信息交流和磋商，其办法是为此鼓励酌情订立双边、区域或多边安排；

（4）如遇其管辖或控制下起源的危险即将或严重危及或损害其他国家管辖的地区内或国家管辖地区范围以外的生物多样性的情况，应立即将此种危险或损害通知可能受影响的国家，并采取行动预防或尽量减轻这种危险或损害；

（5）促进做出国家紧急应变安排，以处理大自然或其他原因引起即将严重危及生物多样性的活动或事件，鼓励旨在补充这种国家努力的国际合作，并酌情在有关国家或区域经济一体化组织同意的情况下制订联合应急计划。

2. 缔约国会议应根据所作的研究，审查生物多样性所受损害的责任和补救问题，包括恢复和赔偿，除非这种责任纯属内部事务。

---

① 来源于生物多样性公约官网：https：//www. cbd. int/convention。

附录三　关于共有自然资源的环境行为之原则
(1978 年 5 月 19 日联合国环境规划署理事会通过)①

说　明

本行为守则草案（下文简称守则）是要在环境方面指导各国养护及和谐利用两个或两个以上国家共有的自然资源。本守则适用于被认为有助于达成上述目标无损于环境的个别国家的行为。此外，本守则旨在鼓励共同享有某一自然资源的国家在环境方面进行合作。

在编制本守则时曾力求避免使用可能令人以为要指出国际法规定下所存在或不存在的某一具体法律义务的语句。

在全部守则理使用的文字，并非要影响守则里所讲的行为是否已在一般国际法的现有规则理由所规定，或规定到什么程度。至于本守则——如果他们并不反映已经存在的一般国际法则——是否应该，或者到什么程度，或者用什么方式并入一般国际法的问题，本守则亦无意表示意见。

……

这些守则是由环境署法律专家小组根据联合国大会 1973 年 12 月 13 日第3129（XXVIII）号决议，于 1976 年至 1978 年期间开会起草而成的。根据工作小组的报告（UNPE/IG・12/2）及各国政府对守则草案的进一步意见，大会1979 年 12 月 18 日第 34/186 号决议请所有国家"在拟定关于两个或两个以上国家共有自然资源的双边或多边公约时，将这些守则看作指导方针和建议，本着诚意和睦邻精神，加强而非损害所有国家特别是发展中国家的发展和利益"。

执行这些守则的进展报告已由环境署规划理事会于 1981 年（UNEP/GC・9/5/Add. 2）和 1985 年（UNEP/GC・3/9/Add. 1）提交大会。

---

① 来源于联合国大会官网 1979 年的大会报告。

草　案

守则 1

关于两个或两个以上国家共有自然资源的养护及和谐利用，各国有必要在环境方面合作。因此，各国必须按照公平利用共有自然资源的概念进行合作，以谋控制、防止、减收或消除此种资源的利用可能引起的不利环境影响。这种合作必须在平等基础上进行，而且必须顾及各有关国家的主权、权利和利益。

守则 2

为了保证在养护及和谐利用两个或两个以上国家共有自然资源时在环境方面进行有效国际合作起见，此种共有自然资源的有关国家应该设法在它们之间订立双边或多边协定，以便对它们在这方面的行动作出具体规定，必要时以具有法律约束力的方式适用本守则，或者斟酌情况为此目的作出其他安排。在订立此种协定或作出此种安排时，各国应当考虑成立体制机构，例如国际联合委员会，以便在保护和使用共有自然资源方面就环境问题进行协商。

守则 3

1. 按照联合国宪章和国际法原则，各国有依照其本国的环境政策开发其资源的主权权利，同时也有责任，保证在它们管辖或控制范围以内的种种活动不致损害其他国家的或本国管辖范围以外地区的环境。

2. 第 1 款里规定的原则，以及本文件其他守则所定原则，适用于共有的自然资源。

3. 因此，每个国家必须尽量避免和尽量减少因利用共有自然资源而在其管辖范围以外引起不良的环境影响，以便保护环境，特别是此种资源的利用可能引起下列后果时：

（a）对环境造成损害，从而影响到另一个共有国家对此种资源的利用；

（b）对一种共有再生资源的养护造成威胁；

（c）危害另一国家的居民的健康。

在不妨碍上述守则的普通实用性的条件下，在解释本守则时，应视情况考虑到共有自然资源的国家的实际能力。

守则 4

各国在共有自然资源方面的任何活动，如果可能有危险，会大大影响到共有此种资源的其他国家的环境，则在从事此种活动之前必须进行环境评价。

守则 5

共有一种自然资源的各国应在切实可行的范围内，就这种资源的环境问题经常交换情报和进行协商。

守则 6

1. 同一个或一个以上其他国家共有一种自然资源的国家有下列义务：

（a）在资源的养护或利用方面准备进行新计划或改变计划而预料会因此大大影响（参看文末定义）其他国家领土的环境时，应将新计划或改变计划的适当内容事先通知其他国家；并

（b）于其他国家请求时，就上述计划进行协商；并

（c）于其他国家请求时，就此种计划提供其他具体的适当资料；

（d）如果设有像（a）项里多规定的那样实现发出通知，则应于其他国家请求时，就此种计划进行协商。

2. 如果由国家立法或国际公约的关系而不容许传递某种情报时，持有此种情报的国家，还是应该特别根据诚意的原则，本着睦邻的精神，同其他的有关国家合作，谋求圆满解决。

守则 7

关于共有自然资源的情报交换、通知、协商和其他方式的合作，完全是根据诚意的原则和睦邻的精神，无论是各种方式的合作，或进行发展或养护的计划项目，都应避免任何不合理的延迟。

守则 8

如果认为有需要对某一共有自然资源的环境问题加以澄清时，有关各国应联合进行科学研究和评价，以期根据商定的数据，为此种问题找到适当的、圆满地解决。

守则 9

1. 在遇有下列情况时，各国有义务向可能受影响的其他国家发出紧急通知：

（a）由于利用一种共有自然资源而可能对它们的环境造成突然有害影响的

紧急情况；

（b）可能影响这些国家的环境而与共有自然资源有关的突发严重自然事件。

2. 必要时，各国亦应将此种情况或事件通知有关的国际组织。

3. 有关各国应予适当时，特别通过协议的紧急计划和互助办法进行合作，以期避免严重情况的发生，或尽量消除、减少或纠正此种情况或事件的影响。

守则 10

共有一种自然资源的各国应斟酌状况，考虑是否可能一道要求任何主观国际组织提供服务，设法澄清与此种自然资源的养护和利用有关的环境问题。

守则 11

1. 联合国宪章和《各国之间依照联合国宪章建立友好关系及进行合作的国际原则宣言》里的各项有关规定，适用于共有自然资源的养护和利用所引起的环境争端的解决。

2. 未能通过谈判或其他无约束力的方式在合理期间内解决争端时，有关各国必须采用一种互相商定的、最好是事先商定的适当解决程序，来解决争端。这种程序应该是迅速、有效，而且具有约束力。

3. 争端所涉各国必须审慎行事，切勿采取可能是环境情况益趋恶化、终而妨碍和平解决争端的任何行动。

守则 12

1. 国有责任在环境方面履行它们关于养护和利用共有自然资源的国际义务，如因违反此种义务而在其管理范围以外地区造成环境损害时，应依照适用的国际法负担责任。

2. 关于各国利用共有自然资源引起的环境损害对其管辖范围以外地区造成的环境损害，应合作制定有关这种责任和受害者赔偿的进一步国际法。

守则 13

各国在按照其国内环境政策考虑各项国内活动的安全程度时，必须考虑到共有自然资源的利用可能引起的不良环境影响，不得因此种活动发生在其管辖范围外，而有差别待遇。

守则 14

各国应设法依照它们自己的法制，必要时，按商定办法，向其他国家里因利用共有自然资源而引起的环境损害受害人或可能受害人提供诉诸同一行政及司法程序及享得同样待遇的平等机会，并向他们提供本国的类似受害人所享受的同样补救办法。

守则 15

本守则的解释和适用，应力求增进而非不利于所有国家的发展利益，特别是发展中国家的发展和利益。

定义

在本件里，所谓"大大影响"者，是指对一种共有自然资源的可以衡量的影响，微小的影响不在此例。

……

附录四　跨界环境影响评价公约①

本公约缔约方，

意识到经济活动与其环境后果之间的相互关系，

确认需要保证环境无害与可持续的发展，

决心特别在跨界环境影响评价方面促进国际合作，

注意到制订预防性政策以及防止、减轻和监测一般性显著环境影响，尤其是跨界显著不利环境影响的必要性与重要性，

回顾《联合国宪章》、《斯德哥尔摩人类环境会议宣言》、欧洲合作与安全会议《最后法案》以及欧洲合作与安全会议与会国代表马德里和维也纳会议《最后文件》的有关条款，

---

① 来源于欧洲经济委员会的官网：https：//unece. org/environmental-policy-1/environmental-assessment。

赞赏各国为通过国家法律、行政措施及国家政策来保证环境影响评价的开展而正在进行的活动，

意识到在决策过程的早期就需要明确考虑环境因素，即在所有适当的管理层次上开展环境影响评价，以此作为改善向决策者提供的信息质量的一种必要手段，从而能够做出认真注意最大限度降低显著不利影响，尤其是跨界显著不利影响的环境无害决策，

注意到国际组织为促进在国家和国际层面上开展环境影响评价所作的努力，考虑在联合国欧洲经济委员会的支持下开展的环境影响评价工作，尤其是环境影响评价讨论会（1987年9月，华沙）的成果，以及注意到联合国环境规划署理事会通过的环境影响评价目标和原则和《可持续发展部长级会议声明》（1990年5月，卑尔根），

兹协议如下。

第一条　定义

对本公约而言，

1. 除非另行指出，"缔约方"指本公约的缔约方；

2. "发起方"指计划在其管辖范围内开展某项活动的本公约缔约方；

3. "受影响方"指可能受到拟议活动跨界影响的本公约缔约方；

4. "有关方"指根据本公约进行的环境影响评价的发起方和受影响方；

5. "拟议活动"指由主管部门根据适用国家程序而决定开展的任何活动或对活动的任何重大改变；

6. "环境影响评价"指用于评价拟议活动可能对环境产生的影响的国家程序；

7. "影响"指拟议活动引起的对环境的任何影响，包括人类健康和安全、植物、动物、土壤、空气、水、气候、地貌和历史遗迹或其他有形构造，或者这些因素之间的相互关系；也包括这些因素的改变对文化遗产或者社会经济条件的影响；

8. "跨界影响"指全部或部分发生于一个缔约方辖区内的拟议活动在另一个缔约方辖区内造成的任何影响，不仅仅是全局性影响；

9. "主管部门"指由一个缔约方指定的负责执行本公约规定工作的一个或

多个国家政府部门，以及（或）由一个缔约方委任的对拟议活动具有决策权的部门；

10. "公众"指一个或者多个自然人或者法人。

第二条　一般条款

1. 缔约方应当各自或联合采取所有适当、有效的措施，以预防、减少和控制拟议活动造成的显著不利跨界环境影响。

2. 各缔约方应当采取必要的法律、行政或其他措施来执行本公约的规定，包括针对附件一所列举的可能产生显著跨界影响的拟议活动建立一个容许公众参与和编制附件二规定的环境影响评价报告的环境影响评价程序。

3. 发起方应保证，在做出决定授权或开展附件一所列举的可能造成显著不利跨界环境影响的拟议活动以前，依照本公约的规定进行环境影响评价。

4. 按照本公约的规定，发起方应保证向受影响方通告附件一列举的可能造成显著不利跨界环境影响的拟议活动。

5. 在任何一个有关方倡导下，有关各方都应当加入关于未列入附件一的一项或多项活动是否可能会造成显著不利环境影响，是否应按照附件一所列活动同样对待的讨论。如果这些有关方认为如此，则应以这种方式对待这些活动。在附件三中列出了识别显著不利环境影响的一般准则。

6. 根据本公约的规定，发起方应为可能受到影响的地区的公众提供机会参与就有关拟议活动进行的相关环境影响评价程序，并且应保证向受影响方公众提供与发起方公众同样的机会。

7. 本公约要求进行的环境影响评价作为最低要求，应当在拟议活动的项目层面上进行。缔约方应在适当的范围内努力将环境影响评价的原则应用于政策、规划和计划。

8. 本公约的条款应不影响各缔约方执行本国法律、规章、行政规定的权利或公认的防止信息泄露对工业和商业秘密或国家安全造成不利影响的公认法律实践。

9. 本公约的条款应不影响特定缔约方在适当的情况下通过双边或多边协议采取比本公约更加严格的措施的权利。

10. 本公约的条款应不损害缔约方任何履行有关具有或可能具有跨界影响的

活动的国际法的义务。

第三条　通知

1. 对于附件一所列举的可能引起显著不利跨界影响的拟议活动，为了保证根据第五条开展充分有效的磋商，发起方应及早通知它所认为可能会受到影响的任何一方，应不迟于向自己的公众通知有关拟议活动情况的时间。

2. 该通知应特别包括以下内容：

（1）关于拟议活动的信息，包括任何已有的有关其可能的跨界影响的信息；

（2）可能做出的决定的性质；以及

（3）考虑拟议活动的性质，为本条第3段要求的反馈意见的提供设定一个合理时间，并且可以包括本条第5段规定的信息。

3. 受影响方应在通知设定的时间内向发起方做出答复，确认收到通知，并应指出是否愿意参与环境影响评价程序。

4. 如果受影响方指出它不打算参加环境影响评价程序，或不在通告设定的时间内做出答复，本条的第5、6、7、8段和第4~7段的规定将不适用。在这种情况下，发起方决定是否根据其本国法律与实践开展环境影响评价的权利不受侵害。

5. 在收到受影响方表示愿意参加环境影响评价程序的答复以后，发起方如果尚未向受影响方提供以下信息，则应即刻提供，包括：

（1）与环境影响评价程序有关的信息，包括为提交评论意见设定的时间安排；以及

（2）有关拟议活动及其可能的显著不利跨界影响的信息。

6. 如果环境影响评价报告的编制工作需要，受影响方应根据发起方的要求向其提供合理可得的、与受影响方辖区可能受影响环境有关的信息。信息的提供应当迅速，在设有联合机构的地方，可根据情况通过该机构提供信息。

7. 当一个缔约方认为它会受到附件一所列举拟议活动的显著不利跨界影响，并且还没有根据本条第1段得到通知，有关方应根据受影响方的要求为讨论是否可能存在显著不利跨界影响充分交换信息。如果这些有关方一致认为可能发生显著不利跨界影响，本公约的规定应因此而适用。如果这些有关方不能就是否可能发生显著不利跨界影响达成一致意见，其中任何一方都可以根据附

件四的规定将问题提交给一个调查委员会，就发生显著不利跨界影响的可能性问题展开调查，除非他们一致同意采用其他方法解决该问题。

8. 有关方应保证受影响方在可能受影响地区的公众得到信息，并使他们能够表达对拟议活动的评论或反对意见，并能够将评论或反对意见传达给发起方的主管部门，不论是直接提交给主管部门还是根据情况通过发起方转达给主管部门。

第四条　环境影响评价报告的编制

1. 提交给发起方主管部门的环境影响评价报告应至少包括附件二中所列举的信息。

2. 发起方应向受影响方提供环境影响评价报告，在设有联合机构的情况下可根据情况通过该机构提供。有关各方应当做出安排，将报告分发给有关部门和受影响方位于可能受影响地区的公众，并在就拟议活动做出最后决定以前的合理时间内通过发起方将评论意见提交给发起方主管部门。

第五条　对环境影响评价报告基本原则的磋商

在完成环境影响评价报告的编写以后，发起方应不拖延地与受影响方特别对拟议活动的潜在跨界影响和减少或消除其影响的措施问题展开磋商。磋商可以包括以下几个方面：

1. 拟议活动的可行替代方案，包括不行动方案和由发起方付费来减轻显著不利跨界影响以及对其效果进行监测的可行措施；

2. 其他类型的减少拟议活动任何显著不利跨界影响的可行互助措施；以及

3. 任何其他与拟议活动有关的适当事务。

各方应在磋商开始时就磋商期限的合理时间框架达成协议。如果设有适当的联合机构，可以通过这样的机构进行任何这样的磋商。

第六条　最后决定

1. 缔约方应保证在有关拟议活动的最后决定中，对于环境影响评价结果给予应有的考虑，包括环境影响评价报告和根据第三条第 8 段和第四条第 2 段收到的对报告的评论意见以及第五条所提及的磋商结果。

2. 发起方应向受影响方提供有关拟议活动的最后决定，附上决定所依据的理由和考虑。

3. 如果在拟议活动的工作开始之前，一个有关方得到了在就拟议活动做出决定时尚且没有的关于该活动的显著跨界影响的新的信息，而且该信息本会对决定产生实质性影响，该方应当立即通知其他有关方。如果有关方中有一方提出要求，则应就是否需要对决定进行修改展开磋商。

第七条　项目后分析

1. 有关方应根据它们中任何一方的要求，考虑已经根据本公约进行了环境影响评价的活动可能造成的显著不利跨界影响，决定是否以及在多大程度上应当进行项目后分析。开展的任何项目后分析都应当特别包括对该活动的监测以及确定任何不利跨界影响。可以按照实现附件五所列目标的要求对活动进行监测并确定不利跨界影响。

2. 当发起方或受影响方根据项目后分析的结果有充分理由认为存在显著不利跨界影响或发现存在可能引起不利跨界影响的因素时，它应当立即通知另一方。然后有关各方应对减少或消除该影响展开磋商。

第八条　双边和多边合作

缔约方可以继续现有的或达成新的双边或多边协议或其他安排，以履行本公约规定的义务。这样的协议或其他安排可以建立在附件六所规定的基本原则基础上。

第九条　研究计划

缔约方应当针对以下内容特别考虑制订或强化具体的研究计划：

1. 改善现有的评价拟议活动影响的定性、定量方法；

2. 更好地理解因果关系及其在环境综合管理中的作用；

3. 分析和监测关于拟议活动所作决定的有效实施情况，以最大限度地减少或预防拟议活动的影响；

4. 开发为推动以创造性方式寻求拟议活动、生产和消费的环境无害替代方案而需要的方法；

5. 开发在宏观经济层面上应用环境影响评价原则的方法。

在缔约方之间应就上面所述计划的结果进行交流。

第十条　附件的地位

本公约的附件构成公约的组成部分。

第十一条 缔约方会议

1. 缔约方应尽可能利用欧洲经济委员会环境与水问题高级咨询专家年会的机会会面。缔约方应当在本公约生效后的一年以内举行第一次会议。缔约方应当在其会议上根据需要确定以后召开会议的时间,此后根据这样的安排召开会议,或者应任何一方的书面请求召开会议,如果在各方收到秘书处转来的书面请求后的六个月内该请求得到了至少三分之一缔约方的支持的话。

2. 缔约方应对本公约的执行情况进行连续的审查,为此应当:

(1) 审查缔约方的环境影响评价政策与方法,进一步改善跨界环境影响评价的程序;

(2) 交换有关缔结和执行有本公约一个或多个缔约方参与的、关于跨界环境影响评价应用的双边和多边协议或其他安排所获得经验的信息;

(3) 根据情况寻求主管国际机构和科学委员会在与实现本公约之目的有关方法与技术方面提供的服务;

(4) 在缔约方第一次会上,考虑和协商通过缔约方会议的程序规则;

(5) 考虑并酌情通过修改本公约的建议;

(6) 考虑并采取任何为实现本公约之目的所需要的其他行动。

第十二条 投票权

1. 本公约每一个缔约方都应拥有一票。

2. 除了本条第 1 段规定的情况外,地区经济一体化组织对其管辖范围内的事务,应当以相当于其成员国中属于本公约缔约方的票数来行使其投票权。如果其成员国自行行使其投票权,这些组织则不应行使投票权,反之亦然。

第十三条 秘书处

欧洲经济委员会的执行秘书应当执行以下秘书处职能:

1. 召开和准备缔约方会议;

2. 将根据本公约规定提交的报告和其他信息转交给各公约缔约方;以及

3. 履行本公约规定的或缔约方所确定的其他职能。

第十四条 公约的修正案

1. 任何缔约方都可以提出本公约的修正案。

2. 修正案应以书面形式提交给秘书处,秘书处应将修正案转交给所有缔约方。如果秘书处已经将修正案至少提前 90 天通知各缔约方，则应在缔约方下一次会议上讨论修正案。

3. 缔约方应当尽一切努力就本公约修正案达成一致。如果做出了一切努力进行协商都没有达成一致，则作为最后的手段，应以出席会议并参加投票的缔约方四分之三多数票决的方式通过修正案。

4. 根据本条第 3 段通过的公约修正案应当由保管人送交给所有缔约方批准、核准或接受。对于已经批准、核准或接受公约修正案的缔约方，修正案应在他们中至少四分之三已向保管人提交了批准、核准或接受修正案的文书之日后的第 90 天生效。此后，对于任何其他缔约方，在其递交对公约修正案的批准、核准或接受文书后的第 90 天生效。

5. 对于本条，"出席会议并参加投票的缔约方"指那些出席了会议并投下了赞成票或反对票的缔约方。

6. 在本条第 3 段中规定的投票程序无意为在欧洲经济委员会内谈判未来协议提供先例。

第十五条　解决争端

1. 如果在两个或更多的缔约方之间对本公约的解释或应用出现争端，它们应当寻求通过谈判或以争端各方都能接受的任何其他方法解决争端。

2. 在签署、批准、接受、核准或加入本公约时或在其后的任何时间，缔约方均可以采用书面方式向保管人声明，对于依照本条第 1 段未能解决的争端，它接受以下一种或两种解决争端的手段作为强制性手段来解决与接受相同义务的任何缔约方之间的争端：

（1）将争端提交给国际法院；

（2）根据附件七规定的程序进行仲裁。

3. 如果争端各方已经接受了本条第 2 段所指的两种解决争端的手段，则可以只将争端提交给国际法院，除非争端各方同意采取其他方式。

第十六条　签字

本公约应当从 1991 年 2 月 25 日到 3 月 1 日在芬兰埃斯波对签字开放，此后在位于纽约的联合国总部对签字开放至 1991 年 9 月 2 日，有权签字的为欧洲经济委员会成员国、1947 年 3 月 28 日的经济社会理事会第 36（Ⅳ）号决议第 8 段所定义的具有欧洲经济委员会咨询地位的国家，以及由欧洲经济委员会主权国成员建立的这样的地区经济一体化组织，在本公约适用事务方面，其成员的权利，包括在本公约适用事务方面签署条约的权利，已经移交给该组织。

第十七条　批准、接受、核准和加入

1. 本公约需要签署国和地区经济一体化组织的批准、接受或核准。

2. 本公约从 1991 年 9 月 3 日起开放供第十六条所列举的国家和组织加入。

3. 批准、接受、核准和加入文件应提交给联合国秘书长，他应担任保管人的职责。

4. 第十六条所列举的任何其成员国都不是本公约缔约方，但其本身是本公约缔约方的组织应受本公约规定的所有义务的约束。对于那些有一个或者多个成员国为公约缔约方的组织，它们与其成员国应对各自在履行本公约规定的义务方面承担的责任做出决定。在这些情况下，组织与其成员国都不得同时行使本公约规定的权利。

5. 第十六条列举的地区经济一体化组织在批准、接受、核准和加入文件中应当说明对于本公约适用的事务它们各自的权限。这些组织还应将其权限的任何变化通知给保管人。

第十八条　生效

1. 本公约应在第 16 个批准、接受、核准或加入文件提交之日后的第 90 天生效。

2. 为本条第 1 段之目的，地区经济一体化组织提交的任何文件都不应与其成员提交的此类文件相加计算。

3. 对于第十六条所提及的，在第 16 个批准、接受、核准或加入文件提交后才批准、接受、核准或加入本公约的每一个国家或组织，本公约应在该国家或组织提交了批准、接受、核准或加入文件之日后的第 90 天生效。

第十九条　退出

任何缔约国，在本公约对其生效之日起满四年后，可随时通过向保管人提出书面通知退出本公约。任何这样的退出应在保管人收到其书面通知后的第 90 天生效。任何这样的退出均应不影响本公约第三至六条对该退出生效前已经根据第三条第 1 段发出通知或根据第三条第 7 段提出要求的拟议活动的适用。

第二十条　正本

本公约正本用英文、法文和俄文写成，每种文本具有同等效力，并应由联合国秘书长保存。

下列具名者均经正式授权，特签署本公约，以昭信守。

1991 年 2 月 25 日订于埃斯波（芬兰）。